排污单位自行监测技术指南教程
——农药制造工业

生态环境部生态环境监测司
中 国 环 境 监 测 总 站　编著
山东省生态环境监测中心

中国环境出版集团·北京

图书在版编目（CIP）数据

排污单位自行监测技术指南教程：农药制造工业/
生态环境部生态环境监测司，中国环境监测总站，山东省
生态环境监测中心编著. —北京：中国环境出版集团，
2021.12

ISBN 978-7-5111-4862-9

Ⅰ. ①排… Ⅱ. ①生…②中…③山… Ⅲ. ①农药工
业—排污—环境监测—教材 Ⅳ. ①X506②X786

中国版本图书馆 CIP 数据核字（2021）第 265727 号

出 版 人　武德凯
责任编辑　曲　婷
责任校对　任　丽
封面设计　宋　瑞

出版发行　**中国环境出版集团**
　　　　　（100062　北京市东城区广渠门内大街 16 号）
　　　　　网　　　址：http://www.cesp.com.cn
　　　　　电子邮箱：bjgl@cesp.com.cn
　　　　　联系电话：010-67112765（编辑管理部）
　　　　　发行热线：010-67125803，010-67113405（传真）

印　　刷　北京中献拓方科技发展有限公司
经　　销　各地新华书店
版　　次　2021 年 12 月第 1 版
印　　次　2021 年 12 月第 1 次印刷
开　　本　787×960　1/16
印　　张　29
字　　数　450 千字
定　　价　90.00 元

《排污单位自行监测技术指南教程》
编审委员会

主　任　　柏仇勇　陈善荣

副主任　　蒋火华　景立新

委　员　　董明丽　敬　红　王军霞　何　劲

《排污单位自行监测技术指南教程——农药制造工业》
编写委员会

主　编　　冯亚玲　徐　标　董明丽　张守斌　周　成

　　　　　张桂芹　王军霞　敬　红　慕振华　王世香

编写人员　（以姓氏笔画排序）

　　　　　王伟民　皮宁宁　吕　卓　刘佳泓　刘通浩

　　　　　许鹏军　李　曼　李文君　杨伟伟　何　劲

　　　　　谷树茂　宋毅倩　张　莹　陈乾坤　陈敏敏

　　　　　陈鹏飞　罗财红　周　晶　赵　菲　闻　欣

　　　　　秦承华　夏　青　高文彪　郭建萍　黄忠辉

　　　　　董立鹏　董艳平　潘　齐

序

生态环境是关系党的使命宗旨的重大政治问题，也是关系民生的重大社会问题。党中央、国务院高度重视生态环境保护工作，党的十八大将生态文明建设作为中国特色社会主义事业"五位一体"总体布局的重要组成部分。党的十九大报告全面阐述了加快生态文明体制改革、推进绿色发展、建设美丽中国的战略部署。习近平生态文明思想开启了新时代生态环境保护工作的新阶段，习近平总书记在全国生态环境保护大会上指出生态文明建设是关系中华民族永续发展的根本大计。党的十八大以来，党中央以前所未有的力度抓生态文明建设，全党全国推动绿色发展的自觉性和主动性显著增强，美丽中国建设迈出重大步伐，我国生态环境保护发生历史性、转折性、全局性变化。

生态环境部组建以来，统一行使生态和城乡各类污染排放监管与行政执法职责，提高污染排放标准，强化排污者责任，健全环保信用评价、信息强制性披露、严惩重罚等制度，形成了政府为主导、企业为主体、社会组织和公众共同参与的环境治理体系。生态环境监测是生态环境保护工作的重要基础，是环境管理的基本手段。我国相关法律法规中明确要求排污单位对自身排污状况开展监测，排污单位开展自行监测是法定的责任和义务。

　　为规范和指导排污单位开展自行监测工作，生态环境部发布了一系列排污单位自行监测技术指南。同时，为让各级生态环境管理部门和排污单位更好地应用技术指南，生态环境部生态环境监测司组织中国环境监测总站等单位编写了排污单位自行监测技术指南教程系列图书，将排污单位自行监测技术指南分类解析，既突出对理论的解读，又兼顾实践的应用，具有很强的指导意义。本系列图书既可以作为各级生态环境主管部门、各研究机构、企事业单位环境监测人员的工作用书和培训教材，还可以作为大众学习的科普图书。

　　自行监测数据承载了大量污染排放和治理信息，是生态环保大数据重要的信息源，是排污许可证申请与核发等新时期环境管理的有力支撑。随着生态环境质量的不断改善，环境管理的不断深化，排污单位自行监测制度也将不断完善和改进。希望本系列图书的出版能为推进排污单位自行监测管理水平、落实企业自行监测主体责任发挥重要作用，为深入打好污染防治攻坚战做出应有的贡献。

编　者

2021 年 3 月

前　言

1972 年以来，我国环境保护工作从最初的意识启蒙阶段，经过环境污染蔓延、加剧和规模化、综合化治理、主要污染物总量控制等阶段，逐渐发展到了"十三五"期间以环境质量改善为核心的全面改善的环境保护思路上来。为顺应环境保护工作的发展趋势，对污染源监测的形式也由原来的以政府主导为主的监督性监测转变到以排污单位为主的自行监测轨道上来。因此，开展排污单位自行监测就成为当今污染源监测的重要方式。

排污单位自行监测是排污单位依据相关法律法规和技术规范对自身的排污状况开展监测的一系列活动。《中华人民共和国环境保护法》第四十二条、《中华人民共和国大气污染防治法》第二十四条、《中华人民共和国水污染防治法》第二十三条、《中华人民共和国环境保护税法》第十条和《控制污染物排放许可制实施方案》（国办发〔2016〕81 号）第十一条都对排污单位的自行监测提出了明确要求，排污单位开展自行监测是法律赋予的责任和义务，也是排污单位自证守法、自我保护的重要手段和途径。

为规范和指导农药制造企业开展自行监测，2018 年 12 月，生态环境部颁布了《排污单位自行监测技术指南 农药制造工业》（HJ 987—2018）（以下简称《指南》）。为进一步规范排污单位自行监测行为，提高自行监测质量，在生态环境部生态环境监测司的指导下，中国环境监测总站和山东省生态环境监测中心共同编写了《排污单位自行监测技术指南教程 农药制造工业》。本书共有 13 章。第 1 章从我国污染源监测的发展历程及管理的框架出发，引出了排污单位自行监测在当前污染源监测管理中的定位及一些管理规定，并理顺了《排污单位自行监测技术指南 总则》（HJ 819—2017）与行业自行监测技术指南的关系。第 2 章主要介绍了排污单位开展自行监测的一般要求，从监测方案、监测设施、开展自行监测的要求、质量保证和质量控制及记录和保存五个方面进行了概述。第 3 章在分析目前农药制造行业概况和发展趋势的基础上对化学农药、生物化学两大主要原料农药制造的生产工艺及产排污节点进行分析，并简要介绍了农药制造行业采用的一些常用污染治理技术。第 4 章对化学合成类、生物类农药排污单位自行监测方案中各监测点位、监测指标、监测频次、监测要求等如何设定进行了解释说明，选取了两个典型案例进行分析，为排污单位制定规范的自行监测方案提供了指导，并在附录中给出了参考模板。第 5 章简要介绍了开展监测时，排污口、监测平台、自动监测设施的设置和维护要求。第 6 章和第 8 章针对《指南》中废水、废气所涉及的监测指标如何采样、监测分析及注意事项进行了介绍。第 7 章和第 9 章对废水、废气自动监测系统从设备安装、调试、验收、运行管理和质量保证五个方面进行了介绍。第 10 章简要介绍了根据自行监测技术指南开展厂界环境噪声、地表水、地下水、海水和土壤等周边环境质量监测时的基本要求和注意事项。第 11 章从实验室体系管理角度出发，从"人、机、料、法、环"等环节对监测的质量保证和质量控制进行了简要概述，为提高自行监测数据质量奠定了基础。第 12 章是关于自行监测信息记录、报告和信息公开方面的相关要求，并就农药制造工业生产、运行等过程中的记录信息进行了梳理。第 13 章简要介绍了全国重点污染源监测数据管理与信息公开系统的总体架构和主要功能，为排污单位自行监测数据报送提供了方便。

　　本书在附录中列出了与自行监测相关的标准规范，以方便排污单位在使用时查询和索引。另外还给出了一些记录样表和自行监测方案模板，为排污单位提供参考。

编者

2021 年 11 月

目　录

第 1 章　排污单位自行监测定位与管理要求

　　污染源监测作为环境监测的重要组成部分，与我国环境保护工作同步发展，40 多年来不断发展壮大，现已基本形成了排污单位自行监测、管理部门执法/监督监测、社会公众监督的基本框架。排污单位自行监测是国家治理体系和治理能力现代化发展的需要，是排污单位应尽的社会责任，是法律明确要求的义务，也是排污许可制度的重要组成部分。我国关于排污单位自行监测的管理规定有很多，从不同层级和角度对排污单位进行了详细规定。为了保证排污单位自行监测制度的实施，指导和规范排污单位自行监测行为，我国制定了排污单位自行监测技术指南体系，《排污单位自行监测技术指南　农药制造工业》（HJ 987—2018）是其中的一个行业技术指南，是按照《排污单位自行监测技术指南　总则》（HJ 819—2017）的要求和有关管理规定制定的，用于指导农药制造工业排污单位开展自行监测活动。

　　本章围绕排污单位自行监测定位和管理要求，对排污单位自行监测在我国污染源监测管理制度中的定位、排污单位自行监测管理要求、排污单位自行监测技术指南定位及总体思路进行介绍。

1.1　我国污染源监测管理框架

　　1972 年以来，我国环境保护工作经历了环境保护意识启蒙阶段（1972—1978 年）、环境污染蔓延和环境保护制度建设阶段（1979—1992 年）、环境污染加剧和规模化治理阶段（1993—2001 年）、环保综合治理阶段（2002—2012 年）。[①]集中的污染治理，尤其是严格的主要污染物总量控制，有效遏制了环境质量恶化的趋势，但仍未实现环境质量的全面改善，"十三五"以来，我国环境保护的思路转向以环境质量改善为核心。

与环境保护工作相适应，我国环境监测大致经历了 3 个阶段：第一阶段是污染调查监测与研究性监测阶段；第二阶段是污染源监测与环境质量监测并重阶段；第三阶段是环境质量监测与污染源监督监测阶段。[②]

根据污染源监测在环境管理中的地位和实施情况，将污染源监测划分为 3 个阶段：严格的总量控制制度之前（"十一五"之前），污染源监测主要服务于工业污染源调查和环境管理"八项制度"；严格的总量控制制度时期（"十一五"和"十二五"），污染源监测围绕总量控制制度开展总量减排监测；以环境质量改善为核心的阶段（"十三五"以来），污染源监测主要服务于环境保护执法和排污许可制实施。

目前我国基本形成了排污单位自行监测、政府部门依法监管、社会公众监督的污染源监测管理框架（图 1-1），2021 年 3 月 1 日正式实施的《排污许可管理条例》，从法律层面确立了以排污许可制为核心的固定污染源监管制度体系，进一步完善了排污单位以自行监测为主线、政府监督监测为抓手，鼓励社会公众广泛参与的污染源监测管理模式。排污单位开展自行监测，按要求向生态环境主管部门报告，向社会公众进行公开，同时接受生态环境主管部门的监管和社会公众的监督。生态环境主管部门向社会公众公布相关信息的同时受理社会公众针对有关情况的举报。

---

① 《中国环境保护四十年回顾及思考（回顾篇）》，曲格平在香港中文大学"中国环境保护四十年"学术论坛上的演讲。

② 中国环境监测总站原副总工程师张建辉接受网易北京频道与《环境与生活》杂志采访时的讲话。

图 1-1　污染源监测管理框架

1.1.1　排污单位开展自行监测，并按照要求进行信息公开

近年来，我国大力推进排污单位自行监测和信息公开，《环境保护法》《大气污染防治法》《水污染防治法》《环境保护税法》《土壤污染防治法》《固体废物污染环境防治法》等相关法律中均明确了排污单位自行监测和信息公开的责任。

在具体的生态环境管理制度上，多项制度将排污单位自行监测和信息公开的责任进行落实和明确。2013 年，环境保护部发布了《国家重点监控企业自行监测及信息公开办法（试行）》，将国家重点监控企业自行监测和信息公开率先作为主要污染物总量减排考核的一项指标。2016 年 11 月，国务院办公厅印发了《控制污染物排放许可制实施方案》（国办发〔2016〕81 号），提出控制污染物排放许可制的一项基本原则："权责清晰，强化监管。排污许可证是企事业单位在生产运营期接受环境监管和环境保护部门实施监管的主要法律文书。企事业单位依法申领排污许可证，按证排污，自证守法。环境保护部门基于企事业单位守法承诺，依法发放排污许可证，依证强化事中事后监管，对违法排污行为实施严厉打击。"

1.1.2　生态环境主管部门组织开展执法/监督监测，实现测管协同

随着各项法律明确了排污单位自行监测的主体地位，管理部门的监测活动更加侧重于执法和监督。《生态环境监测网络建设方案》（国办发〔2015〕56 号）要求：实现生态环境监测与执法同步。各级环境保护部门依法履行对排污单位的环

的重要内容，还将充分展现生态环境治理的中国智慧、中国方案和中国贡献，对全球生态环境治理进程产生重要影响。

坚决落实构建现代环境治理体系，要把握构建现代环境治理体系的总体要求。以习近平新时代中国特色社会主义思想为指导，深入贯彻习近平生态文明思想，坚定不移地贯彻新发展理念，以坚持党的集中统一领导为统领，以强化政府主导作用为关键，以深化企业主体作用为根本，以更好动员社会组织和公众共同参与为支撑，实现政府治理和社会调节、企业自治良性互动，完善体制机制，强化源头治理，形成工作合力。

（2）对排污单位自行监测的要求

污染源监测是污染防治的重要支撑，需要各方共同参与。为适应环境治理体系变革的需要，自行监测应发挥相应的作用，补齐短板，提供便利，为社会共治提供条件。

应改变传统生态环境治理模式中污染治理主体监测缺位现象。长期以来，污染源监测以政府部门监督性监测为主，尤其在"十一五""十二五"总量减排时期，监督性监测得到快速发展，每年对国家重点监控企业按季度开展主要污染物监测，但排污单位在污染源监测中严重缺位。2013年，为了解决单纯依靠环保部门有限的人力和资源难以全面掌握企业污染源状况的问题，环境保护部组织编制了《国家重点监控企业自行监测及信息公开办法（试行）》，大力推进企业开展自行监测。2014年以来，多部生态环境保护相关法律均明确了排污单位自行监测的责任和要求。但是，自行监测数据的法定地位以及如何在环境管理中应用并没有明确，自行监测数据在环境管理中的应用更是不足，并没有从根本上解决排污单位在环境治理体系中监测缺位的现象。新的环境治理体系，应改变这一现状，使自行监测数据得到充分应用，才能保持多方参与的生命力和活力。

为公众提供便于获取、易于理解的自行监测信息。公众是社会共治环境治理体系的重要主体，公众参与的基础是及时获取信息，自行监测数据是反映排放状况的重要信息。社会的变革为公众参与提供了外在便利条件，为了提高自行监测在环境治理体系中的作用，就要充分利用自媒体、社交媒体等各种先进、便利的条件，为公众提供便于获取、易于理解的自行监测数据和基于数据加工而成的相关信息，为公众高效参与提供重要依据。

1.2.2　开展自行监测是社会责任和法定义务

企业是最主要的生产者，是社会财富的创造者，企业在追求自身利润的同时，向社会提供了产品，满足了人民的日常所需，推进了社会的进步。当然，在当代社会，由于企业是社会中普遍存在的社会组织，其数量众多、类型各异、存在范围广、对社会影响大。在这种情况下，社会的发展不仅要求企业承担生产经营和创造财富的义务，还要求其承担环境保护、社区建设和消费者权益维护等多方面的责任，这也是企业的社会责任。企业社会责任具有道义责任的属性和法律义务的属性。法律作为一种调整人们行为的规则，其调整作用是通过设置权利义务而实现的。因此，法律义务并非一种道义上的宣示，其有具体的、明确的规则指引人的行为。基于此，企业社会责任一旦进入环境法视域，即被分解为具体的法律义务。

企业开展排污状况自行监测是法定的责任和义务。《环境保护法》第四十二条明确提出，"重点排污单位应当按照国家有关规定和监测规范安装使用监测设备，保证监测设备正常运行，保存原始监测记录"；第五十五条要求，"重点排污单位应当如实向社会公开其主要污染物的名称、排放方式、排放浓度和总量、超标排放情况，以及防治污染设施的建设和运行情况，接受社会监督"。《大气污染防治法》《水污染防治法》《环境保护税法》《土壤污染防治法》《固体废物污染环境防治法》等相关法律中也均有关于排污单位自行监测的相关要求。

1.2.3　开展自行监测是自证守法和自我保护的重要手段和途径

排污许可制度作为固定污染源核心管理制度，其明确了排污单位自证守法的权利和责任，排污单位可以通过以下途径进行"自证"。一是依法开展自行监测，保证数据合法有效，妥善保存原始记录；二是建立准确完整的环境管理台账，记录能够证明其排污状况的相关信息，形成一套完整的证据链；三是定期、如实向生态环境部门报告排污许可证执行情况。可以看出，自行监测贯穿自证守法的全过程，是自证守法的重要手段和途径。

首先，排污单位被允许在标准限值下排放污染物，排放状况应该透明公开且合规。随着管理模式的改变，管理部门不对企业全面开展监测，仅对企业进行抽查抽测。排污单位对排放状况进行说明时，就需要开展自行监测。

其次，一旦出现排污单位对管理部门出具的监测数据或其他证明材料被质疑的情况，或者对公众举报等相关信息提出异议时，就需要出具自身排污状况的相关材料进行证明，而自行监测数据是非常重要的证明材料。

最后，自行监测可以对自身排污状况定期监控，也可对周边环境质量影响进行监测，及时掌握实际排污状况和对周边环境质量的影响，了解周边环境质量的变化趋势和承受能力，可以及时识别潜在环境风险，以便提前应对，避免引起更大的、无法挽救的环境事故或对人民群众、生态环境和排污单位自身造成的巨大损害和损失。

1.2.4　开展自行监测是精细化管理与大数据时代信息输入与信息产品输出的需要

随着环境管理向精细化发展，强化数据应用、根据数据分析识别潜在的环境问题，做出更加科学精准的环境管理决策是环境管理面临的重大命题。大数据时代信息化水平的提升，为监测数据的加工分析提供了条件，也对数据输入提出了更高的需求。

自行监测数据承载了大量污染排放和治理信息，然而这些信息长期以来并没有得到充分的收集和利用，这是生态环境大数据中缺失的一项重要信息源。通过收集各类污染源长时间的监测数据，对同类污染源监测数据进行统计分析，可以更全面地判定污染源的实际排放水平，从而为制定排放标准、产排污系数提供科学依据。另外，通过监测数据与其他数据的关联分析，还能获得更多、更有价值的信息，为环境管理提供更有力的支撑。

1.2.5　开展自行监测是排污许可制度的重要组成部分

《控制污染物排放许可制实施方案》（国办发〔2016〕81 号）明确了排污单位应实行自行监测和定期发布报告。《排污许可管理条例》第十九条规定："排污单位应当按照排污许可证规定和有关标准规范，依法开展自行监测，并保存原始监测记录。原始监测记录保存期限不得少于 5 年。排污单位应当对自行监测数据的真实性、准确性负责，不得篡改、伪造。"

因此，自行监测既是有明确法律法规要求的一项管理制度，也是固定污染源基础与核心管理制度——排污许可制度的重要组成部分。

1.3　排污单位自行监测的管理规定

我国现行法律法规、管理办法中有很多涉及排污单位自行监测的规定，具体见表 1-1。

表 1-1　我国现行与排污单位自行监测相关的法律法规和管理办法

名称	颁布机关	实施时间	主要相关内容
《环境保护法》	全国人民代表大会常务委员会	2015 年 1 月 1 日	规定了重点排污单位应当安装使用监测设备，保证监测设备正常运行，保存原始监测记录，并进行信息公开
《环境保护税法》	全国人民代表大会常务委员会	2018 年 1 月 1 日（2018 年 10 月 26 日修正）	规定了纳税人按季申报缴纳时，向税务机关报送所排放应税污染物浓度值
《海洋环境保护法》	全国人民代表大会常务委员会	2000 年 4 月 1 日（2017 年 11 月 4 日修正）	规定了排污单位应当依法公开排污信息
《水污染防治法》	全国人民代表大会常务委员会	2008 年 6 月 1 日（2017 年 6 月 27 日修正）	规定了实行排污许可管理的企业事业单位和其他生产经营者应当对所排放的水污染物自行监测，并保存原始监测记录，排放有毒有害水污染物的还应开展周边环境监测，上述条款均设有对应罚则

名称	颁布机关	实施时间	主要相关内容
《大气污染防治法》	全国人民代表大会常务委员会	2016 年 1 月 1 日（2018 年 10 月 26 日修正）	规定了企业事业单位和其他生产经营者应当对大气污染物进行监测，并保存原始监测记录
《土壤污染防治法》	全国人民代表大会常务委员会	2019 年 1 月 1 日	规定了土壤污染重点监管单位应制定、实施自行监测方案，并将监测数据报生态环境主管部门
《固体废物污染环境防治法》	全国人民代表大会常务委员会	2020 年 9 月 1 日	规定了产生、收集、贮存、运输、利用、处置固体废物的单位，应当依法及时公开固体废物污染环境防治信息，主动接受社会监督。生活垃圾处理单位应当按照国家有关规定，安装使用监测设备，实时监测污染物的排放情况，将污染排放数据实时公开。监测设备应当与所在地生态环境主管部门的监控设备联网
《刑法修正案（十一）》	全国人民代表大会常务委员会	2021 年 3 月 1 日	规定了环境监测造假的法律责任
《城镇排水与污水处理条例》	国务院	2014 年 1 月 1 日	规定了排水户应按照国家有关规定建设水质、水量检测设施
《畜禽规模养殖污染防治条例》	国务院	2014 年 1 月 1 日	规定了畜禽养殖场、养殖小区应当定期将畜禽养殖废弃物排放情况报县级人民政府环境保护主管部门备案
《环境保护税法实施条例》	国务院	2018 年 1 月 1 日	规定了未安装自动监测设备的纳税人，自行对污染物进行监测且所获取的监测数据符合国家有关规定和监测规范的，视同监测机构出具的监测数据，可作为计税依据
《排污许可管理条例》	国务院	2021 年 3 月 1 日	规定了持证单位自行监测责任，管理部门依证监管责任
《最高人民法院、最高人民检察院关于办理环境污染刑事案件适用法律若干问题的解释》	最高人民法院、最高人民检察院	2017 年 1 月 1 日	规定了重点排污单位篡改、伪造自动监测数据或者干扰自动监测设施的视为严重污染环境，并依据《刑法》有关规定予以处罚
《生态环境监测网络建设方案》	国务院办公厅	2015 年 7 月 26 日	规定了重点排污单位必须落实污染物排放自行监测及信息公开的法定责任，严格执行排放标准和相关法律法规的监测要求

名称	颁布机关	实施时间	主要相关内容
《关于深化环境监测改革　提高环境监测数据质量的意见》	中共中央办公厅、国务院办公厅	2017 年 9 月 21 日	规定了环境保护部要加快完善排污单位自行监测标准规范；排污单位要开展自行监测，并按规定公开相关监测信息，对弄虚作假行为要依法处罚；重点排污单位应当建设污染源自动监测设备，并公开自动监测结果
《关于支持环境监测体制改革的实施意见》	财政部、环境保护部	2015 年 11 月 2 日	规定了企业应落实其主体责任，企业应依法自行监测或委托社会化检测机构开展监测，及时向环保部门报告排污数据，重点企业还应定期向社会公开监测信息
《控制污染物排放许可制实施方案》	国务院办公厅	2016 年 11 月 10 日	规定了企事业单位应依法开展自行监测，安装或使用的监测设备应符合国家有关环境监测、计量认证规定和技术规范，建立准确完整的环境管理台账，安装在线监测设备的应与环境保护部门联网
《环境监测管理办法》	国家环境保护总局	2007 年 9 月 1 日	规定了排污者必须按照国家级技术规范的要求，开展排污状况自我监测；不具备环境监测能力的排污者，应当委托环境保护部门所属环境监测机构或者经省级环境保护部门认定的环境监测机构进行监测
《关于加强化工企业等重点排污单位特征污染物监测工作的通知》	环境保护部办公厅	2016 年 9 月 20 日	规定了：①化工企业等排污单位应制定自行监测方案，对污染物排放及周边环境开展自行监测，并公开监测信息；②监测内容应包含排放标准的规定项目和涉及的列入污染物名录库的全部项目；③监测频次，自动监测的应全天连续监测，手工监测的，废水特征污染物每月开展一次，废气特征污染物每季度开展一次，周边环境监测按照环评及其批复执行，可根据实际情况适当增加监测频次
《污染源自动监控设施现场监督检查办法》	环境保护部	2012 年 4 月 1 日	规定了：①排污单位或运营单位应当保证自动监测设备正常运行；②污染源自动监控设施发生故障停运期间，排污单位或者运营单位应当采用手工监测等方式，对污染物排放状况进行监测，并报送监测数据

名称	颁布机关	实施时间	主要相关内容
《环境保护主管部门实施限制生产、停产整治办法》	环境保护部	2015年1月1日	规定了被限制生产的排污者在整改期间按照环境监测技术规范进行监测或者委托有条件的环境监测机构开展监测，保存监测记录，并上报监测报告
《关于实施工业污染源全面达标排放计划的通知》	环境保护部	2016年11月29日	规定了：①各级环保部门应督促、指导企业开展自行监测，并向社会公开排放信息；②对超标排放的企业要督促其开展自行监测，加大对超标因子的监测频次，并及时向环保部门报告；③企业应安装和运行污染源在线监控设备，并与环保部门联网
《企业事业单位环境信息公开办法》	环境保护部	2015年1月1日	规定了重点排污单位应当公开排污信息，列入国家重点监控企业名单的重点排污单位还应当公开其环境自行监测方案
《关于印发〈国家重点监控企业自行监测及信息公开办法（试行）〉和〈国家重点监控企业污染源监督性监测及信息公开办法（试行）〉的通知》	环境保护部	2014年1月1日	规定了企业开展自行监测及信息公开的各项要求，包括自行监测内容、自行监测方案，对手工监测和自动监测两种方式开展的自行监测分别提出了监测频次要求，自行监测记录内容，自行监测年度报告内容，自行监测信息公开的途径、内容及时间要求等
《关于加强污染源环境监管信息公开工作的通知》	环境保护部	2013年7月12日	规定了各级环保部门应积极鼓励引导企业进一步增强社会责任感，主动自愿公开环境信息。同时严格督促超标或者超总量的污染严重企业，以及排放有毒有害物质的企业主动公开相关信息，对不依法主动公布或不按规定公布的要依法严肃查处

1.4　《排污单位自行监测技术指南》的定位

1.4.1　排污许可制度配套的技术支撑文件

排污许可证制度是各国普遍采用的控制污染的法律制度。从美国等发达国家实施排污许可制度的经验来看，监督检查是排污许可制度实施效果的重要保障，污染源监测是监督检查的重要组成部分和基础；自行监测是污染源监测的主体形式，其管理备受重视，并作为重要的内容在排污许可证中载明。

我国当前推行的排污许可制度明确了企业应"自证守法"，其中自行监测是排污单位自证守法的重要手段和方法。只有在特定监测方案和要求下的监测数据才能够支撑排污许可"自证"的要求。因此，在排污许可制度中，自行监测要求是必不可少的一部分。

重点排污单位自行监测法律地位得到明确，自行监测制度初步建立，而自行监测的有效实施还需要有配套的技术文件作为支撑，《排污单位自行监测技术指南》是基础而重要的技术指导性文件。因此，制定《排污单位自行监测技术指南》是落实相关法律法规的需要。

1.4.2　对现有标准和管理文件中关于排污单位自行监测规定的补充

对每个排污单位来说，生产工艺产生的污染物、不同监测点位执行排放标准和控制指标、环评报告要求的内容都有不同情况及独特内容。虽然各种监测技术标准与规范已从不同角度对排污单位的监测内容做出了规定，但不够全面。

为提高监测效率，应针对不同排放源污染物排放特性确定监测要求。监测是污染排放监管必不可少的技术支撑，具有重要的意义，但是监测是需要成本的，所以应在监测效果和成本间寻找合理的平衡点。"一刀切"的监测要求必然会造成部分排放源监测要求过高，从而造成浪费；或者对部分排放源要求过低，从而达不到监管需求。因此，需要专门的技术文件，从排污单位监测要求进行系统分析和设计，使监测更精细化，从而提高监测效率。

1.4.3 对排污单位自行监测行为指导和规范的技术要求

我国自 2014 年起开始推行《国家重点监控企业自行监测及信息公开办法（试行）》，从实施情况来看存在诸多问题，需要加强对排污单位自行监测行为的指导和规范。

污染源监测与环境质量监测相比，涉及的行业较多，监测内容更复杂。我国目前仅国家污染物排放标准就有近 200 项，且数量还在持续增加；省级人民政府依法制定并报生态环境部备案的地方污染物排放标准也有 100 多项，数量也在不断增加。排放标准中的控制项目种类繁杂，水气污染物均在 100 项以上。

由于国家发布的有关规定必须有普适性和原则性的特点，因此排污单位在开展自行监测过程中如何结合企业具体情况合理确定监测点位、监测项目和监测频次等实际问题时存在诸多疑问。

生态环境部在对全国各地自行监测及信息公开平台的日常监督检查及现场检查等工作中发现，部分排污单位自行监测方案的内容、监测数据的质量稍差，存在排污单位未包括全部排放口、监测点位设置不合理、监测项目仅开展主要污染物、随意设置排放标准限值、自行监测数据弄虚作假等问题。为解决排污单位自行监测过程中遇到的问题，需要进一步加强对排污单位自行监测的工作指导和行为规范，建立和完善排污单位自行监测相关规范内容，因此有必要制定自行监测技术指南，将自行监测要求进一步明确和细化。

1.5 行业技术指南在自行监测技术指南体系中的定位和制定思路

1.5.1 自行监测技术指南体系

排污单位自行监测指南体系以《排污单位自行监测技术指南 总则》（HJ 819—

2017）（以下简称《总则》）为统领，包括一系列重点行业的分行业排污单位自行监测技术指南，共同组成排污单位自行监测技术体系，具体如图 1-2 所示。

图 1-2 排污单位自行监测技术指南体系

《总则》在排污单位自行监测指南体系中属于纲领性文件，起到统一思路和要求的作用。第一，对行业技术指南总体性原则进行规定，是行业技术指南的参考性文件；第二，对于行业技术指南中必不可少但要求比较一致的内容，可以在《总则》中体现，在行业技术指南中加以引用，既保证一致性，也减少重复；第三，对于部分污染差异大、企业数量少的行业，单独制定行业技术指南意义不大，这类行业排污单位可以参照《总则》开展自行监测。技术指南未发布的行业，也应参照《总则》开展自行监测。

1.5.2 行业排污单位自行监测技术指南是对总则的细化

行业技术指南是在《总则》的统一原则要求下，考虑该行业企业所有废水、废气、噪声污染源的监测活动，在指南中进行统一规定。行业排污单位自行监测技术指南的核心内容要包括以下两个方面：

①监测方案。在指南中明确行业的监测方案。首先明确行业的主要污染源、各污染源的主要污染因子，针对各污染源的各污染因子提出监测方案设置的基本要求，包括点位、监测指标、监测频次、监测技术等。

②数据记录、报告和公开要求。根据行业特点，参照各参数或指标与校核污染物排放的相关性，提出监测相关数据记录要求。

除了行业技术指南中规定的内容，还应执行《总则》的要求。

1.5.3 农药制造工业自行监测技术指南制定原则与思路

1.5.3.1 以《总则》为指导，根据行业特点进行细化

农药制造工业自行监测技术指南中的主体内容是以《总则》为指导，根据《总则》中确定的基本原则和方法，在对农药制造工业产排污环节进行分析的基础上，结合农药制造工业企业的排污特点，将农药制造工业监测方案、信息记录的内容具体化和明确化。

1.5.3.2 以污染物排放标准为基础，全指标覆盖

污染物排放标准规定的内容是行业自行监测技术指南制定的重要基础。在污染物指标确定时，行业技术指南主要以当前实施的、适用于农药制造工业的污染物排放标准为依据。同时，根据实地调研以及相关数据分析结果，对实际排放的或地方实际监管的污染物指标进行适当的考虑，在标准中列明，但标明为选测，或由排污单位根据实际监测结果判定是否排放，若实际生产中排放，则应进行监测。

1.5.3.3 以满足排污许可制度实施为主要目标

农药制造工业自行监测技术指南的制定以能够满足农药制造工业排污许可制度实施为主要目标。

　　由于农药制造工业不同企业实际存在的废气排放源差异较大，有些类型的废气源仅在少数农药制造企业中存在，农药制造工业排污许可证申请与核发技术规范中将常见的废气排放源纳入管控。农药制造工业自行监测技术指南中对常见废气排放源监测点位、指标、频次进行了规定。

　　排污许可制度对主要污染物提出排放量许可限值，其他污染物仅有浓度限值要求。为了支撑排污许可证制度实施对排放量核算的需求，有排放量许可限值的污染物，监测频次一般高于其他污染物。

第 2 章　自行监测的一般要求

按照开展自行监测活动的一般流程，排污单位应查清本单位的污染源、污染物指标及潜在的环境影响，制定监测方案，设置和维护监测设施，按照监测方案开展自行监测，做好质量保证和质量控制，记录和保存监测数据，依法向社会公开监测结果。

本章围绕排污单位自行监测流程中的关键节点，对其中的关键问题进行介绍。制定监测方案时，应重点保证监测内容、监测指标、监测频次的全面性、科学性，确保监测数据的代表性，这样才能全面反映排污单位的实际排放状况；设置和维护监测设施时，应能够满足监测要求，同时为监测的开展提供便利条件；自行监测开展过程中，应该根据本单位实际情况自行监测或者委托有资质的单位开展监测，所有监测活动要严格按照监测技术规范执行；开展监测的过程中，应做好质量保证和质量控制，确保监测数据质量；监测信息记录与公开时，应保证监测过程可溯，同时按要求报送和公开监测结果，接受管理部门和公众的监督。

2.1　制定监测方案

2.1.1　自行监测内容

排污单位自行监测不仅限于污染物排放监测，还应该围绕本单位污染物排放状况、污染治理情况、对周边环境质量影响监测状况来确定监测内容。但考虑到排污单位自行监测的实际情况，排污单位可根据管理要求，逐步开展。

2.1.1.1　污染物排放监测

污染物排放监测是排污单位自行监测的基本要求，包括废气污染物、废水污染物和噪声污染。废气污染物主要来源于有组织废气污染物排放和无组织废气污染物排放。废水污染物主要来源于直接排入环境的企业，包括直接排放企业和排入公共污水处理系统的间接排放企业。

2.1.1.2　周边环境质量影响监测

排污单位应根据自身排放对周边环境质量的影响开展周边环境质量影响状况监测，从而掌握自身排放状况对周边环境质量影响的实际情况和变化趋势。

《大气污染防治法》第七十八条规定，排放前款名录中所列有毒有害大气污染物的企业事业单位，应当按照国家有关规定建设环境风险预警体系，对排放口和周边环境定期进行监测，评估环境风险，排查环境安全隐患，并采取有效措施防范环境风险。《水污染防治法》第三十二条规定，排放前款名录中所列有毒有害水污染物的企业事业单位和其他生产经营者，应当对排污口和周边环境进行监测，评估环境风险，排查环境安全隐患，并公开有毒有害水污染物信息，采取有效措施防范环境风险。

目前我国已发布第一批有毒有害大气污染物名录和有毒有害水污染物名录。第一批有毒有害大气污染物包括二氯甲烷、甲醛、三氯甲烷、三氯乙烯、四氯乙烯、乙醛、镉及其化合物、铬及其化合物、汞及其化合物、铅及其化合物、砷及其化合物。第一批有毒有害水污染物包括二氯甲烷、三氯甲烷、三氯乙烯、四氯乙烯、甲醛、镉及镉化合物、汞及汞化合物、六价铬化合物、铅及铅化合物、砷及砷化合物。因此，排污单位可根据本单位实际情况，自行确定监测指标和内容。

对于污染物排放标准、环境影响评价文件及其批复或其他环境管理制度有明确要求的，排污单位应按照要求对其周边相应的空气、地表水、地下水、土壤等环境质量开展监测。对于相关管理制度没有明确要求的，排污单位应依据《大气污染防治法》《水污染防治法》的要求，根据实际情况确定是否开展周边环境质量影响监测。

2.1.1.3　关键工艺参数监测

污染物排放监测需要专门的仪器设备、人力物力，经济成本较高。污染物排放状况与生产工艺、设备参数等相关指标有一定的关联性，而这些工艺或设备相关参数的监测，有些是生产控制中必须监测的，有些虽然不是生产过程中必须监测的指标，但开展监测相对容易，成本较低。因此，在部分排放源或污染物指标监测成本相对较高、难以实现高频次监测的情况下，可以通过对与污染物产生和排放密切相关的关键工艺参数进行测试以补充污染物排放监测数据。

2.1.1.4　污染治理设施处理效果监测

有些排放标准对污染治理设施处理效果有限值要求，这就需要通过监测结果进行处理效果的评价。另外，有些情况下，排污单位需要掌握污染处理设施的处理效果，从而可以更好地调试生产和污染治理设施。因此，污染物排放标准等环境管理文件对污染治理设施有特别要求的，或排污单位认为有必要的，应对污染治理设施处理效果进行监测。

2.1.2　自行监测方案内容

排污单位应当对本单位污染源排放状况进行全面梳理，分析潜在的环境风险，根据自行监测方案制定能够反映本单位实际排放状况的监测方案，以此作为开展自行监测的依据。

监测方案内容包括单位基本情况、监测点位及示意图、监测指标、执行标准及其限值、监测频次、采样和样品保存方法、监测分析方法和仪器、质量保证与质量控制等。

所有按照规定开展自行监测的排污单位，在投入生产或使用并产生实际排污行为之前，应完成自行监测方案的编制及相关准备工作。一旦发生排污行为，就应按照监测方案开展监测活动。

当有以下情况发生时，应变更监测方案：执行的排放标准发生变化；排放口位置、监测点位、监测指标、监测频次、监测技术任意一项内容发生变化；污染源、生产工艺或处理设施发生变化。

2.2　设置和维护监测设施

开展监测必须有相应的监测设施，为了保证监测活动的正常开展，排污单位应按照规定设置满足监测所需要的设施。

2.2.1　监测设施应符合监测规范要求

开展废水、废气污染物排放监测，应保证监测数据不受监测环境的干扰，因此，废水排放口、废气监测断面及监测孔的设置都有相应的要求，要保证水流、气流不受干扰且混合均匀，采样点位的监测数据能够反映监测时点污染物排放的实际情况。

我国废水、废气监测相关标准规范中规定了监测设施必须满足的条件，排污单位可根据具体的监测项目，对照监测方法标准和技术规范确定监测设施的具体设置要求。有些地方出台了相关的标准规范，如北京市出台了《固定污染源监测点位设置技术规范》（DB 11/1195—2015），对固定污染源监测点位监测设施设置规范进行了全面规定，这也可以作为排污单位设置监测设施的重要参考。但总体来说，相关标准规范对监测设施的规定还是比较零散、不够系统的。

2.2.2 监测平台应便于开展监测活动

开展监测活动时需要一定的空间，有时还需要可供仪器设备使用的直流供电，因此排污单位应设置方便开展监测活动的平台，包括以下要求：一是到达监测平台要方便，可以随时开展监测活动；二是监测平台的空间要足够大，能够保证各类监测设备摆放和人员活动；三是监测平台要备有需要的电源等辅助设施，确保监测活动开展所必需的各类仪器设备和辅助设备能够正常工作。

2.2.3 监测平台应能保证监测人员的安全

开展监测活动的同时，必须保证监测人员的人身安全，因此监测平台要设有必要的防护设施。一是高空监测平台，周边要有能够保障人员安全的围栏，监测平台底部的空隙不应过大；二是监测平台附近有造成人体机械伤害、灼烫、腐蚀、触电等危险源的，应在平台相应位置设置防护装置；三是监测平台上方有坠落物体隐患时，应在监测平台上方设置防护装置；四是排放剧毒、致癌物及对人体有严重危害物质的监测点位，应储备相应安全防护装备。所有围栏、底板、防护装置使用的材料要符合相关质量要求，能够承受预估的最大冲击力，从而保障人员的安全。

2.2.4 废水排放量大于 100 t/d 的，应安装自动测流设施并开展流量自动监测

废水流量监测是废水污染物监测的重要内容，从某种程度上说，流量监测比污染物浓度监测更重要。流量监测易受环境影响、监测结果存在一定的不确定性是国际上普遍存在的技术问题。但总体来看，流量监测技术日趋成熟，能够满足各种流量监测需要，也能满足自动测流的需要。废水流量的监测方法有多种，根据废水排放形式，分为电磁流量计和明渠流量计两种。其中，电磁流量计适用于管道排放，对流量范围的适用性较广。明渠流量计中，三角堰适用于流量较小的

情况，监测范围低至 1.08 m³/h 即能够满足 30 t/d 的排放量。根据环境统计数据，废水排放量大于 30 t/d 的企业有 7.5 万家，约占企业总数的 79%；废水排放量大于 50 t/d 的企业有 6.7 万家，约占企业总数的 71%；废水排放量大于 100 t/d 的企业有 5.7 万家，约占企业总数的 60%。从监测技术的稳定性和当前基础来看，建议废水排放量大于 100 t/d 的企业采取自动测流的方式。

2.3　开展自行监测

2.3.1　开展自行监测的一般要求

排污单位应依据最新的自行监测方案安排监测计划，开展相应的监测活动。对于排污状况或管理要求发生变化的，排污单位应变更监测方案，并按照新的监测方案开展监测活动。

开展监测活动的技术依据是监测技术规范。除了监测方法中的规定，我国还有一些系统性的监测技术规范对监测全过程进行规定，或者专门针对监测的某个方面进行技术规定。为了保证监测数据准确可靠，能够客观反映实际情况，无论是自行开展监测，还是委托其他社会化检测机构，都应该按照国家发布的环境监测技术规范、监测方法标准来开展。

开展监测活动的机构和人员由排污单位根据实际情况决定。排污单位可根据自身条件和能力，利用自有人员、场所和设备自行监测，排污单位自行实施监测时不需要通过国家的实验室资质认定，目前国家层面不要求检测报告必须加盖中国质量认证（CMA）印章。个别或者全部项目不具备自行监测能力时，也可委托其他有资质的社会化检测机构代其开展。

无论是排污单位自行监测，还是委托社会化检测机构开展监测，排污单位都应对自行监测数据的真实性负责。如果社会化检测机构未按照相应技术规范、监测方法的标准开展监测，或者存在造假等行为，排污单位可以依据合同追究所委托的社会化检测机构的责任。

2.3.2　监测活动开展方式分类

　　监测活动开展是自行监测的核心。在监测组织方式上，开展监测活动可以依托自有人员、设备、场地自行开展监测，也可以委托有资质的社会化检测机构开展监测。在监测技术手段上，无论是自行监测还是委托监测，都可以采用手工监测和自动监测的方式。排污单位自行监测活动开展方式选择流程如图 2-1 所示。

图 2-1　排污单位自行监测活动开展方式选择流程

　　排污单位首先根据自行监测方案明确监测点位、监测项目、监测频次，在此基础上根据不同监测项目的监测要求分析本单位是否具备开展自行监测的条件。具备监测条件的项目，可选择自行监测；不具备监测条件的项目，排污单位可根据自身实际情况，决定是否提升自身监测能力，以满足自行监测的条件。如果通过筹建实验室、购买仪器、聘用人员等方式可达到开展自行监测条件的，可以选择自行监测。若排污单位委托社会化检测机构开展监测，需要按照不同监测项目检查拟委托的社会化检测机构是否具备承担委托监测任务的条件。若拟委托的社会化检测机构符合条件，则可委托社会化检测机构开展监测；若不符合条件，则应更换具备条件的社会化检测机构承担相应的监测任务。由此来说，同一排污单位有 3 种可选方式：全部自行监测、全部委托监测、部分自行监测部分委托监测。同一排污单位、不同监测项目，可委托多家社会化检测机构开展监测。

无论是自行监测还是委托监测，都应当按照自行监测方案要求，确定各监测点位、监测项目的监测技术手段。对于明确要求开展自动监测的点位及项目，应采用自动监测的方式，其他点位和项目可根据排污单位实际情况，确定是否采用自动监测的方式。若采用自动监测的方式，应该按照相应技术规范的要求，定期采用手工监测方式进行校验。不进行自动监测的项目，应采用手工监测方式开展监测。

2.3.3　监测活动开展应具备的条件

2.3.3.1　自行监测应具备的条件

自行承担监测活动的排污单位，应具备开展相应监测项目的能力，主要从以下几个方面考虑。

（1）人员

自行监测作为排污单位环境管理的关键环节和重要基础，人才是关键，高素质的环境监测人员队伍为排污单位自行监测事业提供了坚实的人才保障。

排污单位应有承担环境监测职责的机构，落实环境监测经费，赋予相应的工作定位和职能，配备充足的环境监测技术人员和管理人员。在人员比例上，要考虑各类技术人员的构成，如可要求高级技术人员占技术人员总数的比例不低于

20%，中级技术人员占比不低于 50%。

排污单位应与其工作人员建立固定的劳动关系，明确技术人员和管理人员的岗位职责、任职要求和工作关系，使其满足岗位要求并具有所需的权力和资源，履行建立、实施、保持和持续改进管理体系的职责。

排污单位监测机构最高管理者应组织和负责管理体系的建立和有效运行。排污单位应对操作设备、监测、签发监测报告等人员进行能力确认，由熟悉监测目的、程序、方法和结果评价的人员对监测人员进行质量监督。排污单位应制订人员培训计划，明确培训需求和实施人员培训，并评价这些培训活动的有效性。排污单位应保留技术人员的相关资质、能力确认、授权、教育、培训和监督的记录。

（2）设施与环境条件

排污单位应配备用于监测的设施，包括能源、照明和环境条件等，实验室设施应有助于监测的正确实施。

实验室宜集中布置，做到功能分区明确、布局合理、互不干扰，对于有温湿度控制要求的实验室，建筑设计应采取相应的技术措施；实验室应有相应的安全消防保障措施。

实验室设计必须执行国家现行有关安全、卫生及环境保护法规和规定，对限制人员进入的实验区域应在其显眼区域设置警告装置或标志。

凡是进入含有对人体有害的气体、蒸气、气味、烟雾、挥发物质的实验室，应设置通风柜，实验室需维持负压，向室外排风时必须经特殊过滤；凡是经常使用强酸、强碱、有化学品烧伤的实验室，应在出口就近设置应急喷淋器和应急洗眼器等装置。

实验室用房一般照明的照度均匀，其最低照度与平均照度之比不宜小于 0.7，微生物实验室宜设置紫外灭菌灯，其控制开关应设在门外并与一般照明灯具的控制开关分开安装。

为了确保监测结果的准确性，排污单位应做到：对影响监测结果的设施和环境条件，应制定相应的标准文件。如果规范、方法和程序有要求，或对结果的质量有影响时，实验室应监测、控制和记录环境条件。当环境条件影响监测结果时，应停止监测。应将不相容活动的相邻区域进行有效隔离。对进入和使用影响监测质量的区域，应加以控制。应采取措施确保实验室的良好内务，必要时应制定专门的程序。

（3）仪器设备

排污单位应配备监测（包括采样、样品前处理、数据处理与分析）所需的所有设备，用于监测的设备及其软件应达到要求的准确度，并符合监测相应的规范要求。根据监测项目，应配备的仪器设备包括气相色谱仪、液相色谱仪、离子色谱仪、原子吸收光谱仪、原子荧光光谱仪、红外测油仪、分光光度计、万分之一天平、马弗炉、烘箱、烟气烟尘测定仪、pH 计等。对结果有重要影响的仪器的分量或值，应制订校准计划。设备在投入工作前应进行校准或核查，以保证其满足实验室的规范要求和相应的标准规范。

仪器设备应由经过授权的人员操作，大型仪器设备应配有仪器设备操作规程和仪器设备运行与保养记录；每台仪器设备及其软件应有唯一性标识；应保存对监测具有重要影响的每台仪器设备及软件的记录，并存档。

（4）实验室质量体系

排污单位应建立实验室质量体系文件，制定质量手册、程序说明、作业指导书等文件，采取质量保证和质量控制措施，确保自行监测数据可靠。可根据实际情况确定是否需要取得实验室计量认证和实验室认可等资质。

2.3.3.2　委托单位相关要求

排污单位委托社会化检测机构开展自行监测的，也应对自行监测数据的真实性负责，因此排污单位应重视对被委托单位的监督管理。其中，具备监测资质是被委托单位承接监测活动的前提和基本要求。

接受自行监测任务的社会化检测机构应具备监测相应项目的资质，即所出具的监测报告必须能够加盖 CMA 印章。排污单位除应对资质进行检查外，还应该加强对被委托单位的事前、事中、事后监督管理。

选择拟委托的社会化检测机构前，应对其既往业绩、实验室条件、人员条件等进行检查，重点考虑社会化检测机构是否具有开展本单位委托项目的经验，是否具备承担本单位委托任务的能力，是否存在弄虚作假的行为等。

被委托单位开展监测活动过程中，排污单位应定期或不定期抽检被委托单位的监测记录，若有存疑的地方，可现场检查。

每年报送全年监测报告前，排污单位应对被委托单位的监测数据进行全面检查，包括监测的全面性、记录的规范性、监测数据的可靠性等，确保被委托单位能够按照要求开展监测。

2.4　监测质量保证与质量控制

无论是自行开展监测还是委托社会化检测机构开展监测，都应该根据相关监测技术规范、监测方法标准等要求做好质量保证与质量控制。

自行开展监测的排污单位应根据本单位自行监测的工作需求，设置监测机构，梳理并制定监测方案、样品采集、样品分析、出具监测结果、样品留存、相关记录的保存等各个环节，制定工作流程、管理措施与监督措施，建立自行监测质量体系，确保监测工作质量。质量体系应包括对以下内容的具体描述：监测机构、人员、出具监测数据所需仪器设备、监测辅助设施和实验室环境、监测方法技术能力验证、监测活动质量控制与质量保证等。

委托其他有资质的社会化检测机构代其开展自行监测的，排污单位不用建立监测质量体系，但应对社会化检测机构的资质进行确认。

2.5　记录和保存监测数据

记录监测数据与监测期间的工况信息，整理成台账资料，以备管理部门检查。手工监测时应保留全部原始记录信息，全过程留痕。自动监测时除了通过仪器全面记录监测数据外，还应记录运行维护记录。另外，为了更好地梳理污染物排放状况、了解监测数据的代表性、对监测数据进行交叉印证、形成完整证据链，还应详细记录监测期间的生产和污染治理状况。

排污单位应将自行监测数据接入全国污染源监测信息管理与共享平台，公开监测信息。此外，可以采取以下一种或者几种方式让公众更便捷地获取监测信息：公告或者公开发行的信息专刊；广播、电视等新闻媒体；信息公开服务、监督热线电话；本单位的资料索取点、信息公开栏、信息亭、电子屏幕、电子触摸屏等场所或者设施；其他便于公众及时、准确获得信息的方式。

第 3 章　行业污染排放状况

　　农药制造工业是传统的精细化工行业之一，也是环境管理重点关注的行业之一。农药制造行业的发展状况和污染排放特征，是农药制造行业环境管理与自行监测要求的重要依据，更是农药制造行业排污单位自行监测技术指南编制的重要依据。本章围绕农药制造行业对社会经济贡献情况、产品产量区域分布情况、污染物排放和环保现状、行业发展进展和趋势进行简要介绍；同时针对农药制造行业环境污染的主要关注点、废水排放总体特征进行概述；按行业分类对典型工艺过程污染物产排污节点和污染治理技术进行简要说明。

3.1　行业概况及发展趋势

3.1.1　行业分类

　　农药品种繁多，组成和结构复杂，性质和用途也各不相同，因而分类方法多种多样。按作用对象可分为杀虫剂、杀菌剂、除草剂、植物生长调节剂等；按来源分类可分为无机农药、有机合成农药、生物源农药；按剂型不同可分为乳油、悬浮剂、可湿性粉剂等；另外还可按化学组成分类、按毒性分类等。

　　《指南》根据《国民经济行业分类》（GB/T 4754—2017），将农药制造分为化学农药制造、生物化学农药制造及微生物农药制造。

　　化学农药也称为化学合成农药，是指由人工研制合成，并由化学工业生产的一类农药，其代表产品均为当前农药市场上的主流产品，如毒死蜱、吡虫啉、草甘膦等。这类农药的特点是药效快、用量少、用途广，可适应不同的需要，但是对环境污染比较严重，且容易使有害生物产生抗药性，对人畜也并不安全，但由于这类农药的生产技术比较成熟，普及面较广，因而现在使用范围最广，且预计在短时间内不会被替代。

　　生物化学农药及微生物农药制造是指由细菌、真菌、病毒和原生动物或基因修饰的微生物等自然产生，以及由植物提取的防治病、虫、草、鼠和其他有害生物的农药制剂生产而来。生物化学农药制造行业可减少对化学合成类农药的依赖，从而减少由化学合成农药引发的环境污染等问题，然而由于生物农药的生产、保存技术等方面发展还不成熟，其还无法成为现代农药的主流产品。

3.1.2　行业发展现状

　　我国农药产业起步晚，大致经历了中华人民共和国成立初期至 20 世纪 80 年代有机氯农药、20 世纪 80 年代至 21 世纪初期有机磷农药、21 世纪杂环类农药和生物农药 3 个发展阶段。

　　20 世纪五六十年代，我国先后产业化了一批有机汞、有机氯、有机磷及氨基甲酸酯类农药。随着有机汞、有机氯、有机磷等农药的负面效应凸显，国家先后对部分农药品种进行了减产和禁用。为了寻找高效低毒的品种，我国科学家经过不断努力和扎实的工作，最终发现了诸如乙基大蒜素、井冈霉素等品种。20 世纪 70 年代初，沈阳化工研究院张少铭先生等人研究和产业化多菌灵，并使其在小麦赤霉病中发挥了重大作用。这期间，国内先后仿制了稻瘟净、异稻瘟净、克瘟散等有机磷品种，研发了如托布津、甲基硫菌灵等高效内吸性杀菌剂，一系列三唑类杀菌剂也陆续产业化，并应用到农业生产中。

　　20 世纪 90 年代中后期（"九五"计划期间），在国家相关部门的大力支持下，先后建成了以沈阳化工研究院和南开大学为主的北方中心以及以江苏、湖南、浙江、上海院校为主的南方中心，共形成了 6 个农药创制基地，并支持了一些有研发能力的高等学校、科研院所以及 40 余家企业建立研究中心、重点实验室、中间试验车间或产业化示范企业。随后的"十五""十一五"以及"十二五"期间，国家都将农药创制、科技攻关和"十一五""十二五"及"十三五"科技支撑项目列为重要课题，加之国家"863""973"及国家自然科学基金项目的持续大力支持，我国农药新品种的研发和关键技术开发工作展现出欣欣向荣的发展局面，出现了一批创新品种、关键技术以及新农药的创制研究理论。

我国的农药制造工业是在仿制国外品种的基础上发展壮大起来的，农药研究经历了仿制、仿创结合及自主创新几个阶段。

目前我国新农药创制体系不断完善，创新能力和竞争力不断提高，农药制造工业以企业为主体的技术创新格局正在形成，技术创新活动由国家行为转向企业行为的基础正在确立，我国已成为具有新农药创制能力的国家。在国家相关部门的支持下，我国新农药创制事业得到了前所未有的发展，取得了极大的突破，特别是近 10 年来，我国农药创制研究者在新农药的基础研究方面开展了大量的工作，在农药靶标的发现、作用机制的研究、新农药先导发现平台等方面取得了重大进展。

依托各类创新平台和项目，我国研发出了一批创新性成果和产品。新化合物合成能力已达到 3 万个/年，筛选能力达到 6 万个/年。创制出毒氟磷、丁香菌酯、氰烯菌酯、氟吗啉、丁吡吗啉等多个具有自主知识产权的绿色高效新农药品种并获得登记。

我国农药产业化研究和田间应用技术进展显著，如贵州大学等通过无溶剂催化合成，建成了年产 200 t 原粉的生产装置，总收率达 80%，纯度 98%，实现了我国第一个仿生合成的植物免疫激活抗病毒新农药——毒氟磷的节能减排和清洁化生产。同时以毒氟磷为核心，构建了种子处理、健身栽培和大田虫病药物协调使用的全程免疫防控技术，并在全国进行了大面积推广应用。解决了农作物病毒防控重大难题，防治和增收效果突出，该研究成果获 2014 年国家科技进步二等奖。

此外，杀螨剂乙唑螨腈、大黄素甲醚、氰烯菌酯、噻唑锌等新农药，在产业化生产和田间应用上均取得了显著效果。

经过近 20 年的努力，通过科技攻关和技术支撑项目取得登记证的创制品种已有 40 余个。创制新品种和技术创新，特别是关键技术的突破，极大地提高了我国农药制造工业的整体水平。

经过多年的发展，我国已形成了包括科研开发、原药生产、制剂加工、原材料及中间体配套等较为完整的农药制造工业体系。从营收规模来看，我国农药行业以中小规模企业为主，规模以上企业数量较少。近年来，我国农药行业飞速发展，产业布局更趋集中，企业规模不断扩大，产品结构更趋合理，农药出口结构得到较大改善，技术创新取得较好成绩。据国家统计局统计，2001—2016 年，我国化学农药产量从 78.72 万 t 增长至 377.8 万 t，复合增长率为 11.02%。2016 年全行业实现主营业务收入 3 308.67 亿元，同比增长 5.2%；实现利润 245.87 亿元，同比增长 6.2%。2016 年全国累计生产农药 377.8 万 t，同比增长 0.7%；出口农药 140.1 万 t，同比增长 19.2%；进口农药 8.4 万 t。自 2017 年以来，全国化学农药产量呈现下降的趋势，2017 年化学农药产量 294.1 万 t，2018 年跌至 222.3 万 t。2019 年化学农药产量止跌上涨，产量 225.39 万 t，同比增长 1.4%。

3.1.2.1　中国已成为全球最大的农药生产国及出口国

经过近 70 年的发展，中国已成为世界上最大的原药生产国，在世界农药市场占据主导地位。随着全球农药生产专业分工的不断深化，中国凭借全方位的成本优势和日渐成熟的技术优势，已逐步成为全球农药的主要生产基地和世界主要农药出口国之一，全球市场约有 70%的非专利农药原药在中国生产，中国农药产品出口到 180 多个国家，市场覆盖东南亚、南美、北美、非洲和欧洲等地区。根据海关总署统计，2019 年 1—12 月，中国累计进口农药 8.971 1 万 t，同比增加 14.0%，进口金额 7.615 8 亿美元，同比增长 10.7%。2019 年 1—12 月，中国累计出口农药 146.827 5 万 t，同比下降 1.48%，出口金额 48.601 7 亿美元，同比下降 7.1%（表 3-1）。

表 3-1 2019 年 1—12 月中国农药累计进出口数量、金额统计

月份	累计进口数量/t	累计进口金额/ 万美元	累计出口数量/t	累计出口金额/ 万美元
1	8 055	6 782	130 629	43 796
2	14 130	14 127	225 896	75 714
3	23 957	23 219	377 610	123 451
4	36 475	33 363	493 028	160 899
5	44 478	39 637	669 362	215 392
6	51 167	45 148	806 848	261 158
7	57 620	50 759	935 003	307 539
8	62 508	54 693	1 049 037	346 770
9	67 861	59 713	1 153 369	382 516
10	73 138	63 925	1 248 827	416 268
11	79 509	68 542	1 348 246	448 168
12	89 711	76 158	1 468 275	486 017

3.1.2.2 农药品种逐步丰富，结构逐步优化

截至 2019 年年末，我国规模以上农药制造企业为 719 家；农药品种大幅增加，产品质量不断提高，目前，我国登记可生产的原药品种 600 种左右，常年生产 300 多种，可生产农药制剂超过 3 000 种。据国家统计局统计，2019 年我国农药行业规模以上企业化学农药原药（100%）产量为 225.4 万 t，同比增长 1.4%。其中，除草剂产量为 93.5 万 t，同比增长 0.4%，占农药总产量的 41.5%；杀虫剂产量为 38.9 万 t，同比下降 2.3%，占农药总产量的 17.3%；杀菌剂产量为 16.55 万 t，同比增长 0.3%，占农药总产量的 7.3%。我国农药产品结构正不断优化调整，与国

际农药产品结构，特别是除草剂逐步趋于一致，进一步满足了农业生产的需求（表 3-2）。

表 3-2　2019 年我国农药行业规模以上企业农药产量情况

农药类别	2019 年/万 t	2018 年同期/万 t	同比/%
化学农药原药	225.4	222.3	1.4
杀虫剂原药	38.9	39.8	−2.3
杀菌剂原药	16.55	16.5	0.3
除草剂原药	93.5	93.1	0.4

3.1.2.3　新型环保农药产量将快速增长

随着经济发展水平和模式的转变，全社会的环境保护和食品安全意识不断加强，使得环保治理要求和力度日益提高。我国积极响应全球对高毒、高风险农药的禁用、限用管理措施，农业农村部等相关主管部门历年来陆续发布了多项关于禁止和限制使用农药的公告，加快淘汰剧毒、高毒、高残留农药。随着农药使用及管理政策日趋严格，传统的高毒、低效农药将加快淘汰，高效、低毒、低残留的新型环保农药成为行业研发重点和主流趋势，农药剂型向水基化、无尘化、控制释放等高效、安全的方向发展，水分散粒剂、悬浮剂、水乳剂、缓控释剂等新剂型加快研发和推广。高效、安全、经济、环境友好的农药新产品的推广将有效促进我国农药产品结构的优化调整，在满足农业生产需求的同时降低对环境的影响。

3.1.2.4　清洁生产技术与工艺进一步推广

农药行业作为精细化工行业中的细分行业，受生产工艺等因素影响，在生产过程中会有"三废"[①]排放。在我国大力发展低碳经济与循环经济，加快经济发展

---

① "三废"一般指工业污染源产生的废水、废气和固体废弃物。

方式转型升级的大背景下，农药行业全面推行清洁生产技术与工艺，节能降耗、减排增效，已成为保证农药生产企业及行业可持续发展的重要举措和发展方向。加大技术改造和环保投入力度、提高技术装备水平、全面研发和推广先进适用的清洁生产工艺和"三废"处理技术，不但能大幅降低污染物排放量，而且能够降低原料消耗量，同时结合"三废"资源化利用有效降低生产成本。此外，清洁生产技术与工艺的推广也是实现我国污染控制重点由末端治理向生产过程控制转变的重要措施，是农药行业走可持续发展之路，向资源节约、环境友好、绿色环保产业转型发展的必然选择。

3.1.2.5 研发投入增加，自主创新体系进一步完善

虽然我国已成为农药生产大国，但目前绝大部分农药品种仍为仿制品种。为提升我国农药行业的国际竞争力，近年来，在国家、地方和企业的共同努力下，通过充分发挥产学研结合的协同作用，应用组合化学等高新技术方法，相关企业成功创制了一批具有自主知识产权的农药新品种并取得了国内外专利，30 个创制品种进入了国内外市场，累计推广面积 3 亿亩[①]以上，部分产品的销售额超过 2 亿元，累计收入达 10 亿元以上。此外，主导品种和中间体绿色生产工艺开发、生产装备的集成化和大型化、工艺控制自动化、水基型剂型加工技术等共性关键技术已成功应用于农药制造工业化生产，促进了产业结构和产品结构调整。未来随着我国农药行业集中度的提升，农药企业的研发投入将进一步增加，有利于企业提高自主创新能力、完善自主创新体系，使我国农药行业向新药创制和生产中高端产品的方向转移，切实增加农药产品的科技含量和产品附加值，带动我国农药行业的技术进步，提升行业竞争力。

3.1.2.6 行业主营业务收入和利润不断增长

国家统计局数据显示，2019 年 1—12 月，全国农药行业主营业务收入达 2 146.43

---

① 1 亩=0.0667 hm^2。

亿元，同比增长 4.8%，利润总额达 197.80 亿元，同比下降 0.2%，其中，化学原药利润总额同比下降 4.2%，生物化学农药及微生物农药同比增长 26.8%（表 3-3）。

表 3-3　2019 年规模以上农药企业经济指标情况

行业类别	企业数/家	资产总计		主营业务收入		利润总额	
		2019 年/亿元	同比/%	2019 年/亿元	同比/%	2019 年/亿元	同比/%
农药制造	719	2 660.52	5.6	2 146.43	4.8	197.80	0.2
化学原药制造	586	2 366.05	4.7	1 790.90	4.3	163.61	−4.2
生物化学农药及微生物农药制造	133	294.47	13.0	256.80	8.4	26.97	26.8

3.1.3　产品产量及区域分布情况

3.1.3.1　我国农药原药产地分布

中国农药产量主要分布在江苏、四川等地；2019 年江苏省农药产量达 74.3 万 t，居全国首位；其次为四川省，农药产量为 39.2 万 t；浙江省农药产量为 20.8 万 t，排名第三；山东省紧跟其后，农药产量为 19.9 万 t。数据显示，2019 年江苏省农药产量占全国农药产量的 32.96%，四川省、浙江省、山东省、湖北省、安徽省、河南省农药产量占全国农药产量的比重分别为 17.39%、9.23%、8.83%、8.21%、4.35%、3.46%。

3.1.3.2　我国农药企业地区分布

近年来，在国家产业政策的引导下，农药行业准入门槛不断提高，环保、安全的要求日益严格，市场竞争日趋激烈以及行业外资本的注入，加快了农药行业整合的速度，大型企业的优势越来越明显。

2019 年，农药百强企业情况见表 3-4，这 100 家企业分布于 17 个省（区、市）中。江苏、山东和浙江三省百强农药企业数总计 62 家，销售总额为 1 050.21 亿元。

中西部地区 8 省（区、市）入围百强企业数达到 21 家，销售总额为 545.07 亿元，占百强企业省内销售总额的 29.7%。传统农药行业强省的发展空间逐渐饱和，向中西部转移的趋势逐渐显现。

表 3-4　2019 年中国农药百强企业分布情况

序号	省（区、市）	企业数量/家	省内销售额/亿元
1	江苏	32	547.91
2	山东	16	256.24
3	浙江	14	246.06
4	安徽	7	81.91
5	河北	6	64.01
6	四川	4	101.51
7	广东	3	60.25
8	湖北	3	294.76
9	上海	3	38.38
10	北京	2	63.47
11	广西	2	20.20
12	吉林	2	10.49
13	陕西	2	10.77
14	海南	1	4.20
15	湖南	1	17.01
16	江西	1	11.21
17	重庆	1	7.70
合计		100	1 836.08

3.1.4　行业相关管理要求

3.1.4.1　《农药管理条例》

最早专门针对农药管理的法规是国务院于 1997 年 5 月 8 日颁布的《农药管理条例》（2001 年 12 月修订）。2017 年 2 月 8 日，国务院第 164 次常务会议修订通过《农药管理条例》，自 2017 年 6 月 1 日起施行。该条例对农药登记、生产、经营和使用等相关制度进行了规定，并明确指出农药生产企业应当遵守安全生产、环境保护等法律、行政法规。

3.1.4.2 《农药产业政策》

为贯彻落实《农药管理条例》的要求，规范和引导我国农药产业健康、可持续发展，2010 年 8 月 26 日工业和信息化部、环境保护部、农业部和国家质量监督检验检疫总局联合发布了《农药产业政策》，内容涵盖了产业布局、组织结构调整和产品结构调整、技术政策、生产管理和进出口管理、社会责任等 13 个方面。该政策明确农药制造工业的发展目标：到 2015 年，50%以上的农药原药企业进入化工集中区；农药企业数量减少 30%，国内排名前 20 的农药企业销售额达到全国总销售额的 50%以上；国内排名前 10 的农药企业创新研发费用达到企业销售收入的 3%以上；"三废"排放量减少 30%，副产物资源化利用率提高 30%。

3.1.4.3 《农药工业"十三五"发展规划》

2016 年 5 月 26 日，中国农药工业协会正式发布《农药工业"十三五"发展规划》。"十三五"期间，中国农药工业将坚持走新型工业化道路，以创新发展为主题、以提质增效为中心，进一步调整产业布局和产品结构，推动技术创新和产业转型升级，减少环境污染，满足现代农业生产需求，并提高我国农药工业的国际竞争力。

3.1.4.4 行业其他相关法规规章

（1）五部委发布第 1586 号公告

2011 年 6 月 15 日，农业部、工业和信息化部、环境保护部、国家工商行政管理总局、国家质量监督检验检疫总局五部委发布了第 1586 号公告，对高毒农药采取进一步的禁限用管理措施，其中 10 种将在 2022 年年底前全部禁用和淘汰，12 种停止新增登记证和农药生产许可证，这 22 种高毒农药，共涉及 400 多家农药生产企业的 900 多个登记产品，高毒农药主要用于防治地下害虫、线虫、仓储害虫等。

（2）《化学农药环境安全评价试验准则》

2014 年 10 月 10 日，国家质量监督检验检疫总局、国家标准化管理委员会批准发布了《化学农药环境安全评价试验准则》21 项系列国家标准，目的是进一步提高我国农药环境风险评估和安全管理的科学水平，从源头上减少农药给生态环境带来的潜在危害。这 21 项标准均自 2015 年 3 月 11 日起实施。

（3）地方性农药环境管理法规及地方标准

目前上海、天津、安徽等省（市）均制定了本省（市）的地方性农药管理法规及地方标准，如上海市于 2020 年 9 月 23 日通过了《上海市农药管理规定》，2020年 12 月 1 日起施行。该管理办法规定了绿化市容（林业）、卫生健康、粮食物资储备、生态环境、发展改革、经济信息化、商务、财政、市场监管等有关部门按照各自职责，做好有关农药经营、使用的监督管理工作。

3.1.5　行业发展趋势

近年来，国家发布《部分工业行业淘汰落后生产工艺装备和产品指导目录》，陆续淘汰或限制高毒农药品种和落后生产工艺，争取到 2020 年年底，除必须保留的高毒农药品种外，淘汰禁用其他高毒农药。2015 年 3 月，农业部发布《到 2020年农药使用量零增长行动方案》，提出农药减量控害。农药行业目前主要发展趋势是：

1）发展高效低毒低残留环境友好型农药品种，开发高毒农药替代品种。发展高效环保型水基化、固体化制剂，降低粉剂、乳油、可湿性粉剂所占比例。发展生物农药。提高制剂生产和出口比例。

2）提高企业工艺技术和装备水平，促使企业实现生产连续化、自动化和大型化，提高产品收率和质量稳定性，从源头减少污染物产生。

3）鼓励企业集团化、连锁化发展，形成多个农药生产基地，使原药生产与制剂加工形成共生体，减少"漂移"企业。

4）控制有毒溶剂使用，促进使用低毒低挥发性溶剂。提高副产物资源化利用率，促使企业有效处理生产过程产生的污染物，减少"三废"排放。淘汰工艺落后、产品质量差、安全隐患大、环境污染严重的落后企业。

3.2　主要生产工艺及产排污环节

3.2.1　主要生产工艺

3.2.1.1　化学合成类农药主要生产工艺

农药制造工业化学合成反应工艺路线极其复杂，使用数种无机或有机原辅料、溶剂和催化剂，在不同生产工段又产生不同的中间体等其他物质，生产的产品（原药或活性成分）又都是有机物，因此贯穿整个农药制造生产始终的基本是各种易挥发、毒性大的物质。而且，农药生产涉及多种化工工艺，其中氧化、烷基化、氯化、光气、胺基化、磺化、重氮化、加氢、氟化、硝化 10 种工艺属于《首批重点监管的危险化工工艺目录》（安监总管三〔2009〕116 号）中确定的危险化工工艺。本书对目前市场上的主流农药产品的生产工艺通过比较、整合、梳理，总结出了农药制造工业的主要生产工艺。

生产流程大致包括化学合成、后处理（含精制、溶剂回收等）、制剂加工等主要步骤。其中，化学合成和后处理过程是污染物产生的主要环节，集中了大部分排污节点。

化学合成主要是有机合成，包括农药前体化合物、农药活性成分合成过程。具体的化学反应类型主要有酰化反应、酯化反应、卤代反应、光气化、氧化反应、还原反应、硝化反应、缩合反应等。

后处理过程主要包括结晶（沉淀）、过滤、萃取、脱溶、精馏等中间产物和产品分离与精制技术，以及生成气体的冷凝、吸收、吸附等捕集技术。

制剂加工主要包括复配、混合和定型、产品包装，其中定型主要包括浓缩、干燥、过滤和成型（颗粒剂、水溶性粒剂造粒）等技术。

在厘清主要生产工艺的基础上，同时对产排污节点进行梳理。

化学合成类农药生产工艺流程及产污环节见图 3-1。

图 3-1　化学合成类农药生产工艺流程及产污环节示意图

3.2.1.2　生物类农药制造主要生产工艺

生物类农药制造生产工艺流程一般为菌种筛选、种子培养、微生物发酵、发酵液预处理和固液分离、提取、精制、干燥、包装等步骤。种子培养阶段通过摇瓶种子培养、种子罐培养及发酵罐培养等连续扩增培养，获得足量、健壮、均一的种子投入发酵生产。发酵液预处理的主要目的是将菌体与滤液分离，便于后续处理，通常采用过滤法处理。提取分为从滤液中提取和从菌体中提取两种不同工艺过程，产品提取的方法主要有萃取、沉淀、盐析等。产品精制纯化主要有结晶、喷雾干燥、冷冻干燥等几种方式。

生物类农药生产工艺流程及产污环节见图 3-2。

图 3-2　生物类农药生产工艺流程及产污环节示意图

3.2.2　主要产排污环节

3.2.2.1　废气产排污环节

（1）废气来源

根据生产工艺流程分析，农药制造工业排污单位主要废气来源包括以下几种：

①涉及反应/发酵的废气：包括化学合成农药时各种反应产生的废气及生物农

药发酵产生的发酵尾气；

②不涉及化学反应的混合过程（混合釜、混合器）中产生的混合废气；

③涉及中间产品精制、提纯、固液分离或溶剂回收等产生的废气；

④制剂加工、灌装等过程挥发产生的各种废气；

⑤粉碎、干燥、包装等工序排放的原辅料废气、粉尘等；

⑥锅炉、导热油炉、加热炉等产生的燃烧烟气；

⑦环保设施固废焚烧炉燃烧烟气、废水蒸发脱盐设备废气、废水集输及生化处理设施排气等；

⑧无组织产污环节包括人孔固体投料、桶装液体抽料过程的挥发气，固体物料输送、液体物料装桶中转、产品包装或灌装过程的挥发气，离心机、压滤机、抽滤槽、真空水箱、污水处理设施等未捕集的逸散气，储罐、中间储罐的呼吸气等。

需要指出的是，本书在对农药制造工业排污单位实地调查过程中发现，农药生产存在工艺路线不断优化、气液相反复转化、反应过程长、环节复杂等特点，通过深入调研并归纳整理，得到了较为详细的废气产排污环节。废气产排污环节见表 3-5。

表 3-5　废气产排污环节

生产工序	污染源	产生环节及排放
原辅料储运、投料	原料存放场所	封闭式、半封闭式原料库，堆场跑冒滴漏以及物料装卸等产生的废气无组织排放
	混合釜、混合器、反应器等投料口	投料口集尘、集气罩等废气有组织排放
生物发酵阶段	种子制备罐、发酵培养釜等装置	发酵等产生的废气
	各装置等生产主体装置所在的生产车间	原辅料、发酵液等产生的易挥发气体
化学合成反应阶段	各反应釜等生产主体装置	溶剂挥发、制备及合成反应等各反应釜工艺反应产生的废气
	各反应釜等生产主体装置所在的生产车间	原辅料、反应中间体、原药等产生的易挥发气体

生产工序	污染源	产生环节及排放
提纯分离阶段（提取、精制、过滤、分离等）	蒸馏塔、精馏塔、提取罐、结晶罐、浓缩罐等装置	溶剂挥发、蒸馏精馏等产生的不凝气，提取尾气等
	离心机、过滤器、抽滤槽、压滤机等	固液分离或溶剂回收等环节产生的溶剂挥发
	各装置等生产主体所在生产车间	原辅料、反应中间体、原药等产生的易挥发气体
制剂加工阶段	干燥设备、粉碎机、烘干机、包装机等	粉碎机、烘干机、产品（粉剂干燥或水剂灌装）的制备
	各装置等所在生产车间	产品粉剂和水剂的挥发
其他	罐区、车间内无组织废气收集等	生产设备所在的封闭式、半封闭式车间内废气收集设施收集的废气
供热系统	锅炉	燃料燃烧
	加热炉、导热油炉等	燃料燃烧
废水处理	集中式污水处理厂/处理设施	水解、生化等产生的废气
	废水蒸发脱盐设施	蒸发脱盐等产生的废气
固废处理	固废焚烧炉	焚烧产生的废气

（2）废气污染物特点

通过以上分析得知，废气污染物产生环节多而杂，包括常规污染物和特征污染物等多种污染物，主要有氯化氢、氯气、氟化物、氨、颗粒物等多种无机污染物，以及各种有机溶剂和生物发酵、化学合成反应等过程产生的中间体等各种挥发性有机污染物和恶臭污染物。

对照我国优先控制的有毒化学品和潜在有毒化学品不难发现，农药制造工业排放的废气污染物包括多种优先控制的污染物，如硝基苯类、苯胺类、氯苯、氰化物、各种重金属物质等。我国优先控制的有毒化学品［40 种（类）优先登记的有毒化学品清单，1987 年 8 月］和优先管控的潜在有毒化学品见表 3-6、表 3-7。

表3-6　优先控制的有毒化学品

序号	名称	序号	名称	序号	名称	序号	名称
1	镉	11	苯并[a]芘	21	杀灭菊酯	31	甲基1605
2	铅	12	一氧化碳	22	二氯甲烷	32	氨基甲酸酯类
3	汞	13	二氧化硫	23	杀虫脒	33	黄曲霉毒素
4	氟	14	氮氧化物	24	氯丁二烯	34	丙烯腈
5	砷	15	氯乙烯	25	稀土元素	35	丙烯酰胺
6	石棉	16	硒	26	苯胺	36	酯类
7	苯	17	甲醛	27	氰化物	37	矾
8	甲基汞	18	锰	28	亚硝胺	38	三硝基甲苯
9	镍	19	氯化物	29	硝酸盐	39	滴滴涕
10	铬	20	乐果	30	甲基丙烯酸酯类	40	多氯联苯

表3-7　优先管控的潜在有毒化学品

序号	名称	序号	名称	序号	名称	序号	名称
1	乙醛	15	1,2,4-三氯苯	29	四氯化碳	43	铅
2	乙酸	16	1,1,1-三氯乙烷	30	四氯乙烯	44	氯苯
3	乙苯	17	三氯乙烯	31	汞	45	氯仿
4	乙酸酐	18	五氯酚	32	多氯联苯	46	喹啉
5	乙酸戊酯	19	六氯苯	33	吡啶	47	氯甲烷
6	1,3-二氯苯	20	六六六	34	苯	48	氯乙烯
7	1,4-二氯苯	21	丙酮	35	苯胺	49	硝基苯
8	二甲苯	22	石棉	36	苯酚	50	对-硝基酚
9	二硫化碳	23	甲醛	37	环己烷	51	邻-硝基甲苯
10	1,2-二氯乙烷	24	甲醇	38	苯乙烯	52	蒽
11	二氯甲烷	25	甲苯	39	苯甲醛	53	溴甲烷
12	间-二硝基苯	26	丙烯醛	40	环氧乙烷	54	滴滴涕
13	N,N-二甲基苯胺	27	丙烯腈	41	毒杀芬	55	氰化钠
14	酞酸二正丁酯	28	艾氏剂	42	氨	—	—

3.2.2.2　废水产排污环节

（1）废水来源

根据生产工艺流程分析，农药制造工业排污单位主要废水种类及来源包括：

①生产废水：各反应阶段、分离阶段产生的水相母液等工艺废水，催化剂载体、吸附剂、各类工艺设备和材料的洗涤水、地面冲洗废水及真空废水；

②辅助生产工序排水：循环冷却水系统排污、去离子水制备过程排水、热电锅炉等辅助设备冷凝水；

③生活污水：与企业人数相配套的生活设施等产生的废水；

④初期雨水：降雨初期收集的雨水，时间范围为 15 min。

主要农药产品生产废水产排污环节及主要污染物见表 3-8［部分特征污染物为《农药工业水污染物排放标准》（征求意见稿）中所列指标］。

表 3-8　主要农药产品生产废水产排污环节及主要污染物

序号	农药种类	主要产品	产污节点	主要污染物和特征污染物
1	酰胺类	乙草胺	酸性废水	pH、COD$_{Cr}$、氨氮、磷酸盐、2-甲基-6-乙基苯胺及其他原料、乙草胺原药
		甲草胺		pH、COD$_{Cr}$、氨氮、氢氧化钠、2,6-二乙基苯胺、甲草胺
		丁草胺		pH、COD$_{Cr}$、氨氮、2,6-二乙基苯胺、丁草胺、甲醛、磷酸盐、氯化物
2	杂环类	多菌灵	氯甲酸甲酯、氰胺基甲酸甲酯钙盐、多菌灵的合成工序	pH、COD$_{Cr}$、氨氮、氯化钠、碳酸氢钠、碳酸钠、氯化铵、氯化钙、氰胺基甲酸甲酯、苯胺类、硝基苯类、多菌灵
		百草枯（氨氰法）	过滤工序	pH、COD$_{Cr}$、氨氮、吡啶、百草枯、氰根离子、氨态氮、氯化钠、醇、有机溶剂
		莠去津	蒸馏回收溶剂后的物料进行吸滤时产生的抽滤水及冲洗水	pH、COD$_{Cr}$、氨氮、莠去津、异丙胺、三聚氯氰、乙胺、溶剂等
		吡虫啉（环戊二烯-丙烯醛法路线）	2-氯-5-甲基吡啶合成工序、氯化工序	pH、COD$_{Cr}$、氨氮、磷盐、钾盐、钠盐、甲醇、环戊二烯、丙烯腈、丙烯醛、各反应的中间体、咪唑烷、2-氯-5-氯甲基吡啶、吡虫啉

序号	农药种类	主要产品	产污节点	主要污染物和特征污染物
3	苯氧羧酸类	2,4-滴酸	缩合工序后脱酚废水、氯化工序母液以及冲洗水	pH、COD_{Cr}、氨氮、挥发酚、2-甲-4-氯酸、邻甲酚
4	磺酰脲类	苯磺隆、苄嘧磺隆	离心与干燥工序，设备清洗水、地面冲洗水及包装工人用水等含有原药成分的废水	pH、COD_{Cr}、氨氮、SS、苄嘧磺隆、苯磺隆等活性成分
5	有机硫类	代森锰锌	产品抽滤工序产生的母液及冲洗水	pH、COD_{Cr}、氨氮、锰、锌、硫酸铵、硫酸锰（锌）、乙二胺、代森锰、代森锰锌、乙撑硫脲
6	菊酯类	氯氟氰菊酯	环氯氟酯环合工序、2-顺式氯氟菊酸水解工序、氯氟氰菊酯合成工序、环氯氟酯加工序	pH、COD_{Cr}、氨氮、氯化钠、叔丁醇、叔丁醇钠、氯氟酯、环氯氟酯、盐酸、碳酸钠、环氯氟酸钠、氯氟菊酸、氰化钠、苯醚醛、氯氟菊酰氯、氯氟氰菊酯、甲苯、苯硫脲、溶剂、催化剂
		氯氰菊酯	菊酸合成废水,氯氰菊酯合成的分层、萃取、水洗工序	pH、COD_{Cr}、氨氮、盐酸、氯化钠、甲醇、乙醇、二氯菊酸甲酯、二氯菊酸、甲苯、氰化钠、苯醚醛、二氯菊酰氯、氯氰菊酯、溶剂（环己烷）、异丙醇、三乙胺、异丙醇、二甲苯
7	有机磷类	草甘膦	水解、结晶、回收	pH、COD_{Cr}、氨氮、氯化钠、总磷
		丙溴磷	工艺废水、洗涤水	pH、COD_{Cr}、氨氮、邻氯酚、溴酚钠、溴化钠、乙基氯化物、三酯、二甲乙胺、溴丙烷、丙溴磷
		毒死蜱	缩合废水	pH、COD_{Cr}、氨氮、三氯吡啶醇钠、乙基氯化物、毒死蜱
		乙酰甲胺磷	合成工序	pH、COD_{Cr}、氨氮、氯化物、总磷
		二嗪磷	甲醇蒸馏工序、环化离心工序、环化脱水工序、缩合工序	pH、COD_{Cr}、氨氮、甲醇、异丁腈、羟基嘧啶、甲醇、二嗪磷、乙基氯化物
		辛硫磷	缩合工序	pH、COD_{Cr}、氨氮、肟钠、乙基氯化物、辛硫磷
		三唑磷	合成、水洗工序	pH、COD_{Cr}、氨氮、三唑磷、苯唑醇、乙基氯化物
8	有机氯类	百菌清	合成工序	pH、COD_{Cr}、氨氮、硝酸铵、氰化物、间二甲苯、盐酸、百菌清

序号	农药种类	主要产品	产污节点	主要污染物和特征污染物
9	氨基甲酸酯类	灭多威	灭多威肟合成工序	pH、COD$_{Cr}$、氨氮、乙醛肟、硫酸羟胺、灭多威肟（甲硫基乙醛肟）、甲硫醇钠、二甲基二硫、甲硫醚、氯化钠等
		克百威	合成工序	pH、COD$_{Cr}$、氨氮、呋喃酚、克百威
		异丙威		pH、COD$_{Cr}$、氨氮、一甲胺盐酸盐、三乙胺盐酸盐、异丙威、邻异丙基酚
		仲丁威		pH、COD$_{Cr}$、氨氮、一甲胺盐酸盐、三乙胺盐酸盐、仲丁威、邻仲丁基酚
10	生物类	井冈霉素	发酵、过滤和浓缩工序	pH、COD$_{Cr}$、氨氮、可溶性蛋白类、氨基酸、残糖、无机盐
		阿维菌素	压滤、板框、过滤工序	pH、氨氮、COD$_{Cr}$、BOD$_5$、总磷、可溶性蛋白类、氨基酸、残糖、无机盐及微量的阿维菌素

（2）废水污染物特点

通过以上分析可以得知，农药生产过程中产生的废水污染物种类多，包括常规污染物、特征污染物，以及农药原料或农药活性成分；有机成分普遍含量高，有机成分差异大；污染物浓度较高，化学需氧量可达每升几万毫克甚至几十万毫克；毒性大，废水中含有大量毒性较高的原料和农药活性成分，生产过程中还会产生多种有毒有害物质，如中间体、代谢产物等；因为合成过程中大量使用酸和碱，因此含盐量高；间歇排放方式导致水量不稳定，水质复杂，难生化降解，处理难度大。对照我国水中优先控制污染物名单不难发现，农药制造工业排污单位排放的特征污染物包括多种优先控制污染物，如硝基苯、苯胺、氯苯、苯酚等。我国水中优先控制污染物见表 3-9。

表 3-9　我国水中优先控制污染物

序号	名称	序号	名称	序号	名称
1	二氯甲烷	24	2,4-二氯酚	47	酞酸二辛酯
2	三氯甲烷	25	2,4,6-三氯酚	48	六六六
3	四氯甲烷	26	五氯酚	49	DDT
4	1,2-二氯乙烷	27	对硝基酚	50	敌敌畏
5	1,1,1,-三氯乙烷	28	硝基苯	51	乐果

序号	名称	序号	名称	序号	名称
6	1,1,2-三氯乙烷	29	对硝基甲苯	52	对硫磷
7	1,1,2,2-四氯乙烷	30	2,4-二硝基甲苯	53	甲基对硫磷
8	三氯乙烯	31	三硝基甲苯	54	除草醚
9	四氯乙烯	32	对硝基氯苯	55	敌百虫
10	三溴甲烷	33	2,4-二硝基氯苯	56	丙烯腈
11	苯	34	苯胺	57	N-亚硝基二乙胺
12	甲苯	35	二硝基苯胺	58	N-亚硝基二正丙胺
13	乙苯	36	对硝基苯胺	59	氰化物
14	邻二甲苯	37	2,6-二氯硝基苯胺	60	砷及其化合物
15	间二甲苯	38	萘	61	铍及其化合物
16	对二甲苯	39	荧蒽	62	镉及其化合物
17	氯苯	40	苯并[b]荧蒽	63	铬及其化合物
18	邻二氯苯	41	苯并[k]荧蒽	64	铜及其化合物
19	对二氯苯	42	苯并[a]芘	65	铅及其化合物
20	六氯苯	43	茚并[1,2,3-cd]芘	66	汞及其化合物
21	多氯联苯	44	苯并[g,h,i]芘	67	镍及其化合物
22	苯酚	45	酞酸二甲酯	68	铊及其化合物
23	间甲酚	46	酞酸二丁酯	—	—

3.2.2.3 噪声来源分析

农药制造工业的企业噪声源主要包括：

①各类生产机械：反应设备、精馏设备、蒸馏设备、过滤设备、分离设备、干燥设备、热交换设备等，以及空压机、水泵、真空泵等；

②污水处理设施：曝气设备、污泥脱水设备、风机、泵等；

③动力装置（自备锅炉）等：燃料破碎设备、风机、蒸汽排空设备等。

3.2.2.4 固体废物来源分析

农药生产过程中产生的固体废物分为一般工业固体废物和危险废物。2021年1月1日起施行的《国家危险废物名录》附表中，对农药制造工业过程中产生的危险废物进行了明确界定，按照其规定，危险废物主要有过滤、蒸发和离心分离残余物、废水处理污泥、蒸馏及反应残余物、精馏残渣、蒸馏残液、废母液、反应罐及容器清洗废液、废滤料和吸附剂、过期原料和废弃产品、废有机溶剂和酸碱等。除界定为危险废物以外的生产过程中产生的其他固体废物为一般工业固体废物。

3.2.3　主要农药类别产排污环节分析

3.2.3.1　酰胺类

产量较大的酰胺类农药有乙草胺、异丙甲草胺、丁草胺、丙草胺、氟磺胺草醚、敌草隆、咪鲜胺和莠去津等，其生产工艺及产污环节分别见图 3-3～图 3-9。

（1）乙草胺

图 3-3　乙草胺生产工艺及产污环节示意图

污染物排放包括：

G1：三乙胺、甲醛、苯胺类等；

G2：氨、氯化氢、乙醇等；

W1、W2：COD_{Cr}、氨氮、pH、氯乙酰氯、乙草胺等；

S1、S2：含原料等有机残液，属于危险废物；

S3：含有机杂质废盐，属于危险废物。

（2）异丙甲草胺

图 3-4 异丙甲草胺生产工艺及产污环节示意图

污染物排放包括：

G1：胺醚、氯乙酰氯、异丙甲草胺、臭气等；

W1、W2 和 W3：胺醚、氯乙酰氯、异丙甲草胺、甲苯、亚胺等。

（3）丁草胺

图 3-5　丁草胺生产工艺及产污环节示意图

污染物排放包括：

W1：COD$_{Cr}$、氨氮、丙烯腈、二甲苯、总磷、N-2,6-二乙基苯基氯乙酰胺等；

W2：过滤母液回用。

（4）丙草胺

图 3-6　丙草胺生产工艺及产污环节示意图

污染物排放包括：

W1：COD_{Cr}、pH、正丙基乙醇、氯醚等；

W2、W3：COD_{Cr}、pH、苯胺、氯醚等；

W4：COD_{Cr}、pH、苯胺等；

W5、W6：COD_{Cr}、pH、苯、甲苯、氯乙酰氯等。

（5）氟磺胺草醚

图 3-7 氟磺胺草醚生产工艺及产污环节示意图

污染物排放包括：

G1：间苯二酚、二甲基乙酰胺（DMAC）、二氯三氟甲苯等；

G2：二氯甲烷、氮氧化物等；

G3：颗粒物、甲基磺酰胺等；

W1：COD$_{Cr}$、pH、氟化物、间苯二酚、二氯三氟甲苯等；

W2：COD$_{Cr}$、pH、二氯甲烷等；

W3、W4：COD$_{Cr}$、氨氮、甲基磺酰胺、三氟羧草醚等。

（6）敌草隆

图 3-8　敌草隆生产工艺及产污环节示意图

污染物排放包括：

G1：甲苯、光气等；

G2、G3：甲烷、非甲烷总烃。

（7）咪鲜胺

图 3-9 咪鲜胺生产工艺及产污环节示意图

污染物排放包括：

W1：回收三乙胺；

S1：残液，属于危险废物。

3.2.3.2 杂环类

产量较大的杂环类农药有莠去津、百草枯、多菌灵、吡虫啉、戊唑醇、扑草净、嘧菌酯、丙环唑、啶虫脒和噻嗪酮等,其生产工艺及产污环节分别见图 3-10～图 3-19。

（1）莠去津

图 3-10 莠去津生产工艺及产污环节示意图

污染物排放包括:

G1:甲苯、三氯乙烯、有机胺、臭气等;

G2:颗粒物等;

W1:COD_{Cr}、氨氮、pH、甲苯、异丙胺、乙胺、三氯乙烯等;

W2:COD_{Cr}、氨氮、甲苯、异丙胺、乙胺、三氯乙烯等;

W3、W4:COD_{Cr}、氨氮等。

（2）百草枯

图 3-11 百草枯生产工艺及产污环节示意图

污染物排放包括：

G1：氯甲烷、吡啶等；

G2：氰化物、氨气等；

G3：氯气等；

G4：二氧化硫、氮氧化物、一氧化碳等；

W1：COD_{Cr}、氨氮、氯甲烷、吡啶、氰化物等；

W2：COD_{Cr}、氨氮、总磷等；

S1：脱磷残渣，属于危险废物；

S2：氯化钠，属于一般固废。

（3）多菌灵

图 3-12 多菌灵生产工艺及产污环节示意图

污染物排放包括：

G1：氨气等；

G2：氯甲酸甲酯、氨气等；

G3：氯化氢、邻苯二胺等；

W1：COD_{Cr}、pH、氨氮、氰化物、氯甲酸甲酯、邻苯二胺等；

S1：石灰氮渣等，属于一般固废；

S2：石灰氮渣、氢氧化钙、氯化钙等，属于一般固废。

（4）吡虫啉

双环戊二烯 → 裂解 → S1

裂解 → 冷凝 → G1

环戊二烯
丙烯醛
氢氧化钾 → 一次加成

回用甲苯
丙烯腈
甲苯 → 二次加成

水、30%盐酸 → 水洗 → W1

蒸馏 → 冷凝

裂解 → 冷凝　G2

聚合 → S2

氯气
二甲基甲酰胺 → 氯化

固体光气
甲苯 → 环合

水洗 → W2

脱溶

蒸馏 → S3

2-氯-5-氯甲基吡啶

压滤

缩合 → 回用DMF

中和

脱溶

蒸馏

精馏

水 → 加水分散

压滤 → 冷却

乙腈 → 结晶

离心分离 → 蒸馏

干燥 → G3　S4

成品

图 3-13　吡虫啉生产工艺及产污环节示意图

污染物排放包括：

G1：环戊二烯废气；

G2：甲苯、丙烯醛、丙烯腈、环戊二烯等；

G3：乙腈；

W1：COD_{Cr}、pH、甲苯、丙烯醛、丙烯腈、环戊二烯等；

W2：COD_{Cr}、pH、甲苯、二甲基甲酰胺等；

S1、S2、S3 和 S4：属于危险废物。

（5）戊唑醇

图 3-14　戊唑醇生产工艺及产污环节示意图

污染物排放包括：

G1：甲醇、戊酮、二甲硫醚、硫酸二甲酯、臭气等；

W1、W2：COD$_{Cr}$、pH、对氯甲苯、对氯苯甲醛等；

W3：COD$_{Cr}$、烯酮、甲醇、戊酮等；

W4、W5：COD$_{Cr}$、pH、N,N-二甲基甲酰胺（DMF）、戊唑醇环氧物、甲苯等。

（6）扑草净

图 3-15　扑草净生产工艺及产污环节示意图

污染物排放包括：

W1：COD$_{Cr}$、氰化物、氨氮、三氯乙烯、异丙胺等；

W2、W3：COD$_{Cr}$、甲硫醇等。

（7）嘧菌酯

图 3-16　嘧菌酯生产工艺及产污环节示意图

污染物排放包括：

W1、W2：COD_{Cr}、邻羟基苯乙酸、乙酸酐等；

W3：COD_{Cr}、邻羟基苯乙酸、乙酸酐、甲醇等；

W4、W5：COD_{Cr}、甲醇、乙酸、二氯乙烷等；

W6：COD_{Cr}、pH、二氯乙烷等；

W7：COD_{Cr}、总铜、水杨腈、DMF 等；

S1、S3、S5、S7：废 Na_2SO_4 回收作为干燥剂使用或按危废处理；

S2、S4、S6：含有机杂质废盐，属于危险废物。

（8）丙环唑

图 3-17 丙环唑生产工艺及产污环节示意图

污染物排放包括：

W1：COD_{Cr}、甲苯、戊二醇、氯丙酮等；

W2：COD_{Cr}、甲苯、戊二醇、氯丙酮、溴化物等；

W3：COD_{Cr}、DMF、三氮唑等；

W4：COD_{Cr}、DMF、三氮唑、甲苯等。

（9）啶虫脒

图 3-18　啶虫脒生产工艺及产污环节示意图

污染物排放包括：

G1：乙腈、氯化氢、甲苯、盐酸雾、甲醇等；

G2：乙腈、氯化氢、甲苯、甲醇、单氰胺等；

G3：二氯甲基吡啶、一甲胺、臭气等；

G4：一甲胺、二氯甲基吡啶、苄甲胺、臭气等；

G5：乙醇；

W1：COD_{Cr}、氨氮、pH、乙腈、甲苯、单氰胺；

W2：COD$_{Cr}$、氨氮、二氯甲基吡啶、一甲胺、苄甲胺等；

W3：COD$_{Cr}$、甲醇或乙醇等；

S1：含有机杂质废盐，属于危险废物。

（10）噻嗪酮

图 3-19 噻嗪酮生产工艺及产污环节示意图

污染物排放包括：

G1：V-甲基苯胺、光气、四氯化碳等；

W1：COD$_{Cr}$、氨氮、pH、氰化物、硫化物、叔丁醇等；

W2：COD$_{Cr}$、氨氮、甲苯等；

W3：COD$_{Cr}$、氨氮、甲苯、乙醇等。

3.2.3.3 苯氧羧酸类

产量较大的苯氧羧酸类农药有 2,4-滴酸、麦草畏和二甲戊灵等,其生产工艺及产污环节分别见图 3-20～图 3-22。

(1) 2,4-滴酸

图 3-20 2,4-滴酸生产工艺及产污环节示意图

污染物排放包括:

W1:COD_{Cr}、pH、苯酚、氯乙酸、二氯酚、三氯苯等;

W2:COD_{Cr}、pH、丁醇、2,4-滴酸等。

（2）麦草畏

图 3-21　麦草畏生产工艺及产污环节示意图

污染物排放包括：

G1：甲苯、二氯苯酚、聚醚等；

G2：二甲苯、二氯苯酚、聚醚、氯化氢等；

G3：聚醚、甲醇等；

G4：氯化氢、甲醇等；

W1：COD_{Cr}、2,5-二氯苯酚、甲苯等；

W2：COD_{Cr}、二甲苯、甲苯、聚醚等；

W3：COD_{Cr}、二甲苯、硫酸二甲酯等；

W4：COD_{Cr}、甲醇、二甲苯、酚类废水；

S1、S2：收尘器收集的回收产品。

（3）二甲戊灵

图 3-22 二甲戊灵生产工艺及产污环节示意图

污染物排放包括：

G1：甲苯、4-硝基邻二甲苯等；

G2：硝酸雾、二氯乙烷等；

G3：二氯乙烷等；

G4：盐酸雾、氯化氢、二氯乙烷等；

G5：氯化氢、二氯乙烷等；

G6：无组织废气；

W1、W2：COD_{Cr}、甲苯、4-硝基邻二甲苯、3-戊酮等；

W3、W4：COD_{Cr}、pH、二氯乙烷、氨基磺酸等；

S1 和 S2：蒸馏残液，属于危险废物。

3.2.3.4 磺酰脲类

产量较大的磺酰脲类农药有苄嘧磺隆等，其生产工艺及产污环节见图 3-23。

图 3-23 苄嘧磺隆生产工艺及产污环节示意图

污染物排放包括：

W1：COD_{Cr}、氰化物、异氰酸酯等；

S1：苄嘧磺隆产品回收。

3.2.3.5 有机硫类

产量较大的有机硫类农药有代森锰锌、杀虫单、杀虫双、杀螟丹和甲基硫菌灵等，其生产工艺及产污环节分别见图 3-24～图 3-28。

（1）代森锰锌

```
乙二胺 ─┐
水   ─────→ 合成 ←───── 氨水
二硫化碳 ─┘
         │
         ↓
     静置分离 ┈┈┈→（回流至合成）
         │ 代森铵
         ↓
硫酸锌
（硫酸锰）──→ 合成
         │ 代森锌（代森锰）
         ↓
氯化锌 ─┐
亚硫酸钠 ─→ 络合釜
保护剂 ─┘
         │ 代森锰锌
         ↓
水 ────→ 离心分离 ──→ G1
                  ──→ W1
         │
         ↓
水稳定剂 ──→ 真空干燥
         │
         ↓
     代森锰锌
```

图 3-24　代森锰锌生产工艺及产污环节示意图

污染物排放包括：

G1：氨气、乙二胺、二硫化碳、硫化氢等；

W1：COD_{Cr}、氨氮、总锌、硫化物、乙二胺、二硫化碳等。

（2）杀虫单

图 3-25 杀虫单生产工艺及产污环节示意图

污染物排放包括：

G1：氯化氢、烯丙胺等；

G2：氯气、二氯乙烷等；

W1：COD_{Cr}、氨氮、二甲胺等；

W2：COD_{Cr}、氨氮、pH、烯丙胺等；

S1：含有机杂质废盐，属于危险废物。

（3）杀虫双

图 3-26 杀虫双生产工艺及产污环节示意图

污染物排放包括：

G1：氯化氢、烯丙胺等；

G2：氯气、二氯乙烷等；

W1：COD_{Cr}、氨氮、二甲胺等；

W2：COD_{Cr}、氨氮、pH、烯丙胺等；

S1：含有机杂质废盐，属于危险废物。

（4）杀螟丹

图 3-27　杀螟丹生产工艺及产污环节示意图

污染物排放包括：

G1：氯化氢、甲醇等；

G2：甲醇等；

G3：颗粒物；

W1：COD_{Cr}、氰化物等；

W2、W3：COD_{Cr}、pH、甲醇、氰化物等。

（5）甲基硫菌灵

图 3-28　甲基硫菌灵生产工艺及产污环节示意图

污染物排放包括：

G1：甲醇、氯化氢、光气等；

G2：臭气；

G3：甲基硫菌灵粉尘；

W1、W2：COD_{Cr}、硫化物、氰化物、氯甲基甲酯、邻苯二胺等。

3.2.3.6　菊酯类

产量较大的菊酯类农药有氯氰菊酯、高效氯氟氰菊酯等，其生产工艺及产污环节分别见图 3-29、图 3-30。

（1）氯氰菊酯

图 3-29　氯氰菊酯生产工艺及产污环节示意图

污染物排放包括：

G1：光气、二氯菊酸甲苯、二氯菊酰氯等；

W1：COD_{Cr}、pH、二氯菊酸甲酯、甲醇、乙醇、甲苯等；

W2：COD_{Cr}、环己烷、醚醛、二氯菊酰氯、氯氰菊酯等。

（2）高效氯氟氰菊酯

图 3-30　高效氯氟氰菊酯生产工艺及产污环节示意图

污染物排放包括：

G1：醇类、三氟三氯乙烷、庚酯、贲亭酸甲酯等；

G2：醇类、环化物；

G3：HCl、SO_2、甲苯、三氯乙酰氯；

G4：甲苯、醇类；

W1：COD_{Cr}、pH、庚酯、TBK 等；

W2：COD_{Cr}、pH、甲苯、氯化亚砜、苯醚醛等；

S1、S2：精馏废渣，属于危险废物。

3.2.3.7　有机磷类

产量较大的有机磷类农药有草甘膦、毒死蜱、乙酰甲胺磷、三乙膦酸铝和敌百虫等，其生产工艺及产污环节分别见图 3-31～图 3-35。

（1）草甘膦

图 3-31　草甘膦生产工艺及产污环节示意图

污染物排放包括：

G1：甲醇、氯化氢、氯甲烷、三乙胺、臭气等；

G2：氯化氢、氯甲烷、三乙胺、臭气等；

G3、G4、G5：甲醇、三乙胺、臭气等；

W1、W2：COD_{Cr}、pH、甘氨酸二甲酯、甲醛、三乙胺、甲醇、氯甲烷等。

（2）毒死蜱

图 3-32　毒死蜱生产工艺及产污环节示意图

污染物排放包括：

G1：氯气、氰化物、醇类、甲苯等；

G2：氯化氢、二氧化硫等；

W1：COD_{Cr}、pH、丙烯腈、甲苯、醇类、硫化物等；

W2、W3：COD_{Cr}、乙基氯化物等；

S1：含有机杂质残渣，属于危险废物。

（3）乙酰甲胺磷

图 3-33　乙酰甲胺磷生产工艺及产污环节示意图

污染物排放包括：

W1：COD_{Cr}、pH、总磷、精酰胺、乙酸等；

W2：COD_{Cr}、氨氮、pH、硫酸二甲酯、氯仿等。

（4）三乙膦酸铝

图 3-34　三乙膦酸铝生产工艺及产污环节示意图

污染物排放包括：

G1：氨气、乙醇、氯乙烷、氯化氢等；

G2：氨气、乙醇、颗粒物等；

W1：COD_{Cr}、pH、氨氮、乙醇、总铝等。

（5）敌百虫

图 3-35　敌百虫生产工艺及产污环节示意图

污染物排放包括：

G1：氯甲烷、氯化氢、甲醇、三氯乙酯等。

3.2.3.8　有机氯类

产量较大的有机氯类农药有百菌清、对二氯苯和氟乐灵等，其生产工艺及产污环节分别见图 3-36～图 3-38。

（1）百菌清

图 3-36　百菌清生产工艺及产污环节示意图

污染物排放包括：

G1：氨气、间二甲苯、非甲烷总烃等；

G2：氯气、氯化氢；

W1：COD$_{Cr}$、氨氮、间二甲苯等。

（2）对二氯苯

图 3-37　对二氯苯生产工艺及产污环节示意图

污染物排放包括：

G1：氯化氢；

G2：苯；

G3：苯、氯苯；

W1：COD$_{Cr}$、pH 等；

W2：含盐酸（HCl）的废液；

W3：COD$_{Cr}$、苯等。

（3）氟乐灵

图 3-38 氟乐灵生产工艺及产污环节示意图

污染物排放包括：

G1：氯化氢、氮氧化物；

S1：次氯酸钠（副产）；

S2：盐酸（副产）；

S3：精混盐（副产）。

3.2.3.9　生物类

产量较大的生物类农药有阿维菌素，其生产工艺及产污环节见图 3-39。

图 3-39　阿维菌素生产工艺及产污环节示意图

污染物排放包括：

G1：结晶过程中产生的废气；

W1、W2：COD_{Cr}、氨氮等；

S1：废菌丝等，属于危险废物。

3.2.3.10　氨基甲酸酯类

产量较大的氨基甲酸酯类农药有克百威和灭多威等，其生产工艺及产污环节分别见图 3-40 和图 3-41。

（1）克百威

图 3-40　克百威生产工艺及产污环节示意图

污染物排放包括：

G1：三乙胺、甲苯、甲基异氰酸酯等。

（2）灭多威

图 3-41　灭多威生产工艺及产污环节示意图

污染物排放包括：

W1：COD_{Cr}、pH、盐酸羟胺、乙醛、乙醛肟等；

W2：COD_{Cr}、氨氮、乙醛肟、甲硫醇等。

3.2.3.11 其他

其他产量较大的农药有磷化铝等，其生产工艺及产污环节见图 3-42。

图 3-42 磷化铝生产工艺及产污环节示意图

污染物排放包括：

G1：含有铝和磷的颗粒物。

3.3 污染治理技术

污染治理技术包括清洁生产技术和污染物末端处理技术。清洁生产技术不但可以最大限度地减少污染物的产生，还可以减轻后续末端处理的压力，降低污染处理的成本。先进的末端处理技术可以有效地控制和处理产生的污染物，最大限度地减少排入环境的污染物。

3.3.1 废水污染治理技术

农药种类繁多，虽然农药废水水量不大，但农药废水水质复杂、浓度高、毒性大，且废水中含有许多不可生物降解或生物抑制的有机物，治理难度非常大。其主要特点是：

（1）污染物浓度较高，化学需氧量可达数万毫克/升；

（2）毒性大，废水中除了农药和中间体外，还含有苯酚、砷等有毒物质和很多难以生物分解的物质；

（3）有恶臭，对人的呼吸道和黏膜有刺激性；

（4）水质和水量不稳定。

总体来看，只有生物类农药主要通过发酵方式生产，其余均为化学合成。化学合成农药的工艺废水有机成分含量普遍高，COD_{Cr} 含量在几万毫克/升到几十万毫克/升之间，不同类别产品生产过程中产生的有机成分差异很大，很多产品的生产过程中均会产生大量的有毒有害物质。因为合成过程中大量使用酸和碱，因此大部分工艺废水含盐量很高。农药废水对环境的污染非常严重。农药废水处理的目的是降低农药生产废水中的污染物浓度，提高回收利用率，实现无害化。

农药废水污染负荷极高，而且含有大量的有毒有害物质，都需要经过有效的预处理才能进行生化处理。针对不同的废水特征，需要采用不同的预处理方式，如脱氨、破氰、吸附、沉淀除磷等，一些预处理过程也实现了对产料的回收。根据危险废物管理的有关规定，一些产品的母液、釜渣必须按照危废处置，通常需要焚烧。

为了提高废水的可生化性，往往需要采取催化氧化等高级氧化手段，破除难降解物质的大分子结构。经过预处理的工艺废水与低浓度污水、公用工程用水混合后，一般将 COD_{Cr} 调配到几百毫克/升至上千毫克/升，再进行生化处理。由于农药废水的难生化性，仍需采用 A/O 法以及接触氧化等保证生化的效果。

出水中原药活性成分仍较高时，还需考虑采用活性炭吸附等措施，降低其含量。因此，农药废水的处理方法包括活性炭吸附法、湿法氧化法、溶剂萃取法、蒸馏法和活性污泥法。目前各国高毒高残留农药普遍减少，高效低残留农药日益增多，并向生物农药的方向发展，这是防治农药废水污染的根本途径。

农药制造企业会产生大量的高盐农药有机废水，其中含有大量的无机盐、有机溶剂及农药中间体等，具有高浓度、高盐分、难降解的特点。对于农药废水处理，现阶段仍然缺乏经济而有效的废水处理技术。农药废水处理方法通常有物化法和生化法两种处理方法，其中物化法包括吸附、萃取、水解、氧化、膜分离等。对农药废水进行有效的治理，需结合废水的具体情况，选择物化法和生化法相结合；利用膜的浓缩作用，采取回收和治理并用的策略，对不同农药品种的废水进行单独处理，将膜系统放于生化系统前或者生化系统后，其中膜的作用是不同的。

清洁生产是循环经济可持续发展的产物，对于农药废水而言，农药废水处理方法有很多，但采用清洁生产，可从生产工艺源头上削减污染物的产生，降低污染物的排放，以产品全周期来控制清洁生产水平，使得企业的经济效益和社会环境效益协调统一，以真正实现清洁生产"节能、降耗、减污、增效"的目标。

采用热法即利用加热浓缩的方式，使溶液轻组分以馏分形式去除，重组分被浓缩以提高溶液的浓度。目前主要的热法技术有膜蒸馏（MD）技术、闪蒸（MSF）技术、多效蒸发（MED）技术、机械压缩蒸发（MVR）技术等。在农药废水处理时，可以采用 MVR 蒸发系统适用企业的清洁处理技术：电解氧化预处理、高级氧化母液回用、蒸馏浓缩提取溶剂等，本着资源化、无害化、减量化的原则，为企业节约能源。

3.3.2　废气污染治理技术

3.3.2.1　污染防治技术分析

总体来说，农药制造行业大气污染物治理思路：通过改进工艺、设备密封或等效密封从源头减少 VOCs 废气产生，对逸散的废气采用各种收集措施，通过废气收集管路送往废气回收或净化装置处理。因此污染防治技术应包括源头、过程和末端污染物控制技术。

3.3.2.2　源头和过程控制

国内农药生产工艺大部分仍是间歇性生产，敞开式固体物料加入，挥发性溶剂用量较多。控制措施主要包括：

（1）原料替代

用无毒、低毒的原料或生产过程中产生的废物来替代剧毒或会产生严重污染的原料，如用非卤化和非芳香性的溶剂（乙酸乙酯、乙醇和丙酮等）来代替有毒溶剂（苯、氯仿和三氯乙烯等），推广水基化制剂。

（2）优化化工工艺

如采用高效复合催化剂缩短反应时间，降低操作温度、减少副反应、连续化生产、减少或不用溶剂等，提高原料利用率、有用物质回收率和产品回收率，降低污染物排放量。

（3）采用高性能的设备

主要包括：①对设备动静密封点采用密封性好的设备，并开展 LDAR 检测和修复计划；②过滤器、真空泵、离心机和干燥机等采用密闭式设备等。

3.3.2.3　末端治理

3.3.2.3.1　无机废气

农药企业废气中常见无机污染物有氯化氢、氟化氢、硫化氢、二氧化硫、氮氧化物、氯气和氨气等。这一类废气的主要处理方法有吸收法、吸附法，其中最常用的是吸收法。如通过碱液吸收酸性废气，酸液吸收碱性废气，或直接用水吸收。吸收方式有喷淋、降膜等。

3.3.2.3.2　颗粒物

农药生产中颗粒物主要来自原药烘干、粉碎、研磨、混合、产品包装、废气燃烧处理等。常见治理方法为旋风除尘（干法）、脉冲袋式除尘（过滤）、水膜除尘（湿法）和水喷淋除尘（湿法）等。其中，旋风除尘一般可捕集 5～15 μm 的颗粒物，除尘效率可达 80%以上；但对微粒小于 5 μm 的去除效率不高，一般用于初级的粗除尘过程，作为后续的布袋除尘或水膜吸收的前处理手段。袋式除尘可去除粒径 0.1 μm 以上的粒尘，除尘率高，除尘效率达 99%。湿式除尘可有效地去除粒径为 0.1～20 μm 的液态或固态颗粒，同时也能脱除部分气态污染物，但需注意设备、管道腐蚀及处理后污水和污泥问题。

3.3.2.3.3　VOCs

VOCs 处理的方法主要有两类：回收法和销毁法。回收法是通过物理手段，改变温度、压力或采用选择性吸附剂和选择性渗透膜等方式来富集分离有机污染物。该方法主要包括吸附技术、吸收技术、冷凝技术、膜分离技术及焚烧技术等。回收的 VOCs 可直接或经过简单纯化后返回工艺过程再利用，以减少原料的消耗，或者用于有机溶剂质量要求较低的生产工艺，或集中进行分离提纯。销毁法是通过化学或生化反应，用热、光、催化剂或微生物等将有机化合物转变为二氧化碳和水等无毒无害无机小分子化合物的方法，主要包括催化燃烧、热力燃烧、生物技术、低温等离子技术等。

（1）吸附技术

吸附技术应用广泛，具有能耗低、工艺成熟、去除率高、净化彻底、易于推广的优点，有很好的环境效益和经济效益。缺点是设备庞大，流程复杂，当废气中有胶粒物质或其他杂质时，吸附剂易中毒。吸附技术主要用于低浓度、大气量 VOCs 的处理。吸附技术处理 VOCs 的关键是吸附剂，常用的有活性炭、氧化铝、硅胶、人工沸石等。各种吸附剂都具有较强的选择性，如活性炭吸附主要用于废气中组分比较简单、有机物回收利用价值较高的情况。

（2）吸收技术

吸收技术是采用低挥发或不挥发液体为吸收剂，利用废气中各组分在吸收剂中溶解度或化学反应特性的差异，使废气中有害组分被吸收剂吸收，从而达到净化的目的。在有机废气处理中，利用有机废气能与大部分油类物质互溶的特点，常用高沸点、低蒸气压的油类有机溶剂作为吸收剂。很多废气可用吸收技术治理，

如含 SO_2、H_2S、HF、卤代烃等的废气及含恶臭废气，该技术适用于处理小风量废气。但吸收液不能直接排放，需要进行处理，否则会造成水质污染；也可使用有机溶剂进行萃取吸收，再经蒸馏分离回收有机原料，但成本较高。

（3）冷凝技术

冷凝技术主要利用物质在不同温度下具有不同饱和蒸气压这一物理特性，采用降低系统温度或提高系统压力的方法，使处于蒸气状态的污染物冷凝并从废气中分离出来。该技术适用于高浓度有机溶剂蒸气的净化（VOCs 质量浓度大于 $10\,000\ \text{mg/m}^3$），经过冷凝后尾气中仍然有一定浓度的有机物，一般仍需与吸附、燃烧等其他净化手段联合使用才能达标排放。对低浓度的有机废气，当需要进行回收时，可首先采用吸附浓缩的方法，吸附浓缩后高浓度废气再采用冷凝技术处理。另外，冷凝技术对 VOCs 的物质也有一定的要求，其不适用于处理低沸点的有机物，如烷烃、烯烃等，较多应用在卤代烃、醚、酸的处理。此外，在一些特殊的情况下需要深度冷凝（如采用液氮制冷剂高效回收二氯甲烷）。

（4）膜分离技术

成熟应用的膜分离技术主要有微滤、超滤、反渗透和电渗析。微滤是一种筛分过程，可滤除 $0.02\sim10.00\ \mu\text{m}$ 的微粒；超滤属于分子级的分离，过滤粒径介于微滤和反渗透之间，可截留溶液中的大分子而透过小分子；反渗透的分离传质现象用溶解—扩散机理解释，透过组分选择性溶解在料液侧，在压差推动下扩散透过膜层；电渗析是在电场作用下利用荷电离子膜的反离子迁移原理从溶液中分离带电离子。膜分离技术适用于中高浓度、有回收价值的废气。

膜分离技术用于气体净化上的优点是投资费用低、分离因子大、分离效果好（净化效果好），而且膜法净化操作简单、控制方便、操作弹性大。

（5）焚烧技术

目前常见的焚烧技术有催化燃烧、热力燃烧、蓄热式焚烧等。

①催化燃烧。催化燃烧适用于处理高浓度、小风量的可燃性气体。催化燃烧几乎可以处理所有的烃类有机废气及恶臭气体。对于有机农药行业排放的低浓度、

多成分、无回收价值的 VOCs，采用吸附-催化燃烧法的处理效果更好。常用的燃烧催化剂是以金属网或蜂窝陶瓷作载体，用贵金属 Pd 作为活性材料制成的，也有用 Cu、Cr、Fe、Co、Ni 等金属的氧化物作活性材料的。催化剂的活性因可燃组分的种类而异，对于碳氢化合物，碳原子数越多，越容易被氧化分解。

催化燃烧的优点：净化效率高，恶臭物质被彻底氧化分解，处理效率高。用催化燃烧法处理有机废气的净化率一般在 95%以上，最终产物为 CO_2 和 H_2O（如为杂原子有机化合物时还有其他燃烧产物）；且因燃烧温度低（大部分烃类和 CO 在 300～450℃即可完成反应），辅助燃料费用低，对可燃组分浓度和热值限制较少，NO_x 的生成量少。缺点：设备易腐蚀，消耗燃料多，处理成本高，易形成二次污染。含卤素和硫的 VOCs 容易被氧化成酸性物质，另外用过的催化剂需要特殊处理，进料中的 S、Cl 和 Si 等元素容易使催化剂中毒而失活。催化剂一般具有较强的选择性，如果待处理物质中含多种 VOCs，那么对催化剂的选择是很困难的。

②热力燃烧。热力燃烧一般用于处理废气中可燃组分浓度较低的情况。与直接燃烧的区别在于直接燃烧的废气由于本身含有较高浓度的可燃组分，可以直接在空气中燃烧；热力燃烧则不同，废气中可燃组分的浓度很低，燃烧过程中所放出的热量不足以满足燃烧过程所需的热量。因此，废气本身不能作为燃料，只能作为燃烧过程中的辅助燃料，在辅助燃烧的过程中，将废气中的可燃组分销毁。与直接燃烧相比，热力燃烧所需要的温度一般较低，通常为 540～820℃。

根据废气中空气含量，采用不同的燃烧器，温度、停留时间和湍流混合程度是影响热力燃烧的关键因素。对于大部分物质来说，温度为 740～820℃，停留时间为 0.3～0.5s 即可反应完全。该技术的优点为结构简单，投资费用少，操作方便，而且几乎可以处理一切有机废气。其缺点为设备易腐蚀，消耗燃料多，处理成本高，易形成二次污染。

③RTO（蓄热式热力焚烧炉）。蓄热式焚烧技术采用了热量回收系统，回收燃烧后高温气体的热量用于预热进入系统的废气。RTO 主体结构由燃烧室、陶瓷填

料床和切换阀等组成。根据实际需求，选择不同的热能回收方式和切换阀方式。

与传统的催化燃烧、直燃式热氧化炉（TO）相比，RTO 具有热效率高、运行成本低、能处理大风量低浓度废气等特点，浓度稍高时，还可进行二次余热回收，大大降低生产运营成本。RTO 适用于绝大部分的有机废气，能够处理大风量、低浓度废气，同时对废气流量弹性很大，能够适应废气中污染物的组成和浓度的变化、波动。

RTO 主要有多床式和旋转式两大类，多床式 RTO 又分为两床式和三床式两种。由于两床式 RTO 工作过程中，部分残留在系统和管路中的废气未净化完全便进行排放，从而影响了总体净化效率，两床式净化效率通常为 95%；三床式通常可达 98%。旋转式 RTO 设备占地面积较小，运行成本较两床式或三床式低，净化效率与三床式相似。含氯有机废气在焚烧（300～500℃）处理过程中容易产生二噁英的二次污染问题，不完全燃烧过程中也会产生一些有毒有害物质。

（6）生物技术

生物法的实质是利用有孔的、潮湿的介质上聚集的活性微生物的生命活动，将废气中的有害物质转变为简单的无机物（如 CO_2 和 H_2O），或转化成自身繁殖所需物质。生物处理方法适宜处理多种 VOCs 和无机废气。这些物质中含有氮、氯或可产生少量酸的含硫化合物。

生物法处理 VOCs 废气的工艺主要有生物洗涤、生物过滤和生物滴滤三种。与物理化学处理方法相比，生物法用于处理废气中污染物的主要优点：投资少、运行费用低、污染物不会被转移到其他地方、不产生二次污染。缺点：占地面积大，填料需定期更换，运行过程控制要求相对较高，对疏水性和难生物降解物质的处理还存在较大难度。

（7）等离子体技术

等离子体是由大量电子、离子、中性原子、激发态原子、光子和自由基组成的。等离子体技术通过外加电场作用，产生大量携能电子轰击有机废气中的污染物，使其电离、解离和激发，然后通过一系列物理、化学反应，使得有毒有害污染物转变为简单小分子物质。相比其他处理技术，低温等离子技术具有以下优势：适用范围广，能够适用于其他方法难以处理的多组分恶臭气体；处理装置阻力小，系统的动力消耗非常低；装置简单，反应器为模块式结构，容易进行异地搬迁和安装；不需要预热时间，可即时开启与关闭；所占空间较小；抗颗粒物干扰能力强，对油雾等无需进行过滤预处理。低温等离子技术缺点：一次性投入大；选择性低，对污染物浓度具有较高要求，需要将进气浓度控制在合理范围，否则容易对处理效果造成较大影响，甚至可能产生爆炸隐患。

目前，用于处理气态污染物的低温等离子体反应器的种类有很多种。常温常压下以电晕放电反应器和介质阻挡放电反应器、流光放电的应用为主。等离子体技术适用于较低质量浓度的有机废气处理，质量浓度低于 500 mg/m^3。

（8）组合工艺

VOCs 气体特性对处理技术选择有重要影响。除浓度外，气体的流量、VOCs成分、气体温湿度、颗粒物及其他污染物含量等均会对工艺选择和设计产生重要影响。在实际工程中，单一处理工艺往往难以满足排放要求，常常需要在主体工艺前加入预处理单元或进行不同工艺的组合，常用的组合工艺如下：

①吸附—脱附再生—冷凝溶剂回收工艺。吸附—脱附再生—冷凝溶剂回收工艺是目前使用最为广泛的回收技术，其原理是利用活性炭或沸石等吸附剂的多孔结构，将废气中的污染物捕获。当废气通过吸附床时，其中的污染物被吸附剂吸附在床层中，废气得到净化；由于吸附剂的价格较高，需要对其进行脱附再生，循环使用；当吸附剂吸附达到饱和后，通入再生气体加热吸附床，对吸附剂进行脱附再生，有机物被吹脱放出，并与再生气体形成蒸气混合物一起离开吸附床，经冷凝回收利用。

优点：操作简单、效率高，适用于中低浓度、大风量的废气。

缺点：投资较大、再生气体消耗大、溶剂回收有时成本高。

②吸附浓缩与直接燃烧组合净化工艺。该工艺是将常规吸附方法与燃烧方法组合，当吸附剂吸附达到饱和后，用热气流将有机物从吸附剂上脱附下来，使其

再生，解吸释放的高浓度可燃性 VOCs 废气送往燃烧器直接燃烧，燃烧过程中产生的热量，一部分用于预热解吸后的高浓度 VOCs 废气，另一部分用于热解吸。

优点：该工艺净化度高、操作简单，适用于中低浓度、大风量的 VOCs 废气。

缺点：该工艺仅适用于可燃性 VOCs 气体，含杂原子的 VOCs 气体或无机气体燃烧后会产生二次污染分子。

③吸附浓缩与非直接燃烧净化工艺。该工艺是常规吸附方法与非直接燃烧方法的组合，当吸附剂吸附达到饱和后，用热气流将有机物从吸附剂上脱附下来，使其再生，解吸释放的高浓度的不可燃或热值不够的 VOCs 废气送往燃烧器，燃烧器由燃料（油、天然气）燃烧至高温，燃烧过程中产生的热量，一部分用于预热解吸后的高浓度 VOCs 废气，另一部分用于热解吸。和直接燃烧的区别在于燃烧器需要添加燃料（油、天然气）。

优点：该工艺净化度高、适用范围广，适用于中低浓度、大风量的 VOCs 废气。

缺点：能耗高，需要耗费额外燃料，产生 NO_x 等二次污染。

④吸附浓缩与催化燃烧净化工艺。该工艺原理是当吸附剂吸附达到饱和后，用热气流将有机物从吸附剂上脱附下来，使其再生；解吸释放的高浓度 VOCs 废气送往催化器催化燃烧，燃烧过程中产生的热量，一部分用于预热解吸后的高浓度 VOCs 废气，另一部分用于热解吸。

其中浓缩轮吸附—催化燃烧工艺是目前研究应用的一个典型案例。浓缩轮由装满吸附剂（活性炭、活性炭纤维或沸石）的旋转轮组成，废气从旋转轮上游侧进入浓缩轮的吸附区，其中的有机物被吸附，净化的废气从旋转轮的下游侧排出；同时另一股流量小得多但温度较高的脱附气沿废气相反的方向进入浓缩轮的脱附区，脱附已经吸附的有机物。浓缩轮以一定的速度缓慢旋转，这样仅用一台设备即可完成吸附、脱附操作，并使吸附和脱附同时进行，将大气量、低浓度的废气变成小气量、高浓度的废气，进到催化反应器燃烧，使设备费用大大降低。

优点：净化度高、适用范围广，适用于中低浓度、大风量的 VOCs 废气。

缺点：投资大、催化剂容易中毒、不易维修。

3.3.3　噪声污染治理技术

主要的降噪措施：由振动、摩擦和撞击等引起的机械噪声，通常采取减振、隔声措施，如对设备加装减振垫、隔声罩等，也可将某些设备传动的硬件连接改为软件连接；车间内可采取吸声和隔声等降低噪声的措施；对于空气动力性噪声，通常采取安装消声器的措施。

3.3.4　固体废物污染治理技术

固体废物污染治理的主要方式有资源化、焚烧、填埋。农药制造企业产生的固体废物根据其特性分为一般工业固体废物和危险废物。根据其不同的类别采用不同的处理方式。

对于列入《国家危险废物名录》的废物，按照危险废物处置的方式由有资质的专业单位处置。通常的危险废物包括有机废盐、高浓度釜残液、报废药品、过期原料、废吸附剂、废催化剂和溶剂、含有或者直接沾染危险废物的废包装材料、废滤芯（膜）等。对于生产生物类农药产生的菌丝废渣或污水处理厂产生的污泥，经鉴别为危险废物的，也按照危险废物处置。在农药生产过程中产生的废活性炭、废树脂等吸附材料应优先考虑回收再利用，不能回收利用的再按照危险废物进行处置。对于危险废物大多采用焚烧的方式使其减量化、无害化。对于经鉴定为一般固体废物的菌渣、污泥和生产过程中产生的药渣鼓励作为有机肥料或燃料加以综合利用。农药制造企业废盐产生量占据了固废数量的大部分，对于蒸发得到的废盐，应定期监测，尤其是对其中的特征污染物进行监测，确定废盐性质，属于危险废物的废盐可通过低温热解、加热挥发、高温破坏有毒有害有机物等方式进行无害化处理。

第 4 章　排污单位自行监测方案的制定

立足排污单位自行监测在我国污染源监测管理制度中的定位，根据农药制造行业发展概况和污染排放特征，我国发布了《排污单位自行监测技术指南　总则》（HJ 819—2017）、《排污单位自行监测技术指南　农药制造工业》（HJ 987—2018）等相关标准规范，这是农药制造企业制定自行监测方案的依据。为了让标准规范的使用者更好地理解标准中规定的内容，本章重点围绕《排污单位自行监测技术指南　农药制造工业》（HJ 987—2018）中的具体要求，一方面对其中部分要求的来源和依据进行说明，另一方面对使用过程中需要注意的重点事项进行说明，以期为指南使用者提供更加详细的信息。

4.1　监测方案制定的依据

2017 年 4 月，环境保护部发布《排污单位自行监测技术指南　总则》（HJ 819—2017），2018 年 12 月，生态环境部发布《排污单位自行监测技术指南　农药制造工业》（HJ 987—2018），这是农药制造工业排污单位确定监测方案的重要依据。

根据自行监测技术指南体系设计思路，农药制造工业排污单位主要是按照《排污单位自行监测技术指南　农药制造工业》（HJ 987—2018）确定监测方案，其中《排污单位自行监测技术指南　农药制造工业》（HJ 987—2018）中未规定，但《排污单位自行监测技术指南　总则》（HJ 819—2017）中进行了明确规定的内容，应按照《排污单位自行监测技术指南　总则》（HJ 819—2017）（以下简称《总则》）执行。

另外，由于锅炉广泛分布在各类工业企业中，农药制造工业排污单位中也会有自备电厂或工业锅炉，对于农药制造工业排污单位中的自备电厂和工业锅炉，应按照《排污单位自行监测技术指南　火力发电及锅炉》（HJ 820—2017）确定监测方案。

4.2　废水排放监测

4.2.1　监测点位及监测指标的确定

根据《排污单位自行监测技术指南　农药制造工业》（HJ 987—2018），按照农药制造工业生产工序及生产设施、设备确定废水来源及监测点位。确定监测指标时首先对目前涉及农药制造工业生产废水产排污环节及主要污染物进行分析，确定相关的监测指标，并进行了汇总比较，具体见表4-1。

表4-1　废水监测点位、监测指标及最低监测频次

排污单位级别	监测点位	监测指标	监测频次		备注
			直接排放	间接排放	
重点排污单位	废水总排放口	流量、pH、化学需氧量、氨氮	自动监测		—
		悬浮物、石油类、色度	日	月	—
		磷酸盐（以P计）（总磷）	月（自动监测[a]）		—
		五日生化需氧量	月	季度	根据排放标准、排污许可证等相关环境管理规定，以及生产工艺、原辅用料、中间及最终产品（农药原药），确定具体的监测指标，所属行业水污染物排放标准发布后，从其规定
		挥发酚、总氰化物、氯苯、硝基苯类、苯胺类、苯、甲苯、二甲苯、乙苯、甲醛、总锌、五氯酚及五氯酚钠（以五氯酚计）、乐果、2-氯-5-氯甲基吡啶、咪唑烷、吡虫啉、三唑酮、对氯苯酚、多菌灵、邻苯二胺、吡啶、百草枯离子、2,2′:6′,2″-三联吡啶、有机磷农药（以P计）、马拉硫磷	月	季度	
		总有机碳、氟化物、硫化物、可吸附有机卤化物（AOX）、总锰、动植物油	季度	半年	
	车间或生产设施废水排放口	流量、总汞、烷基汞、总镉、总铬、六价铬、总砷、总铅、总镍、苯并[a]芘、总铍、总银、莠去津、氟虫腈	月		

排污单位级别	监测点位	监测指标	监测频次		备注
			直接排放	间接排放	
重点排污单位	雨水排放口 b	pH、化学需氧量、悬浮物	日 c		—
非重点排污单位	废水总排放口	流量、pH、化学需氧量、氨氮	月		根据排放标准、排污许可证等相关环境管理规定，以及生产工艺、原辅用料、中间及最终产品（农药原药），确定具体的监测指标，所属行业水污染物排放标准发布后，从其规定
		悬浮物、石油类、色度、五日生化需氧量、磷酸盐（以 P 计）（总磷）、总氮	季度		
		挥发酚、总氰化物、氯苯、硝基苯类、苯胺类、苯、甲苯、二甲苯、乙苯、甲醛、总锌、五氯酚及五氯酚钠（以五氯酚计）、乐果、2-氯-5-氯甲基吡啶、咪唑烷、吡虫啉、三唑酮、对氯苯酚、多菌灵、邻苯二胺、吡啶、百草枯离子、2,2′：6′,2″-三联吡啶、有机磷农药（以 P 计）、马拉硫磷	季度		
		总有机碳、氟化物、硫化物、可吸附有机卤化物（AOX）、总锰、动植物油	半年		
	车间或生产设施废水排放口	流量、总汞、烷基汞、总镉、总铬、六价铬、总砷、总铅、总镍、苯并[a]芘、总铍、总银、莠去津、氟虫腈	季度		
	雨水排放口 b	pH、化学需氧量、悬浮物	日 c		—

注：表中所列监测指标，设区的市级及以上生态环境主管部门明确要求安装自动监测设备的，须采取自动监测。
a 含磷化学农药制造排污单位及水环境质量中总磷实施总量控制区域的重点排污单位，总磷须采用自动监测。
b 除表中规定的污染物指标外，排污单位可根据实际情况从排放的污染物指标中选择特征污染物指标开展监测。
c 雨水排放口有流动水排放时按日监测。若监测一年无异常情况，可放宽至每季度开展一次监测。

4.2.2　最低监测频次的确定

4.2.2.1　农药制造工业排污单位分类

《环境保护法》《大气污染防治法》《水污染防治法》中对重点排污单位的监测责任提出了明确要求，并提出重点排污单位的筛选条件由国务院环境保护主管部门规定。为了落实《环境保护法》《大气污染防治法》《水污染防治法》，2017 年环境保护部印发了《重点排污单位名录管理规定（试行）》（环办监测〔2017〕86 号），明确了重点排污单位筛选条件，规范了重点排污单位名录管理。

《重点排污单位名录管理规定（试行）》，第五条（三）"实行排污许可重点管理的已发放排污许可证的产生废水污染物的单位"纳入水环境重点排污单位名录，第六条（三）"实行排污许可重点管理的已发放排污许可证的产生废气污染物的单位" 纳入大气环境重点排污单位名录。《排污许可管理办法（试行）》第五条规定"设区的市级以上地方环境保护主管部门，应当将实行排污许可重点管理的排污单位确定为重点排污单位"。因此，已经领取排污许可证且纳入排污许可重点管理的单位，都应该纳入重点排污单位名录的管理中。

根据《重点排污单位名录管理规定（试行）》，重点排污单位名录由管理部门确定并公开。设区的市级地方人民政府环境保护主管部门依据本行政区域的环境承载力、环境质量改善要求和本规定的筛选条件，每年向有关部门筛选污染物排放量较大、排放有毒有害污染物等具有较大环境风险的企业事业单位，确定下一年度本行政区域重点排污单位名录。重点排污单位名录实行分类管理，按照受污染的环境要素分为水环境重点排污单位名录、大气环境重点排污单位名录、土壤环境污染重点监管单位名录、声环境重点排污单位名录，以及其他重点排污单位名录五类，同一家企业事业单位因排污种类不同可以同时属于不同类别重点排污单位。纳入重点排污单位名录的企业事业单位应明确所属类别和主要污染物指标。

专栏一

根据《重点排污单位名录管理规定（试行）》（环办监测〔2017〕86 号），具备下列条件之一的企业事业单位，纳入水环境重点排污单位名录。

（1）一种或几种废水主要污染物年排放量大于设区的市级环境保护主管部门设定的筛选排放量限值。废水主要污染物指标是指化学需氧量、氨氮、总磷、总氮以及汞、镉、砷、铬、铅等重金属。筛选排放量限值根据环境质量状况确定，排污总量占比不得低于行政区域工业排污总量的 65%。

（2）有事实排污且属于废水污染重点监管行业的所有大中型企业。

废水污染重点监管行业包括：制浆造纸，焦化，氮肥制造，磷肥制造，有色金属冶炼，石油化工，化学原料和化学制品制造，化学纤维制造，有漂白、染色、印花、洗水、后整理等工艺的纺织印染，农副食品加工，原料药制造，皮革鞣制加工，毛皮鞣制加工，羽毛（绒）加工，农药，电镀，磷矿采选，有色金属矿采选，乳制品制造，调味品和发酵制品制造，酒和饮料制造，有表面涂装工序的汽车制造，有表面涂装工序的半导体液晶面板制造等。

各地可根据本地实际情况增加相关废水污染重点监管行业。

（3）实行排污许可重点管理的已发放排污许可证的产生废水污染物的单位。

（4）设有污水排放口的规模化畜禽养殖场、养殖小区。

（5）所有规模的工业废水集中处理厂、日处理 10 万 t 及以上或接纳工业废水日处理 2 万 t 以上的城镇生活污水处理厂。各地可根据本地实际情况降低城镇污水集中处理设施的规模限值。

（6）产生含有汞、镉、砷、铬、铅、氰化物、黄磷等可溶性剧毒废渣的企业。

（7）设区的市级以上地方人民政府水污染防治目标责任书中承担污染治理任务的企业事业单位。

（8）三年内发生较大及以上突发水环境污染事件或者因水环境污染问题造成重大社会影响的企业事业单位。

（9）三年内超过水污染物排放标准和重点水污染物排放总量控制指标被环境保护主管部门予以"黄牌"警示的企业，以及整治后仍不能达到要求且情节严重被环境保护主管部门予以"红牌"处罚的企业。

4.2.2.2　农药制造工业排污单位废水监测频次

4.2.2.2.1　监测频次的一般要求

根据《排污单位自行监测技术指南　农药制造工业》（HJ 987—2018），农药制造工业排污单位废水排放口各监测指标最低监测频次按表 4-1 执行。排污单位可根据管理要求或实际情况在表 4-1 的基础上提高监测频次。

4.2.2.2.2　标准中废水监测频次确定的主要考虑

根据《总则》中 3.2 及 5.3.3 中的相关要求确定重点排污单位与非重点排污单

位废水监测频次。

（1）重点排污单位废水监测频次

主要监测指标中的 pH、悬浮物、化学需氧量、氨氮、石油类的最低监测频次定为日。主要基于以下考虑：

①化学需氧量、氨氮两项指标是我国污染物总量减排控制主要污染物；

②pH 是反映废水酸碱度的综合性指标；

③悬浮物是重要感官指标，容易引起公众感官反应；

④石油类属于常规污染物，而且根据《总则》5.3.2 中的有关要求，是排放量较大的污染物指标；

⑤以上指标的监测相对简单、成本较低。

考虑到化学需氧量、氨氮自动监测技术较为成熟，且农药生产过程中废水酸碱度变化较大，因此最终将 pH、化学需氧量、氨氮 3 项指标规定为自动监测。悬浮物、石油类最低监测频次仍为日。

总磷作为主要监测指标，最低监测频次初步定为日，由于氨氮已作为减排控制指标加强监测，因此总氮、总磷的最低监测频次定为月。其中，水环境质量中总磷实施总量控制区域，总磷须采取自动监测；水环境质量中总氮实施总量控制区域，总氮在目前无自动监测技术规范时最低监测频次按日执行。需要说明的是，为了便于对水污染物的管控，同时便于实施，本《指南》规定在《农药制造工业水污染物排放标准》发布之前，地方排放标准中有总氮、总磷排放标准限值要求的，根据生态环境主管部门要求开展监测。

五日生化需氧量监测分析相对耗时，且已经对化学需氧量提出较高监测要求，因此最低监测频次定为月。

"第一类污染物"总汞、烷基汞、总镉、总铬、六价铬、总砷、总铅、总镍、苯并[a]芘、总铍、总银以及莠去津、氟虫腈最低监测频次初步定为日，综合权衡监测的成本，最低监测频次定为月。

挥发酚、总氰化物、氯苯、硝基苯类、苯胺类、苯、甲苯、二甲苯、乙苯、五氯酚及五氯酚钠（以五氯酚计）、乐果共 11 项主要监测指标，均属于有毒有害或优先控制污染物指标，最低监测频次初步定为日，综合权衡监测的成本，因此最低监测频次定为月。

2-氯-5-氯甲基吡啶、咪唑烷、吡虫啉、三唑酮等 12 项农药原药活性成分或农药中间体等特征污染物以及甲醛参照有毒有害或优先控制污染物相关名录中的指标监测频次执行，最低监测频次定为月。

其他监测指标中色度、总有机碳、氟化物、硫化物、可吸附有机卤化物（AOX）、总锰、总锌、动植物油最低监测频次初步定为季度，考虑到色度指标是重要感官指标，容易引起公众感官反应，因此将其最低监测频次提升到日，与悬浮物、石油类归为一类；另外，《最高人民法院　最高人民检察院关于办理环境污染刑事案件适用法律若干问题的解释》（法释〔2016〕29 号）中第一条对"严重污染环境"相关行为的认定，已经将锌元素纳入认定范围，因此参照"第一类污染物"指标的监测频次执行，将总锌最低监测频次提升为月；总有机碳、氟化物、硫化物、可吸附有机卤化物（AOX）、总锰、动植物油最低监测频次仍为季度。

为加强对农药外排废水的管控，确保环境安全，雨水排放口在排放期间最低监测频次定为日。

（2）非重点排污单位废水监测频次

根据《总则》中 5.3.3 的有关要求，非重点排污单位废水最低监测频次要求较重点排污单位有所降低。

主要监测指标中悬浮物、石油类、色度、五日生化需氧量、总氮、总磷、挥发酚、总氰化物、氯苯、硝基苯类、苯胺类、苯、甲苯、二甲苯、乙苯、甲醛、总锌、五氯酚及五氯酚钠（以五氯酚计）、乐果、2-氯-5-氯甲基吡啶、咪唑烷、吡虫啉、三唑酮、对氯苯酚、多菌灵、邻苯二胺、吡啶、百草枯离子、2,2′∶6′,2″-三联吡啶，有机磷农药（以 P 计）、马拉硫磷最低监测频次定为季度。

pH 是反映废水酸碱度的综合性指标；化学需氧量、氨氮两项指标是我国污染物总量减排控制主要污染物，因此将 pH、化学需氧量、氨氮 3 项指标规定为日。

对于废水排放量大于 100 t/d 的，应开展自动监测。

"第一类污染物"总汞、烷基汞、总镉、总铬、六价铬、总砷、总铅、总镍、苯并[a]芘、总铍、总银、莠去津、氟虫腈最低监测频次定为季度。

其他监测指标中总有机碳、氟化物、硫化物、AOX、总锰、动植物油最低监测频次定为半年。

雨水排放口在排放期间最低监测频次定为日。

废水排放去向，包括直排外环境的直接排放方式，以及排入其他单位污水处理设施、处理厂的间接排放方式两种类型。原则上，间接排放的排污单位参照直接排放的排污单位管理，但重点排污单位中的间接排放单位，部分监测指标（主要是除监控位置位于车间或车间处理设施排放口和雨水排放口的污染物以外的指标）的监测频次要求低于直接排放单位。根据以上原则，确定废水排放口监测指标及最低监测频次。

4.3 废气排放监测

4.3.1 有组织废气排放监测

4.3.1.1 监测点位的确定

按照农药制造工业生产工序及生产设施、设备确定废气污染源及有组织废气排放监测点位。农药生产涉及废气排放的主要生产工序包括原辅料储存、备料投料、生物发酵、化学合成、提纯分离、制剂加工、溶剂回收、车间通风系统、车间内无组织废气收集等、废水处理设施、危险废物焚烧炉以及危废暂存场所等。

根据《总则》和《排污单位自行监测技术指南 农药制造工业》（HJ 987—2018）的有关要求，备料投料、生物发酵、化学合成、提纯分离、溶剂回收、车间通风系统、车间内无组织废气收集等、危险废物焚烧炉等对应的生产设施、设备，属于主要污染源，原辅料储存、制剂加工、废水处理设施、危废暂存场所等有组织排放污染源列为其他污染源。

因农药生产的工艺路线复杂且不断优化调整、反应环节复杂，反应过程长且过程中气、液、固相反复转化，所以农药生产过程的产污环节异常繁杂，如果按照产污环节逐个设置监测点位不但不符合农药生产实际，而且无法满足废气有组织排放监测点位的设置要求。通过深入梳理、归纳和分析发现，主要污染源一般均采用了多种方式的废气治理技术，而且不同治理技术产生的污染物也略有不同，因此，为了便于归类和设置监测点位，以与主要污染源相对应的废气治理设施排气筒定为主要排放口，其他污染源的排气筒定为其他排放口。

另外，对于多个污染源或生产设备共用一个排气筒的，监测点位可布设在共用排气筒上，监测指标应涵盖所对应的污染源或生产设备的监测指标，最低监测频次按照严格的执行。

需要说明的是，动力辅助以及自备电厂和锅炉废气的监测要求参照《排污单位自行监测技术指南 火力发电及锅炉》（HJ 820—2017）执行，不在本《指南》规定范围内。

4.3.1.2 监测指标及最低监测频次的确定

确定监测指标时首先对目前涉及农药制造工业废气污染物排放的相关标准监测指标进行了汇总比较，见表 4-2。

国家标准《大气污染物综合排放标准》（GB 16297—1996）、《恶臭污染物排放标准》（GB 14554—93）和《农药制造工业大气污染物排放标准》（GB 39727—2020）规定的共计 42 项监测指标，加上地方标准共涉及 94 项监测指标。

二氧化硫、氮氧化物、颗粒物属于常规污染物，而且是排污许可、总量控制指标；非甲烷总烃在一定程度上是反映原辅料、溶剂等有机物挥发和排放水平的重要指标，但农药制造排放的挥发性有机物众多，仅采用非甲烷总烃指标有一定的局限性，还应根据企业使用的原料、生产工艺过程、生产的产品、副产品，结合相关环境管理要求等，筛选确定计入总挥发性有机化合物（TVOC）的物质进行评价；臭气浓度是表征异味是否扰民的重要指标，是反映恶臭污染物排放的综合性指标，尤其对于生物发酵工序而言，是重要的监测指标；颗粒物是制剂加工工序的重要监测指标。

根据梳理，主要排放口均排放二氧化硫、氮氧化物、颗粒物、非甲烷总烃等。挥发性有机物使用非甲烷总烃作为表征指标。

为了便于对农药制造工业排放加强管控，同时便于各地区结合本区域内环境保护管理要求和企业排放等实际情况实施，《大气污染物综合排放标准》（GB 16297—1996）、《恶臭污染物排放标准》（GB 14554—93）、《农药制造工业大气污染物排放标准》（GB 39727—2020）以及地方标准所规定的污染物指标中除二氧化硫、氮氧化物、颗粒物、非甲烷总烃、TVOC 5 项指标外，均定义为特征污染物。此外，如地方排放标准中有要求的，则根据生态环境主管部门要求开展监测。

危险废物焚烧炉的监测指标根据《危险废物焚烧污染控制标准》（GB 18484—2020）中规定的污染物指标确定，主要包括颗粒物、二氧化硫、氮氧化物、一氧化碳、氯化氢、氟化氢、汞及其化合物、镉及其化合物（砷、镍及其化合物）、铅及其化合物（锑、铬、锡、铜、锰及其化合物）、二噁英类。废气排放口监测指标及最低监测频次见表 4-2。

表 4-2　废气监测点位、监测指标及最低监测频次

生产工序	监测点位	监测指标	监测频次
原辅料储存	罐区排气筒等	非甲烷总烃、TVOC[a]	季度
		特征污染物[b]	年
备料投料、化学合成、提纯分离、溶剂回收、车间通风系统、车间内无组织废气收集等生产工艺过程	燃烧法废气处理设施排气筒	二氧化硫、氮氧化物、颗粒物	自动监测
		二噁英类	年
	非燃烧法废气处理设施排气筒	二氧化硫[c]、氮氧化物[d]、颗粒物	自动监测
		非甲烷总烃、TVOC[a]	月
	燃烧法和非燃烧法废气处理设施排气筒	特征污染物[b]	半年

生产工序	监测点位	监测指标	监测频次
生物发酵	燃烧法废气处理设施排气筒	二氧化硫、氮氧化物、颗粒物	自动监测
		二噁英类	年
	非燃烧法废气处理设施排气筒	二氧化硫[c]、氮氧化物[d]、颗粒物	自动监测
	燃烧法和非燃烧法废气处理设施排气筒	非甲烷总烃、TVOC[a]	月
		臭气浓度、特征污染物[b]	半年
制剂加工	干燥设备、粉碎机、烘干机、包装机等的排气筒[e]	颗粒物、非甲烷总烃、TVOC[a]	季度
废水处理设施、危废暂存场所	排气筒	非甲烷总烃	季度
		臭气浓度、特征污染物[b]	年
危险废物焚烧炉	排气筒	二氧化硫、氮氧化物、颗粒物、炉膛温度	自动监测
		烟气黑度、一氧化碳、氯化氢、氟化氢、汞及其化合物、镉及其化合物（砷、镍及其化合物）、铅及其化合物（锑、铬、锡、铜、锰及其化合物）	月
		二噁英类	年

注：1. 废气监测须按照相应监测分析方法、技术规范同步监测烟气参数。

2. 表中所列监测指标，设区的市级及以上生态环境主管部门明确要求安装自动监测设备的，须采取自动监测。

3. 未发布国家污染物监测方法标准的污染物监测指标，待国家监测方法标准发布后实施。

[a] 根据企业使用的原料、生产工艺过程、生产的产品和副产品，结合有关环境管理要求等，筛选确定计入 TVOC 的物质。

[b] 特征污染物见 GB 14554、GB 16297、GB 39727 所列污染物，根据排污许可证、所执行的污染物排放（控制）标准、环境影响评价文件及其批复等相关环境管理规定，以及生产工艺、原辅用料、中间及最终产品，确定具体污染物项目。地方排放标准中有要求的，按照要求严格执行。

[c] 适用于排放二氧化硫的生产工艺。

[d] 适用于排放氮氧化物的生产工艺。

[e] 涉及特征污染物的参照罐区排气筒特征污染物确定原则及监测频次执行。

监测频次的设定主要依据《总则》中 5.2.1.4 的相关规定按如下原则进行设置：

（1）主要排放口的主要监测指标和其他监测指标监测频次的确定

①二氧化硫、氮氧化物、颗粒物作为主要监测指标，而且是总量控制指标，要求实施自动监测；

②挥发性有机物作为主要监测指标，最低监测频次定为月；

③臭气浓度是生物发酵工序的重要监测指标，特征污染物包含多种污染物指标，尤其是有机物和有毒有害物质，应提出较高监测频次要求，但由于对挥发性

有机物已作为主要监测指标提出了较高的监测频次，因此降低了对臭气浓度和特征污染物的监测要求，最低监测频次定为半年；

④二噁英属于有毒污染物指标，但二噁英监测难度大、成本高，综合权衡后，最低监测频次定为年；

⑤危险废物焚烧炉监测指标中，一氧化碳、氯化氢、氟化氢、汞及其化合物、镉及其化合物（砷、镍及其化合物）、铅及其化合物（锑、铬、锡、铜、锰及其化合物），最低监测频次定为半年。

（2）其他排放口的监测指标监测频次的确定

其他排放口的监测指标的监测频次依据《总则》中 5.2.1.4 的相关规定，参照主要排放口监测指标的监测频次，相应监测指标最低监测频次降低一档。

（3）在（1）、（2）条款前提下，按照《总则》中 5.2.1.4 的"历史稳定达标状况较差的需增加监测频次，达标状况良好的可以适当降低监测频次"规定，可适当对监测频次进行微调。

（4）指南按排放口确定指标监测频次即涉及相应排放口的按该频次执行，因此排污单位有组织废气监测不再按重点排污单位与非重点排污单位区分。

根据以上原则，确定有组织废气排放口监测指标及最低监测频次。

4.3.2   无组织废气排放监测

无组织废气排放监测指标包括挥发性有机物、臭气浓度、特征污染物，特征污染物具体监测指标确定的原则与有组织废气相同，最低监测频次定为半年。无组织废气监测指标最低监测频次见表 4-3。

表 4-3   无组织废气监测指标最低监测频次

监测点位	监测指标	监测频次
厂界	颗粒物、臭气浓度、挥发性有机物[a]、特征污染物[b]	半年

注：[a] 本标准使用非甲烷总烃作为挥发性有机物排放的综合控制指标。

[b] 见 GB 16297、GB 14554、GB39727 所列污染物，属 GB 14554 所列恶臭项目执行许可排放速率。地方排放标准中有要求的，根据生态环境主管部门要求开展监测。

4.4　厂界环境噪声监测

对农药制造工业企业潜在的噪声源进行了梳理，为自行监测过程中进行噪声监测布点提供依据。

噪声监测频次一般为每季度开展一次监测，对夜间生产的排污单位提出了监测夜间噪声的要求，考虑到对敏感点的影响，提出了"周围有敏感点的，应提高监测频次"的要求。厂界环境噪声布点应关注的农药制造工业企业主要噪声源见表 4-4。

表 4-4　厂界环境噪声布点应关注的农药制造工业企业主要噪声源

噪声源	主要设备
生产车间及配套设施	反应设备、精馏设备、蒸馏设备、过滤设备、分离设备、干燥设备、热交换设备等，以及空压机、水泵、真空泵等
污水处理设施	曝气设备、污泥脱水设备、风机、泵等

4.5　周边环境质量影响监测

按照以下两种情况开展企业周边环境影响监测：

（1）环境影响评价文件及其批复、其他环境管理有明确要求的，按要求开展环境空气、地表水、土壤等项目的监测；

（2）无明确要求的，对于废水直接排入地表水、海水的排污单位，若排污单位认为有必要，可按照《环境影响评价技术导则　地表水环境》（HJ 2.3—2018）、《污水监测技术规范》（HJ 91.1—2019）、《近岸海域环境监测技术规范》（HJ 442.1～HJ 442.10—2020）及受纳水体环境管理要求设置监测断面及点位开展监测；对于涉重金属的排污单位，可按照《环境影响评价技术导则　地下水环境》（HJ 610—

2016)、《地下水环境监测技术规范》(HJ 164—2020)、《土壤环境监测技术规范》(HJ/T 166—2004)及受纳地下水、土壤环境管理要求设置监测点位开展监测。

此种情况下，主要以废水监测指标与地表水、海水、地下水、土壤相关质量标准中环境监测指标的对应关系为依据，设定本《指南》中的地表水、海水、地下水、土壤环境质量监测指标。具体来讲，即将《污水综合排放标准》(GB 8978—1996)和待发布行标的共有监测指标分别对应在《地表水环境质量标准》(GB 3838—2002)、《海水水质标准》(GB 3097—1997)、《地下水质量标准》(GB/T 14848—2017)和《土壤环境质量标准》(GB 15618—1995)中的指标，定为企业周边地表水、海水、地下水、土壤环境质量监测指标。周边环境质量影响最低监测频次见表4-5。

表 4-5　周边环境质量影响最低监测频次

目标环境	监测指标	监测频次	备注
地表水	pH、五日生化需氧量、化学需氧量、氨氮、总氮、总磷、石油类、氰化物、挥发酚、硫化物、氟化物、锌、汞、镉、六价铬、砷、铅等	季度	根据排放标准、排污许可证等相关环境管理规定，以及生产工艺、原辅用料、中间及最终产品（农药原药），确定具体的监测指标
海水	pH、悬浮物质、化学需氧量、生化需氧量、石油类、挥发酚、氰化物、硫化物、锌、汞、镉、总铬、六价铬、砷、铅、镍、苯并[a]芘等	半年	
地下水	pH、色（度）、耗氧量、氨氮、挥发酚类（以苯酚计）、氰化物、氟化物、锰、锌、砷、汞、铅、镉、六价铬、镍、铍等	年	
土壤	pH、汞、镉、铬、砷、铅、镍、锌等	年	

4.6　其他要求

（1）《排污单位自行监测技术指南　农药制造工业》(HJ 987—2018)中未规定的污染物指标

农药制造工业排污单位所持的排污许可证中载明的其他污染物指标或其他环境管理明确要求管控的污染物指标，也应纳入自行监测范围。另外，对于《排污单位自行监测技术指南　农药制造工业》（HJ 987—2018）中所规定的典型工艺所涉及的污染物指标外，排污单位根据生产过程的原辅用料、生产工艺、中间及最终产品类型、监测结果确定实际排放的，在有毒有害或优先控制污染物相关名录中的污染物指标，或其他有毒污染物指标，也应纳入自行监测范围。这些纳入自行监测范围的污染物指标，应参照《排污单位自行监测技术指南　农药制造工业》（HJ 987—2018）中表 1～表 3，以及《总则》确定监测点位和监测频次。

（2）监测频次的确定

《排污单位自行监测技术指南　农药制造工业》（HJ 987—2018）中的监测频次均为最低监测频次，排污单位在确保各指标的监测频次满足《排污单位自行监测技术指南　农药制造工业》（HJ 987—2018）的基础上，可根据《总则》中监测频次的确定原则提高监测频次。监测频次的确定原则为：不应低于国家或地方发布的标准、规范性文件、规划、环境影响评价文件及其批复等明确规定的监测频次；主要排放口的监测频次高于非主要排放口；主要监测指标的监测频次高于其他监测指标；排向敏感地区的应适当增加监测频次；排放状况波动大的，应适当增加监测频次；历史稳定达标状况较差的需增加监测频次，达标状况良好的可以适当降低监测频次；监测成本应与排污企业自身能力相一致，尽量避免重复监测。

（3）其他要求

对于《排污单位自行监测技术指南　农药制造工业》（HJ 987—2018）中未规定的内容，如内部监测点位设置及监测要求，采样方法、监测分析方法、监测质量保证与质量控制，监测方案的描述、变更等按照《总则》执行。

4.7　监测方案示例

为了便于对本章中监测方案示例的正确掌握和应用，特别强调以下两点：

第一，本书附录 5 中列出了可供参考的完整的监测方案模板示例，排污单位可根据示例和本单位实际情况，进行相应的调整完善，作为本单位的监测方案使用。本章中重点针对附录 5 中的监测点位、监测指标、监测频次、监测方法等内容给出示例，对于共性较大的描述性内容和质量控制等相关内容，可参考附录 5 中的内容。

第二，本书给出的部分分析方法和部分排放限值仅用于示例，可能会存在与实际要求略有差异的情况，这与各地实际管理要求有关，也与案例企业的特殊情况有关，本书对此不做深入解释和说明。

4.7.1　示例 1：某农药制造企业（直接排放）

（1）企业基本情况

某集团始建于 1966 年，主要从事农药、农药中间体、基础化工、化工机械和包装印刷的生产和加工，是全国氨基甲酸酯类农药生产基地。主要产品有：神农丹 2 万 t/a，二甲戊灵 1 500 t/a，克百威 2 000 t/a，灭多威 2 000 t/a；制剂类产品有除草剂 2 800 t/a，杀虫剂 3 000 t/a，杀菌剂 1 100 t/a，种衣剂 5 000 t/a。主要生产工艺如图 4-1～图 4-6 所示。

图 4-1　种衣剂生产工艺流程及产污环节

图 4-2　二甲戊灵生产工艺流程及产污环节

图 4-3　克百威生产工艺流程及产污环节

图 4-4　灭多威肟和灭多威生产工艺流程及产污环节

图 4-5　乳油产品生产工艺流程及产污环节

图 4-6　神农丹生产工艺流程及产污环节

废气采取碱洗、水洗、次氯酸钠氧化等措施进行处理，挥发性有机物使用活性炭进行吸附，废水采取预处理和生化处理的方式进行处理。

（2）自行监测方案

①废水

废水排放监测方案见表 4-6。

表 4-6　废水排放监测方案

监测指标	排放口	监测点位	监测频次	执行排放标准	标准限值	监测方法	分析仪器	监测方式
化学需氧量（COD_{Cr}）	DW001	废水总排放口	连续	《流域水污染物综合排放标准　第1部分：南四湖东平湖流域》（DB 37/3416.1—2018）	60 mg/L	重铬酸盐法	哈希化学需氧量监测设备	自动监测
氨氮（NH_3-N）	DW001	废水总排放口	连续	《流域水污染物综合排放标准　第1部分：南四湖东平湖流域》（DB 37/3416.1—2018）	10 mg/L	快速消解分光光度法	氨氮监测设备	自动监测
pH	DW001	废水总排放口	在线监测	《流域水污染物综合排放标准　第1部分：南四湖东平湖流域》（DB 37/3416.1—2018）	6～9（量纲一）	玻璃电极法	pH 自动测量仪	自动监测
悬浮物（SS）	DW001	废水总排放口	1 次/月	《流域水污染物综合排放标准　第1部分：南四湖东平湖流域》（DB 37/3416.1—2018）	30 mg/L	重量法	电子天平	手工监测
五日生化需氧量（BOD_5）	DW001	废水总排放口	1 次/季	《流域水污染物综合排放标准　第1部分：南四湖东平湖流域》（DB 37/3416.1—2018）	20 mg/L	稀释与接种法	恒温培养箱	手工监测
甲苯	DW001	废水总排放口	1 次/季	《山东省南水北调沿线水污染物综合排放标准》（DB 37/599—2006）	0.1 mg/L	气相色谱法	气相色谱仪	手工监测

监测指标	排放口	监测点位	监测频次	执行排放标准	标准限值	监测方法	分析仪器	监测方式
硝基苯类	DW001	废水总排放口	1 次/季	《山东省南水北调沿线水污染物综合排放标准》（DB 37/599—2006）	5 mg/L	还原-偶氮法	分光度计	手工监测
硫化物	DW001	废水总排放口	1 次/季	《流域水污染物综合排放标准　第 1 部分：南四湖东平湖流域》（DB 37/3416.1—2018）	1 mg/L	亚甲基蓝分光光度法	分光度计	手工监测
石油类	DW001	废水总排放口	1 次/月	《流域水污染物综合排放标准　第 1 部分：南四湖东平湖流域》（DB 37/3416.1—2018）	5 mg/L	红外分光光度法	红外分光测油仪	手工监测
色度	DW001	废水总排放口	1 次/月	《流域水污染物综合排放标准　第 1 部分：南四湖东平湖流域》（DB 37/3416.1—2018）	30 倍	铂-钴标准比色法	—	手工监测
流量	DW001	废水总排放口	连续	—	—	超声波	超声波流量计	手工监测
总磷（以 P 计）	DW001	废水总排放口	1 次/月	《流域水污染物综合排放标准　第 1 部分：南四湖东平湖流域》（DB 37/3416.1—2018）	0.5 mg/L	碱性过硫酸钾消解紫外分光光度法	紫外可见分光光度计	手工监测
磷酸盐（以 P 计）	DW001	废水总排放口	1 次/月	《山东省南水北调沿线水污染物综合排放标准》（DB 37/599—2006）	0.5 mg/L	离子色谱法	离子色谱仪	手工监测

监测指标	排放口	监测点位	监测频次	执行排放标准	标准限值	监测方法	分析仪器	监测方式
挥发酚	DW001	废水总排放口	1次/季	《流域水污染物综合排放标准 第1部分：南四湖东平湖流域》（DB 37/3416.1—2018）	0.5 mg/L	4-氨基安替比林三氯甲烷萃取分光光度法	紫外可见分光光度计	手工监测
总氰化物（按CN⁻计）	DW001	废水总排放口	1次/季	《流域水污染物综合排放标准 第1部分：南四湖东平湖流域》（DB 37/3416.1—2018）	0.5 mg/L	容量法和分光光度法	紫外可见分光光度计	手工监测
氯苯	DW001	废水总排放口	1次/季	《山东省南水北调沿线水污染物综合排放标准》（DB 37/599—2006）	0.2 mg/L	N-(1-萘基)乙二胺偶氮分光光度法	紫外可见分光光度计	手工监测
苯胺类	DW001	废水总排放口	1次/季	《山东省南水北调沿线水污染物综合排放标准》（DB 37/599—2006）	5 mg/L	N-(1-萘基)乙二胺偶氮分光光度法	紫外可见分光光度计	手工监测
甲醛	DW001	废水总排放口	1次/季	《山东省南水北调沿线水污染物综合排放标准》（DB 37/599—2006）	5 mg/L	乙酰丙酮分光光度法	分光光度计	手工监测
五氯酚	DW001	废水总排放口	1次/季	《山东省南水北调沿线水污染物综合排放标准》（DB 37/599—2006）	5 mg/L	气相色谱法	气相色谱仪	手工监测
有机磷农药	DW001	废水总排放口	1次/季	《山东省南水北调沿线水污染物综合排放标准》（DB 37/599—2006）	0.5 mg/L	气相色谱法	气相色谱仪	手工监测

监测指标	排放口	监测点位	监测频次	执行排放标准	标准限值	监测方法	分析仪器	监测方式
可吸附有机卤化物	DW001	废水总排放口	1 次/半年	《山东省南水北调沿线水污染物综合排放标准》（DB 37/599—2006）	8 mg/L	离子色谱法	离子色谱仪	手工监测
总有机碳	DW001	废水总排放口	1 次/半年	《山东省南水北调沿线水污染物综合排放标准》（DB 37/599—2006）	20 mg/L	燃烧氧化-非分散红外吸收法	—	手工监测
动植物油	DW001	废水总排放口	1 次/半年	《流域水污染物综合排放标准　第 1 部分：南四湖东平湖流域》（DB 37/3416.1—2018）	5 mg/L	红外分光光度法	红外分光测油仪	手工监测
苯系物	DW001	废水总排放口	1 次/季	《山东省南水北调沿线水污染物综合排放标准》（DB 37/599—2006）	2.5 mg/L	气相色谱法	气相色谱仪	手工监测
总氮	DW001	废水总排放口	1 次/季	《流域水污染物综合排放标准　第 1 部分：南四湖东平湖流域》（DB 37/3416.1—2018）	30 mg/L	碱性过硫酸钾消解　紫外分光光度法	紫外可见分光光度计	手工监测
余氯	DW001	废水总排放口	1 次/季	《山东省南水北调沿线水污染物综合排放标准》（DB 37/599—2006）	8 mg/L	N,N-二乙基-1,4-苯二胺分光光度法	紫外可见分光光度计	手工监测
阴离子表面活性剂	DW001	废水总排放口	1 次/季	《流域水污染物综合排放标准　第 1 部分：南四湖东平湖流域》（DB 37/3416.1—2018）	5 mg/L	亚甲基蓝分光光度法	紫外可见分光光度计	手工监测

监测指标	排放口	监测点位	监测频次	执行排放标准	标准限值	监测方法	分析仪器	监测方式
硫酸盐（以SO_4^{2-}计）	DW001	废水总排放口	1次/季	《流域水污染物综合排放标准 第1部分：南四湖东平湖流域》(DB 37/3416.1—2018)	650 mg/L	离子色谱法	离子色谱仪	手工监测
氯化物（以Cl^-计）	DW001	废水总排放口	1次/季	《山东省南水北调沿线水污染物综合排放标准》(DB 37/599—2006)	500 mg/L	离子色谱法	离子色谱仪	手工监测
溶解性固体	DW001	废水总排放口	1次/季	《山东省南水北调沿线水污染物综合排放标准》(DB 37/599—2006)	1 500 mg/L	重量法	电子天平	手工监测
三氯甲烷	DW001	废水总排放口	1次/季	《山东省南水北调沿线水污染物综合排放标准》(DB 37/599—2006)	1 mg/L	顶空气相色谱法	气相色谱仪	手工监测
pH	DW002	雨水排放口	1次/季	《流域水污染物综合排放标准 第1部分：南四湖东平湖流域》(DB 37/3416.1—2018)	6~9（量纲一）	玻璃电极法	pH计	手工监测
化学需氧量	DW002	雨水排放口	1次/季	《流域水污染物综合排放标准 第1部分：南四湖东平湖流域》(DB 37/3416.1—2018)	60 mg/L	重铬酸盐法	棕色酸式滴定管	手工监测
悬浮物	DW002	雨水排放口	1次/季	《流域水污染物综合排放标准 第1部分：南四湖东平湖流域》(DB 37/3416.1—2018)	30 mg/L	重量法	电子天平	手工监测

②废气

1）有组织废气排放监测方案见表 4-7。

表 4-7　有组织废气排放监测方案

监测指标	排放口	监测点位	监测频次	执行排放标准	标准限值（标况）	监测方法	分析仪器	监测方式
二氧化硫	DA001	焚烧炉排气筒	连续	《山东省区域性大气污染物综合排放标准》（DB 37/2376—2019）	50 mg/m³	非分散红外法	二氧化硫分析仪	自动监测
氮氧化物	DA001	焚烧炉排气筒	连续	《山东省区域性大气污染物综合排放标准》（DB 37/2376—2019）	100 mg/m³	化学发光法	氮氧化物分析仪	自动监测
颗粒物	DA001	焚烧炉排气筒	连续	《山东省区域性大气污染物综合排放标准》（DB 37/2376—2019）	10 mg/m³	β 射线法	颗粒物在线分析仪	自动监测
烟气黑度	DA001	焚烧炉排气筒	1 次/季	《危险废物焚烧污染控制标准》（GB 18484—2020）	1 级	林格曼黑度图法	—	手工监测
氯化氢	DA001	焚烧炉排气筒	1 次/季	《危险废物焚烧污染控制标准》（GB 18484—2020）	70 mg/m³	离子色谱法（暂行）	离子色谱仪	手工监测
一氧化碳	DA001	焚烧炉排气筒	1 次/季	《危险废物焚烧污染控制标准》（GB 18484—2020）	80 mg/m³	定电位电解法	自动烟（气）尘测试仪	手工监测
二噁英类	DA001	焚烧炉排气筒	1 次/季	《危险废物焚烧污染控制标准》（GB 18484—2020）	0.1 TEQ ng/m³	同位素稀释高分辨气相色谱-高分辨质谱法	高分辨质谱联用仪	手工监测
挥发性有机物	DA002	农药三厂排气筒	1 次/月	《挥发性有机物排放标准》第 6 部分：有机化工行业》（DB 37/2801.6—2018）	60 mg/m³	固相吸附-热脱附/气相色谱-质谱法	气相色谱质谱联用仪	手工监测

监测指标	排放口	监测点位	监测频次	执行排放标准	标准限值（标况）	监测方法	分析仪器	监测方式
甲硫醇	DA002	农药三厂排气筒	1 次/半年	《恶臭污染物排放标准》（GB 14554—93）	0.17 kg/h	气相色谱法	气相色谱仪	手工监测
硫化氢	DA002	农药三厂排气筒	1 次/半年	《恶臭污染物排放标准》（GB 14554—93）	3 mg/m³	亚甲基蓝分光光度法	分光光度计	手工监测
颗粒物	DA003	农药二厂排气筒	1 次/季	《山东省区域性大气污染物综合排放标准》（DB 37/2376—2019）	10 mg/m³	重量法	电子天平	手工监测
挥发性有机物	DA004	农药六厂排气筒	1 次/月	《挥发性有机物排放标准 第 6 部分：有机化工行业》（DB 37/2801.6—2018）	60 mg/m³	固相吸附-热脱附/气相色谱-质谱法	气相色谱质谱联用仪	手工监测
挥发性有机物	DA005	毒死蜱装置排气筒	1 次/月	《挥发性有机物排放标准 第 6 部分：有机化工行业》（DB 37/2801.6—2018）	60 mg/m³	固相吸附-热脱附/气相色谱-质谱法	气质联用仪	手工监测
光气	DA005	毒死蜱装置排气筒	1 次/半年	《挥发性有机物排放标准 第 6 部分：有机化工行业》（DB 37/2801.6—2018）	0.5 mg/m³	苯胺紫外分光光度法	紫外可见分光光度计	手工监测
挥发性有机物	DA006	神农二厂排气筒	1 次/季	《挥发性有机物排放标准 第 6 部分：有机化工行业》（DB 37/2801.6—2018）	60 mg/m³	固相吸附-热脱附/气相色谱-质谱法	气质联用仪	手工监测
挥发性有机物	DA007	神农一厂排气筒	1 次/月	《挥发性有机物排放标准 第 6 部分：有机化工行业》（DB 37/2801.6—2018）	60 mg/m³	固相吸附-热脱附/气相色谱-质谱法	气质联用仪	手工监测

监测指标	排放口	监测点位	监测频次	执行排放标准	标准限值（标况）	监测方法	分析仪器	监测方式
光气	DA007	神农一厂排气筒	1次/半年	《挥发性有机物排放标准 第6部分：有机化工行业》（DB 37/2801.6—2018）	0.5 mg/m³	苯胺紫外分光光度法	紫外可见分光光度计	手工监测
氯化氢	DA007	神农一厂排气筒	1次/半年	《大气污染物综合排放标准》（GB 16297—1996）	100 mg/m³	离子色谱法	离子色谱议	手工监测
挥发性有机物	DA008	废水处理装置排气筒	1次/季	《挥发性有机物排放标准 第6部分：有机化工行业》（DB 37/2801.6—2018）	100 mg/m³	固相吸附-热脱附/气相色谱-质谱法	气质联用仪	手工监测
臭气浓度	DA008	废水处理装置排气筒	1次/年	《有机化工企业污水处理厂（站）挥发性有机物及恶臭污染物排放标准》（DB 37/3161—2018）	800（量纲一）	三点比较式臭袋法	—	手工监测
甲硫醇	DA008	废水处理装置排气筒	1次/年	《恶臭污染物排放标准》（GB 14554—93）	0.31 kg/h	气相色谱法	气相色谱仪	手工监测
硫化氢	DA008	废水处理装置排气筒	1次/年	《有机化工企业污水处理厂（站）挥发性有机物及恶臭污染物排放标准》（DB 37/3161—2018）	3 mg/m³, 0.1 kg/h	亚甲基蓝分光光度法	分光光度计	手工监测

2）厂界设置无组织排放监测点位，具体见表 4-8。

表 4-8　无组织废气排放监测方案

监测指标	监测点位	监测频次	执行排放标准	标准限值（标况）	监测方法	分析仪器	监测方式
颗粒物	厂界	1 次/半年	《大气污染物综合排放标准》（GB 16297—1996）	1.0 mg/m³	重量法	电子天平 FA 2004 AH-Z-065	手工监测
挥发性有机物	厂界	1 次/半年	《挥发性有机物排放标准 第 6 部分：有机化工行业》（DB 37/2801.6—2018）	2.0 mg/m³	气相色谱法	气相色谱仪	手工监测
臭气浓度	厂界	1 次/半年	《恶臭污染物综合排放标准》（GB 14554—93）	20（量纲一）	三点比较式臭袋法（GB/T 14675—1993）	空气质量 恶臭的测定 三点比较式臭袋法	手工监测
硫化氢	厂界	1 次/半年	《恶臭污染物排放标准》（GB 14554—93）	0.06 mg/m³	气相色谱法（GB/T 14678—1993）	气相色谱仪	手工监测
甲硫醇	厂界	1 次/半年	《大气污染物综合排放标准》（GB 16297—1996）	0.007 mg/m³	气相色谱法	气相色谱仪	手工监测
氯气	厂界	1 次/半年	《大气污染物综合排放标准》（GB 16297—1996）	0.4 mg/m³	分光光度法	紫外可见分光光度计	手工监测

③厂界环境噪声

对工厂四周环境噪声开展监测，监测方案见表 4-9。

表 4-9　厂界环境噪声监测

监测指标	监测点位	监测频次	执行排放标准	标准限值	监测方法	分析仪器	监测方式
工业企业厂界环境噪声	厂界北外1 m 处	1 次/季度	《工业企业厂界环境噪声排放标准》（GB 12348—2008）	60（昼）dB；50（夜）dB	积分平均声级计	噪声监测仪	手工监测
	厂界北外1 m 处						
	厂界西外1 m 处						
	厂界西外1 m 处						
	厂界南外1 m 处						
	厂界南外1 m 处						
	厂界东外1 m 处						
	厂界东外1 m 处						

④周边环境质量影响

根据排污许可证要求，在排入的地表水上、下游设置监测点位，对周边环境质量影响状况开展监测，见表 4-10。

表 4-10 周边环境监测方案

监测指标	监测点位	监测频次	执行排放标准	标准限值	监测方法	分析仪器	监测方式
化学需氧量	污水入××河至下游100 m	1 次/季	《地表水环境质量标准》（GB 3838—2002）V 类水	40 mg/L	重铬酸盐法	棕色酸式滴定管	手工监测
总氮（以 N 计）				2.0 mg/L	紫外分光光度法	紫外可见分光光度计	
总磷（以 P 计）				0.4 mg/L	钼酸铵分光光度法	分光光度计	
氨氮（NH₃-N）				2.0 mg/L	纳氏试剂分光光度法	分光光度计	
五日生化需氧量				10 mg/L	稀释与接种法	恒温培养箱	
pH				6～9	玻璃电极法	便携式 pH 计	
石油类				1.0 mg/L	红外分光光度法	红外分光测油仪	
氰化物				0.2 mg/L	容量法和分光光度法	分光光度计	
挥发酚				0.1 mg/L	4-氨基安替比林三氯甲烷萃取分光光度法	分光光度计	
硫化物				1.0 mg/L	亚甲基蓝分光光度法	分光光度计	
氟化物				1.5 mg/L	氟试剂分光光度法	分光光度计	

4.7.2　示例 2：某农药制造企业（重点排污单位间接排放）

（1）企业基本情况

某科技有限公司为农药除草剂生产企业，主要产品为异丙甲草胺 12 800 t/a、二甲戊乐灵 10 000 t/a、S-异丙甲草胺 6 000 t/a、莠去津 9 000 t/a 等，共建有酰胺类、三嗪类等多个合成车间，多条生产线，年合成能力约 8 万 t。同时公司建有3.2 万 m² 的原料及成品仓库、4 000 m³ 的原料罐区以及 6 000 m² 标准危险废物贮存仓库。

主要生产工艺如图 4-7～图 4-12 所示。

图 4-7　莠灭净（扑草净）生产工艺流程及产污环节

三聚氯氰   乙胺（异丙胺）

甲苯 →

甲苯溶剂循环罐

氢氧化钠溶液（32%）→ 一取代反应

含乙胺均三嗪（异丙胺均三嗪）混合物料   乙胺 ↓

回收甲苯

氢氧化钠溶液（32%）→ 二取代反应

含莠去津（扑灭津）混合物料 ↓

含水蒸气、甲苯溶剂气体 →

水蒸气 → 汽提脱溶 → 冷却分离

脱出溶剂后莠去津（扑灭津）↓

废水

水 → 溶解转料纽克压滤分离 → 板框压滤分离

回收物料

废水

含水莠去津（扑灭津）↓

蒸汽间接加热的热空气 → 气流干燥 --→ 废气   扑灭津中间体和部分莠去津原药去合成五车间作为生产净类产品原料使用

莠去津原药

图 4-8 莠去津（扑灭津）生产工艺流程及产污环节

图 4-9　西草净（特丁净）生产工艺流程及产污环节

三聚氯氰　　乙胺（叔丁胺）

氢氧化钠溶液　　→　　一取代反应　　←　甲苯　　甲苯溶剂
（32%）　　　　　　　　　　　　　　　　　　　循环罐

含乙胺均三嗪（叔丁　　乙胺
胺均三嗪）混合物料

回收甲苯

氢氧化钠溶液　　→　　二取代反应
（32%）

含西玛津（叔丁
津）混合物料

含水蒸气、甲
苯溶剂气体

水蒸气　　→　　汽提脱溶　　→　　冷却分离

脱出溶剂后西玛
津（叔丁津）

废水

水　　→　　溶解转料　　→　　板框压滤分离
　　　　　纽克压滤分离

回收物料

含水西玛津（特丁津）

废水

蒸汽间接加　　→　　气流干燥　　⇢　废气　　部分含水津类原药去
热的热空气　　　　　　　　　　　　　　　　合成五车间作为生产
　　　　　　　　　　　　　　　　　　　　　净类产品原料使用

西玛津（特丁
津）原药

图 4-10　西玛津（特丁津）生产工艺流程及产污环节

图 4-11　甲草胺生产工艺流程及产污环节

图 4-12　异丙甲草胺生产工艺流程及产污环节

挥发性有机废气采用 RTO 和活性炭吸附等方式进行处理，废水采取预处理和生化处理的方式进行处理。

（2）自行监测方案

①废水

废水排放监测方案见表 4-11。

表 4-11　废水排放监测方案

监测指标	排放口	监测点位	监测频次	执行排放标准	标准限值	监测方法	分析仪器	监测方式
阿特拉津	DW001	全二车间排口	1 次/月	《杂环类农药工业水污染物排放标准》（GB 21523—2008）	3 mg/L	液相色谱法	液相色谱仪	手工监测
化学需氧量（COD$_{Cr}$）	DW002	废水总排放口	连续	《污水排入城镇下水道水质标准》（GB/T 31962—2015）	500 mg/L	重铬酸盐法	哈希化学需氧量监测设备	自动监测
氨氮（NH$_3$-N）	DW002	废水总排放口	连续	《污水排入城镇下水道水质标准》（GB/T 31962—2015）	45 mg/L	快速消解分光光度法	氨氮监测设备	自动监测
pH	DW002	废水总排放口	连续	《污水排入城镇下水道水质标准》（GB/T 31962—2015）	6～9（量纲一）	玻璃电极法	pH 自动测量仪	自动监测
悬浮物（SS）	DW002	废水总排放口	1 次/月	《污水排入城镇下水道水质标准》（GB/T 31962—2015）	400 mg/L	重量法	电子天平	手工监测
五日生化需氧量（BOD$_5$）	DW002	废水总排放口	1 次/季	《污水排入城镇下水道水质标准》（GB/T 31962—2015）	350 mg/L	稀释与接种法	恒温培养箱	手工监测
甲苯	DW002	废水总排放口	1 次/季	《杂环类农药工业水污染物排放标准》（GB 21523—2008）	0.06 mg/L	气相色谱法	气相色谱仪	手工监测
硝基苯类	DW002	废水总排放口	1 次/季	《污水排入城镇下水道水质标准》（GB/T 31962—2015）	5 mg/L	还原-偶氮法	分光光度计	手工监测

监测指标	排放口	监测点位	监测频次	执行排放标准	标准限值	监测方法	分析仪器	监测方式
硫化物	DW002	废水总排放口	1 次/季	《污水排入城镇下水道水质标准》（GB/T 31962—2015）	1 mg/L	亚甲基蓝分光光度法	分光光度计	手工监测
石油类	DW002	废水总排放口	1 次/月	《污水排入城镇下水道水质标准》（GB/T 31962—2015）	15 mg/L	红外分光光度法	红外分光测油仪	手工监测
色度	DW002	废水总排放口	1 次/月	《污水排入城镇下水道水质标准》（GB/T 31962—2015）	64 倍	铂-钴标准比色法	—	手工监测
流量	DW002	废水总排放口	连续	—	—	超声波	超声波流量计	自动监测
总磷（以 P 计）	DW002	废水总排放口	1 次/月	《污水排入城镇下水道水质标准》（GB/T 31962—2015）	8 mg/L	碱性过硫酸钾消解紫外分光光度法	紫外可见分光光度计	自动监测
挥发酚	DW002	废水总排放口	1 次/季	《污水排入城镇下水道水质标准》（GB/T 31962—2015）	1 mg/L	4-氨基安替比林三氯甲烷萃取分光光度法	紫外可见分光光度计	手工监测
总氰化物（以 CN 计）	DW002	废水总排放口	1 次/季	《污水排入城镇下水道水质标准》（GB/T 31962—2015）	0.5 mg/L	容量法和分光光度法	紫外可见分光光度计	手工监测
氯苯	DW002	废水总排放口	1 次/季	《杂环类农药工业水污染物排放标准》（GB 21523—2008）	0.1 mg/L	N-（1-萘基）乙二胺偶氮分光光度法	紫外可见分光光度计	手工监测
苯胺类	DW002	废水总排放口	1 次/季	《污水排入城镇下水道水质标准》（GB/T 31962—2015）	5 mg/L	N-（1-萘基）乙二胺偶氮分光光度法	紫外可见光分光光度计	手工监测

监测指标	排放口	监测点位	监测频次	执行排放标准	标准限值	监测方法	分析仪器	监测方式
氟化物	DW002	废水总排放口	1 次/季	《污水排入城镇下水道水质标准》(GB/T 31962—2015)	20 mg/L	分光光度法	分光光度计	手工监测
溶解性总固体	DW002	废水总排放口	1 次/季	《污水排入城镇下水道水质标准》(GB/T 31962—2015)	2 000 mg/L	重量法	电子天平	手工监测
三氯甲烷	DW002	废水总排放口	1 次/季	《污水排入城镇下水道水质标准》(GB/T 31962—2015)	1 mg/L	顶空气相色谱法	气相色谱仪	手工监测
总氮	DW002	废水总排放口	1 次/季	《污水排入城镇下水道水质标准》(GB/T 31962—2015)	70 mg/L	碱性过硫酸钾消解紫外分光光度法	紫外可见分光光度计	手工监测
氯化物(以 Cl⁻计)	DW002	废水总排放口	1 次/季	《污水排入城镇下水道水质标准》(GB/T 31962—2015)	800 mg/L	离子色谱法	离子色谱仪	手工监测
pH	DW003	雨水排放口	1 次/季	《流域水污染物综合排放标准 第 4 部分：海河流域》(DB 37/3416.4—2018)	6～9（量纲一）	玻璃电极法	pH 计	手工监测
化学需氧量	DW003	雨水排放口	1 次/季	《流域水污染物综合排放标准 第 4 部分：海河流域》(DB 37/3416.4—2018)	60 mg/L	重铬酸盐法	棕色酸式滴定管	手工监测
悬浮物	DW003	雨水排放口	1 次/季	《流域水污染物综合排放标准 第 4 部分：海河流域》(DB 37/3416.4—2018)	30 mg/L	重量法	电子天平	手工监测

② 废气

1）有组织废气排放监测方案见表 4-12。

表 4-12 有组织废气排放监测方案

监测指标	排放口	监测点位	监测频次	执行排放标准	标准限值（标况）	监测方法	分析仪器	监测方式
挥发性有机物	DA001	活性炭吸附塔	1 次/月	《挥发性有机物排放标准 第 6 部分：有机化工行业》（DB 37/2801.6—2018）	60 mg/m³	气相色谱法	气相色谱仪	手工监测
1,2-二氯乙烷	DA001	活性炭吸附塔	1 次/半年	《挥发性有机物排放标准 第 6 部分：有机化工行业》（DB 37/2801.6—2018）	1 mg/m³	溶剂解吸-气相色谱法	气相色谱仪	手工监测
挥发性有机物	DA002	RTO	1 次/月	《挥发性有机物排放标准 第 6 部分：有机化工行业》（DB 37/2801.6—2018）	60 mg/m³	气相色谱法	气相色谱仪	手工监测
N,N-二甲基甲酰胺	DA002	RTO	1 次/半年	《挥发性有机物排放标准 第 6 部分：有机化工行业》（DB 37/2801.6—2018）	50 mg/m³	溶剂解吸-气相色谱法	气相色谱仪	手工监测
氯甲烷	DA002	RTO	1 次/半年	《挥发性有机物排放标准 第 6 部分：有机化工行业》（DB 37/2801.6—2018）	20 mg/m³	直接进样-气相色谱法	气相色谱仪	手工监测
氨	DA002	RTO	1 次/年	《恶臭污染物排放标准》（GB 14554—93）	20 mg/m³	纳氏试剂分光光度法	分光光度仪	手工监测
丙烯醛	DA002	RTO	1 次/半年	《挥发性有机物排放标准 第 6 部分：有机化工行业》（DB 37/2801.6—2018）	3 mg/m³	气相色谱法	气相色谱仪	手工监测

监测指标	排放口	监测点位	监测频次	执行排放标准	标准限值（标况）	监测方法	分析仪器	监测方式
臭气浓度	DA002	RTO	1 次/年	《恶臭污染物排放标准》（GB 14554—93）	800（量纲一）	三点比较式臭袋法	—	手工监测
乙胺	DA002	RTO	1 次/半年	《挥发性有机物排放标准 第 6 部分：有机化工行业》（DB 37/2801.6—2018）	20 mg/m³	气相色谱法	气相色谱仪	手工监测
氯化氢	DA002	RTO	1 次/半年	《大气污染物综合排放标准》（GB 16297—1996）	30 mg/m³	硫氰酸汞分光光度法	氯化氢	手工监测
二噁英类	DA002	RTO	1 次/年	《挥发性有机物排放标准 第 6 部分：有机化工行业》（DB 37/2801.6—2018）	0.1TEQ ng/m³	同位素稀释高分辨气相色谱-高分辨质谱法	高分辨气相色谱-高分辨质谱仪	手工监测
N,N-二乙基乙胺	DA002	RTO	1 次/半年	《挥发性有机物排放标准 第 6 部分：有机化工行业》（DB 37/2801.6—2018）	120 mg/m³	气相色谱法	气相色谱仪	手工监测
甲醇	DA002	RTO	1 次/半年	《挥发性有机物排放标准 第 6 部分：有机化工行业》（DB 37/2801.6—2018）	50 mg/m³	气相色谱法	气相色谱仪	手工监测
苯	DA002	RTO	1 次/半年	《挥发性有机物排放标准 第 6 部分：有机化工行业》（DB 37/2801.6—2018）	2 mg/m³	气相色谱法	气相色谱仪	手工监测
二甲苯	DA002	RTO	1 次/半年	《挥发性有机物排放标准 第 6 部分：有机化工行业》（DB 37/2801.6—2018）	8 mg/m³	气相色谱法	气相色谱仪	手工监测

监测指标	排放口	监测点位	监测频次	执行排放标准	标准限值（标况）	监测方法	分析仪器	监测方式
四氢吡喃	DA002	RTO	1 次/半年	《挥发性有机物排放标准 第 6 部分：有机化工行业》（DB 37/2801.6—2018）	50 mg/m³	气相色谱法	气相色谱仪	手工监测
二氧化硫	DA002	RTO	连续	《山东省区域性大气污染物综合排放标准》（DB 37/2376—2019）	100 mg/m³	非分散红外吸收法	二氧化硫自动测定仪	自动监测
氮氧化物	DA002	RTO	连续	《山东省区域性大气污染物综合排放标准》（DB 37/2376—2020）	200 mg/m³	非分散红外吸收法	氮氧化物自动测定仪	自动监测
颗粒物	DA002	RTO	连续	《山东省区域性大气污染物综合排放标准》（DB 37/2376—2020）	20 mg/m³	激光透射法	颗粒物自动测定仪	自动监测
1,2-二氯乙烷	DA002	RTO	1 次/半年	《挥发性有机物排放标准 第 6 部分：有机化工行业》（DB 37/2801.6—2018）	1 mg/m³	气相色谱法	气相色谱仪	手工监测
甲苯	DA002	RTO	1 次/半年	《挥发性有机物排放标准 第 6 部分：有机化工行业》（DB 37/2801.6—2018）	5 mg/m³	气相色谱法	气相色谱仪	手工监测
二氧化硫	DA003	危废焚烧炉	自动监测	《山东省区域性大气污染物综合排放标准》（DB 37/2376—2020）	100 mg/m³	定电位电解法	二氧化硫自动测定仪	自动监测
氮氧化物	DA003	危废焚烧炉	自动监测	《山东省区域性大气污染物综合排放标准》（DB 37/2376—2020）	200 mg/m³	定电位电解法	氮氧化物自动测定仪	自动监测

监测指标	排放口	监测点位	监测频次	执行排放标准	标准限值（标况）	监测方法	分析仪器	监测方式
颗粒物	DA003	危废焚烧炉	自动监测	《山东省区域性大气污染物综合排放标准》（DB 37/2376—2020）	20 mg/m³	激光透射法	颗粒物自动测定仪	自动监测
林格曼黑度	DA003	危废焚烧炉	1 次/年	《大气污染物综合排放标准》（GB 16297—1996）	1 级	林格曼黑度图法	林格曼黑度望远镜	手工监测
二噁英类	DA003	危废焚烧炉	1 次/年	《危险废物焚烧污染控制标准》（GB 18484—2001）	0.5 TEQ ng/m³	同位素稀释高分辨气相色谱-高分辨质谱法	高分辨气相色谱-高分辨质谱仪	手工监测
镉	DA003	危废焚烧炉	1 次/半年	《危险废物焚烧污染控制标准》（GB 18484—2001）	0.1 mg/m³	分光光度法	分光光度仪	手工监测
甲苯	DA003	危废焚烧炉	1 次/半年	《挥发性有机物排放标准 第 6 部分：有机化工行业》（DB 37/2801.6—2018）	5 mg/m³	气相色谱法	气相色谱仪	手工监测
非甲烷总烃	DA003	危废焚烧炉	1 次/半年	《挥发性有机物排放标准 第 6 部分：有机化工行业》（DB 37/2801.6—2018）	120 mg/m³	气相色谱法	气相色谱仪	手工监测
苯胺类	DA003	危废焚烧炉	1 次/半年	《挥发性有机物排放标准 第 6 部分：有机化工行业》（DB 37/2801.6—2018）	20 mg/m³	气相色谱法	气相色谱仪	手工监测
铅	DA003	危废焚烧炉	1 次/半年	《危险废物焚烧污染控制标准》（GB 18484—2001）	1 mg/m³	原子吸收分光光度法	原子吸收分光光度仪	手工监测
汞	DA003	危废焚烧炉	1 次/半年	《危险废物焚烧污染控制标准》（GB 18484—2001）	0.1 mg/m³	火焰原子吸收分光光度法	原子吸收分光光度仪	手工监测

监测指标	排放口	监测点位	监测频次	执行排放标准	标准限值（标况）	监测方法	分析仪器	监测方式
氟化氢	DA003	危废焚烧炉	1 次/半年	《危险废物焚烧污染控制标准》（GB 18484—2001）	5 mg/m³	离子色谱法	离子色谱仪	手工监测
氯化氢	DA003	危废焚烧炉	自动监测	《危险废物焚烧污染控制标准》（GB 18484—2001）	60 mg/m³	离子色谱法	氯化氢自动测定仪	自动监测
臭气浓度	DA004	东污水处理设施排口	1 次/年	《有机化工企业污水处理厂（站）挥发性有机物及恶臭污染物排放标准》（DB 37/3161—2018）	800（量纲一）	三点比较式臭袋法	—	手工监测
氨	DA004	东污水处理设施排口	1 次/年	《有机化工企业污水处理厂（站）挥发性有机物及恶臭污染物排放标准》（DB 37/3161—2018）	20 mg/m³，1 kg/h	纳氏试剂分光光度法	分光光度仪	手工监测
挥发性有机物	DA004	东污水处理设施排口	1 次/季度	《有机化工企业污水处理厂（站）挥发性有机物及恶臭污染物排放标准》（DB 37/3161—2018）	100 mg/m³，5 kg/h	气相色谱法	气相色谱仪	手工监测
硫化氢	DA004	东污水处理设施排口	1 次/年	《有机化工企业污水处理厂（站）挥发性有机物及恶臭污染物排放标准》（DB 37/3161—2018）	3 mg/m³，0.1 kg/h	分光光度法	分光光度仪	手工监测
苯系物	DA004	东污水处理设施排口	1 次/半年	《有机化工企业污水处理厂（站）挥发性有机物及恶臭污染物排放标准》（DB 37/3161—2018）	10 mg/m³，1.6 kg/h	气相色谱法	气相色谱仪	手工监测

2）厂界设置无组织排放监测点位，具体见表 4-13。

表 4-13　无组织废气排放监测方案

监测指标	监测点位	监测频次	执行排放标准	标准限值（标况）	监测方法	分析仪器	监测方式
颗粒物	厂界	1 次/半年	《大气污染物综合排放标准》（GB 16297—1996）	1.0 mg/m³	重量法	电子天平 FA2004 AH-Z-065	手工监测
挥发性有机物	厂界	1 次/半年	《挥发性有机物排放标准 第 6 部分：有机化工行业》（DB37/2801.6—2018）	2.0 mg/m³	气相色谱法	气相色谱仪	手工监测
臭气浓度	厂界	1 次/半年	《恶臭污染物排放标准》（GB 14554—93）	20 mg/m³	三点比较式臭袋法	—	手工监测
硫化氢	厂界	1 次/半年	《恶臭污染物排放标准》（GB 14554—93）	0.06 mg/m³	气相色谱法	气相色谱仪	手工监测
氨气	厂界	1 次/半年	《恶臭污染物排放标准》（GB 14554—93）	1.5 mg/m³	分光光度法	分光光度仪	手工监测
甲硫醇	厂界	1 次/半年	《恶臭污染物排放标准》（GB 14554—93）	0.007 mg/m³	气相色谱法	气相色谱仪	手工监测
氯气	厂界	1 次/半年	《大气污染物综合排放标准》（GB 16297—1996）	0.4 mg/m³	分光光度法	紫外可见光光度计	手工监测

监测指标	监测点位	监测频次	执行排放标准	标准限值（标况）	监测方法	分析仪器	监测方式
甲苯	厂界	1 次/半年	《挥发性有机物排放标准 第 6 部分：有机化工行业》（DB 37/2801.6—2018）	0.2 mg/m³	气相色谱法	气相色谱仪	手工监测
苯	厂界	1 次/半年	《挥发性有机物排放标准 第 6 部分：有机化工行业》（DB37/2801.6—2018）	0.1 mg/m³	气相色谱法	气相色谱仪	手工监测
二甲苯	厂界	1 次/半年	《挥发性有机物排放标准 第 6 部分：有机化工行业》（DB 37/2801.6—2018）	0.2 mg/m³	气相色谱法	气相色谱仪	手工监测
丙烯醛	厂界	1 次/半年	《大气污染物综合排放标准》（GB 16297—1996）	0.4 mg/m³	气相色谱法	气相色谱仪	手工监测
甲醇	厂界	1 次/半年	《大气污染物综合排放标准》（GB 16297—1996）	12 mg/m³	气相色谱法	气相色谱仪	手工监测

注：— 表示无浓度限值要求。

③厂界环境噪声

对厂界环境噪声开展监测，监测方案见表 4-14。

表 4-14 厂界环境噪声监测方案

监测指标	监测点位	监测频次	执行排放标准	标准限值	监测方法	分析仪器	监测方式
工业企业厂界环境噪声	厂界北外1 m处	1次/季度	工业企业厂界环境噪声排放标准（GB 12348—2008）	60（昼）dB；50（夜）dB	积分平均声级计	噪声监测仪	手工监测
	厂界西外1 m处						
	厂界南外1 m处						
	厂界东外1 m处						

4.7.3 示例3：某农药制造企业（非重点排污单位）

（1）企业基本情况

某精细化工有限公司主要生产 2-氯-4-乙胺基-6-异丙胺基-1,3,5-三嗪、莠灭净、扑草净、5-N-甲磺酰基-2-硝基苯甲酰胺、2-氯-三氟对甲苯基-醚农药除草剂原药和莠去津 WDG 农药除草剂制剂。

10 000 t/a 2-氯-4-乙胺基-6-异丙胺基-1,3,5-三嗪工艺流程简述：2-氯-4-乙胺基-6-异丙胺基-1,3,5-三嗪俗名莠去津，工艺为间歇式生产过程。主要由化学反应和物理处理过程组成，化学反应过程为取代反应，物理处理过程为脱溶、压滤分离、粉碎工序；莠去津主要以溶解在甲苯中的三聚氯氰为起始原料，在碱性环境下与一乙胺、异丙胺进行取代反应，经过溶剂脱溶、压滤、粉碎、干燥，制得莠去津产品。

5 000 t/a 莠灭净工艺流程简述：莠灭净工艺为间歇式生产过程。主要由化学反应和物理处理过程组成，化学反应过程为取代反应，物理处理过程为脱溶、粉碎工序；莠灭净主要以溶解在异丙醇中的莠去津为起始原料，与甲硫醇钠进行取代反应，经过溶剂脱溶、粉碎过程，制得莠灭净产品。

5 000 t/a 扑草净工艺流程简述：扑草净工艺为间歇式生产过程。主要由化学反应和物理处理过程组成，化学反应过程为取代反应，物理处理过程为脱溶、压滤分离、粉碎工序；扑草净主要以溶解在甲苯中的三聚氯氰为起始原料，在碱性环境下与异丙胺进行取代反应，经过溶剂脱溶、压滤，制得扑灭津产品；然后溶解在异丙醇中，经过与甲硫醇钠进行取代反应，经过溶剂脱溶、粉碎过程，制得扑草净产品。

1 500 t/a 5-*N*-甲磺酰基-2-硝基苯甲酰胺工艺流程简述：5-*N*-甲磺酰基-2-硝基苯甲酰胺俗名氟磺胺草醚，生产以间羟基苯甲酸、片碱（氢氧化钠）、3,4-二氯-三氟甲苯、硫酸、硝酸、甲基磺酰胺、三氯氧磷等为原料，通过发生成盐反应、醚化反应、硝化反应和酰化反应得最终产品。生产中使用二甲基亚砜、二氯乙烷、氯苯等作为溶剂。

300 t/a 2-氯-三氟对甲苯基-醚工艺流程简述：2-氯-三氟对甲苯基-醚俗名乙氧氟草醚，以间苯二酚、片碱（氢氧化钠）、3,4-二氯三氟甲基苯、硝酸、乙醇、氢氧化钾等为原辅材料，采用成盐、醚化、硝化、取代等反应获得最终产品。生产中以二甲基亚砜、二氯乙烷、甲苯等为溶剂。

10 000 t/a 莠去津 WDG 工艺流程简述：利用莠去津、水及助剂通过混合、机械粉碎、气流粉碎、制粒、干燥、筛分、包装等工序得到 90%莠去津 WDG 产品。

企业污染治理设施包括燃气导热油废气治理设施、有机废气治理设施、含尘气体废气治理设施、盐酸气废气治理设施、机械粉碎废气治理设施、流化床废气治理设施、空间吸收治理设施、气流粉碎治理设施，共计 8 根排气筒。

废水处理工艺主要为预处理和生化处理两部分。

（2）自行监测方案

①废水

针对车间或生产设施废水排放口、企业废水总排放口设置监测点位，具体监测方案见表 4-15。

表 4-15　废水排放监测方案

监测指标	排放口	监测点位	监测频次	执行排放标准	标准限值	监测方法	分析仪器	监测方式
阿特拉津西玛津	DW001	车间排放口	1 次/季	《杂环类农药工业水污染物排放标准》（GB 21523—2008）	3 mg/L	高效液相色谱法	高效液相色谱仪	手工监测
氨氮（NH₃-N）	DW003	废水总排放口	连续	执行污水处理协议	45 mg/L	纳氏试剂分光光度法	紫外可见分光光度计 UV2550AH-Z-027	自动监测
色度	DW003	废水总排放口	1 次/季	执行污水处理协议	70 倍	稀释倍数法	比色管	手工监测
化学需氧量（CODcr）	DW003	废水总排放口	连续	执行污水处理协议	500 mg/L	重铬酸钾法	COD 恒温加热器 JR-9012AH-F-083	自动监测
甲苯	DW003	废水总排放口	1 次/季	《污水综合排放标准》（GB 8978—1996）	0.5 mg/L	水质　苯系物的测定　气相色谱法	气相色谱仪	手工监测
pH	DW003	废水总排放口	连续	执行污水处理协议	6～9	玻璃电极法	pH 酸度计 PHS-3C AH-Z-064	自动监测
悬浮物（SS）	DW003	废水总排放口	1 次/季	执行污水处理协议	400 mg/L	重量法	电子天平 AUW-220D AH-Z-028	手工监测
总氮（以 N 计）	DW003	废水总排放口	1 次/季	执行污水处理协议	70 mg/L	碱性过硫酸钾消解法	紫外可见分光光度计 UV2550AH-Z-027	手工监测
总磷（以 P 计）	DW003	废水总排放口	1 次/季	执行污水处理协议	8 mg/L	钼酸铵分光光度法	紫外可见分光光度计 UV2550AH-Z-027	手工监测
全盐量	DW003	废水总排放口	1 次/季	执行污水处理协议	8 000 mg/L	重量法	电子天平 AUW-220D AH-Z-028	手工监测

监测指标	排放口	监测点位	监测频次	执行排放标准	标准限值	监测方法	分析仪器	监测方式
五日生化需氧量（BOD$_5$）	DW003	废水总排放口	1次/季	执行污水处理协议	350 mg/L	稀释与接种法	生化培养箱SHP-160 AH-Z-185	手工监测
流量	DW003	废水总排放口	连续	—	—	超声波	超声波流量计	自动监测
挥发酚	DW003	废水总排放口	1次/季	《污水综合排放标准》（GB 8978—1996）	2 mg/L	4-氨基安替比林分光光度法	紫外可见分光光度计	手工监测
氰化物（总氰化合物）	DW003	废水总排放口	1次/季	《污水综合排放标准》（GB 8978—1996）	1 mg/L	分光光度法（异烟酸-巴比妥酸分光光度法）	紫外可见分光光度计	手工监测
氨氮（NH$_3$-N）	DW004	初期雨水排放口	1次/日	《流域水污染物综合排放标准 第4部分：海河流域》（DB 37/3416.4—2018）	10 mg/L	水质 氨氮的测定 水杨酸分光光度法	紫外可见分光光度计	手工监测
化学需氧量（COD$_{Cr}$）	DW004	初期雨水排放口	1次/日	《流域水污染物综合排放标准 第4部分：海河流域》（DB 37/3416.4—2018）	60 mg/L	重铬酸盐法	COD恒温加热器	手工监测
pH	DW004	初期雨水排放口	1次/日	《流域水污染物综合排放标准 第4部分：海河流域》（DB 37/3416.4—2018）	6～9	玻璃电极法	pH酸度计	手工监测
悬浮物（SS）	DW004	初期雨水排放口	1次/日	《流域水污染物综合排放标准 第4部分：海河流域》（DB 37/3416.4—2018）	30 mg/L	重量法	电子天平	手工监测

② 废气

有组织废气排放监测方案见表 4-16，无组织废气排放监测方案见表 4-17。

表 4-16　有组织废气排放监测方案

监测指标	排放口	监测点位	监测频次	执行排放标准	标准限值（标况）	监测方法	分析仪器	监测方式
颗粒物	DA001	含尘废气排放口	连续	《山东省区域性大气污染物综合排放标准》（DB 37/2376—2019）	20 mg/m³	重量法	电子天平 FA2004 AH-Z-065	自动监测
挥发性有机物	DA002	有机废气排放口	1 次/季	《挥发性有机物排放标准 第 6 部分：有机化工行业》（DB 37/2801.6—2018）	60 mg/m³	气相色谱法	气质联用仪 GCMS-QP2010 AH-Z-108	手工监测
1,2-二氯乙烷	DA002	有机废气排放口	1 次/半年	《挥发性有机物排放标准 第 6 部分：有机化工行业》（DB 37/2801.6—2018）	1 mg/m³	溶剂解吸-气相色谱法	气质联用仪 GCMS-QP2010 AH-Z-108	手工监测
氯苯	DA002	有机废气排放口	1 次/半年	《挥发性有机物排放标准 第 6 部分：有机化工行业》（DB 37/2801.6—2018）	20 mg/m³	溶剂解吸-气相色谱法	气质联用仪 GCMS-QP2010 AH-Z-108	手工监测
颗粒物	DA002	有机废气排放口	连续	《山东省区域性大气污染物综合排放标准》（DB 37/2376—2019）	20 mg/m³	重量法	电子天平 FA2004 AH-Z-065	自动监测
甲苯	DA002	有机废气排放口	1 次/半年	《挥发性有机物排放标准 第 6 部分：有机化工行业》（DB 37/2801.6—2018）	5 mg/m³	活性炭吸附/二硫化碳解析-气相色谱法	气相色谱仪 GC-2014C AH-Z-025	手工监测

监测指标	排放口	监测点位	监测频次	执行排放标准	标准限值（标况）	监测方法	分析仪器	监测方式
二噁英类	DA002	有机废气排放口	1 次/年	《挥发性有机物排放标准 第 6 部分：有机化工行业》（DB 37/2801.6—2018）	0.1TEQ ng/m³	林格曼烟气黑度图法	林格曼黑度计 LGM-A1 AH-Z-179	手工监测
氮氧化物	DA002	有机废气排放口	连续	《山东省区域性大气污染物综合排放标准》（DB 37/2376—2019）	200 mg/m³	紫外分光光度法	紫外分光光度计 UV-2550 AH-Z-027	自动监测
二氧化硫	DA002	有机废气排放口	连续	《山东省区域性大气污染物综合排放标准》（DB 37/2376—2019）	100 mg/m³	定电位电解法	紫外分光光度计 UV-2550 AH-Z-027	自动监测
臭气浓度	DA002	有机废气排放口	1 次/半年	《有机化工企业污水处理厂（站）挥发性有机物及恶臭污染物排放标准》（DB 37/3161—2018）	800（量纲一）	三点比较式臭袋法	空气质量 恶臭的测定 三点比较式臭袋法 GBY 14675-1993	手工监测
苯系物	DA002	有机废气排放口	1 次/半年	《有机化工企业污水处理厂（站）挥发性有机物及恶臭污染物排放标准》（DB 37/3161—2018）	10 mg/m³	活性炭吸附/二硫化碳解析-气相色谱法	气相色谱仪 GC-2014C AH-Z-025	手工监测
二甲苯	DA002	有机废气排放口	1 次/半年	《挥发性有机物排放标准 第 6 部分：有机化工行业》（DB 37/2801.6—2018）	8 mg/m³	活性炭吸附/二硫化碳解析-气相色谱法	气相色谱仪 GC-2014C AH-Z-025	手工监测
氨（氨气）	DA002	有机废气排放口	1 次/半年	《有机化工企业污水处理厂（站）挥发性有机物及恶臭污染物排放标准》（DB 37/3161—2018）	20 mg/m³	纳氏试剂分光光度法	紫外分光光度计 UV-2550 AH-Z-027	手工监测

监测指标	排放口	监测点位	监测频次	执行排放标准	标准限值（标况）	监测方法	分析仪器	监测方式
硫化氢	DA002	有机废气排放口	1 次半年	《有机化工企业污水处理厂（站）挥发性有机物及恶臭污染物排放标准》（DB 37/3161—2018）	3 mg/m³	气相色谱法	气相色谱仪 GC-2014C AH-Z-025	手工监测
苯	DA002	有机废气排放口	1 次半年	《挥发性有机物排放标准 第 6 部分：有机化工行业》（DB 37/2801.6—2018）	2 mg/m³	活性炭吸附/二硫化碳解析-气相色谱法	气相色谱仪 GC-2014C AH-Z-025	手工监测
氯化氢	DA003	盐酸器排放口	1 次半年	《大气污染物综合排放标准》（GB 16297—1996）	100 mg/m³	硫氰酸汞分光光度法	电子天平 FA2004 AH-Z-065	手工监测
林格曼黑度	DA004	导热油炉排放口	1 次年	《锅炉大气污染物排放标准》（DB 37/2374—2018）	1.0	林格曼烟气黑度图法	林格曼黑度计 LGM-A1 AH-Z-179	手工监测
氮氧化物	DA004	导热油炉排放口	1 次年	《锅炉大气污染物排放标准》（DB 37/2374—2018）	200 mg/m³	紫外分光光度法	紫外分光光度计 UV-2550 AH-Z-027	手工监测
二氧化硫	DA004	导热油炉排放口	1 次年	《锅炉大气污染物排放标准》（DB 37/2374—2018）	50 mg/m³	定电位电解法	紫外分光光度计 UV-2550 AH-Z-027	手工监测
颗粒物	DA004	导热油炉排放口	1 次年	《锅炉大气污染物排放标准》（DB 37/2374—2018）	10 mg/m³	重量法	电子天平 FA2004 AH-Z-065	手工监测
颗粒物	DA005	机械粉碎排放口	1 次季度	《山东省区域性大气污染物综合排放标准》（DB 37/2376—2019）	20 mg/m³	重量法	电子天平 FA2004 AH-Z-065	手工监测

监测指标	排放口	监测点位	监测频次	执行排放标准	标准限值（标况）	监测方法	分析仪器	监测方式
颗粒物	DA006	流化床烘干排放口	1次/季度	《山东省区域性大气污染物综合排放标准》（DB 37/2376—2019）	20 mg/m³	重量法	电子天平 FA2004 AH-Z-065	手工监测
颗粒物	DA007	空间吸收排放口	1次/季度	《山东省区域性大气污染物综合排放标准》（DB 37/2376—2019）	20 mg/m³	重量法	电子天平 FA2004 AH-Z-065	手工监测
颗粒物	DA008	气流粉碎排放口	1次/季度	《山东省区域性大气污染物综合排放标准》（DB 37/2376—2019）	20 mg/m³	重量法	电子天平 FA2004 AH-Z-065	手工监测

表 4-17 无组织废气排放监测方案

监测指标	监测点位	监测频次	执行排放标准	标准限值（标况）	监测方法	分析仪器	监测方式
颗粒物	厂界	1次/半年	《大气污染物综合排放标准》（GB 16297—1996）	1.0 mg/m³	重量法	电子天平 FA2004 AH-Z-065	手工监测
挥发性有机物	厂界	1次/半年	《挥发性有机物排放标准 第6部分：有机化工行业》（DB 37/2801.6—2018）	2.0 mg/m³	气相色谱法	气相色谱仪 GC-2014C AH-Z-025	手工监测
氯化氢	厂界	1次/半年	《大气污染物综合排放标准》（GB 16297—1996）	0.2 mg/m³	硫氰酸汞分光光度法	紫外可见分光光度计 UV2550 AH-Z-027	手工监测
臭气浓度	厂界	1次/半年	《恶臭污染物排放标准》（GB 14554—93）	20（量纲一）	三点比较式臭袋法	空气质量 恶臭的测定 三点比较式臭袋法	手工监测

监测指标	监测点位	监测频次	执行排放标准	标准限值（标况）	监测方法	分析仪器	监测方式
氨（氨气）	厂界	1 次/半年	《恶臭污染物排放标准》（GB 14554—93）	1.5 mg/m³	纳氏试剂分光光度法	紫外可见分光光度计 UV2550 AH-Z-027	手工监测
甲苯	厂界	1 次/半年	《挥发性有机物排放标准 第 6 部分：有机化工行业》（DB 37/2801.6—2018）	0.2 mg/m³	活性炭吸附/二硫化碳解析-气相色谱法	气相色谱仪 GC-2014C AH-Z-025	手工监测
苯	厂界	1 次/半年	《挥发性有机物排放标准 第 6 部分：有机化工行业》（DB 37/2801.6—2018）	0.1 mg/m³	活性炭吸附/二硫化碳解析-气相色谱法	气相色谱仪 GC-2014C AH-Z-025	手工监测
二甲苯	厂界	1 次/半年	《挥发性有机物排放标准 第 6 部分：有机化工行业》（DB 37/2801.6—2018）	0.2 mg/m³	活性炭吸附/二硫化碳解析-气相色谱法	气相色谱仪 GC-2014C AH-Z-025	手工监测
苯系物	厂界	1 次/半年	《有机化工企业污水处理厂（站）恶臭污染物排放标准》（DB 37/3161—2018）	1.0 mg/m³	活性炭吸附/二硫化碳解析-气相色谱法	气相色谱仪 GC-2014C AH-Z-025	手工监测
硫化氢	厂界	1 次/半年	《恶臭污染物排放标准》（GB 14554—93）	0.06 mg/m³	气相色谱法	气相色谱仪 GC-2014C AH-Z-025	手工监测

③厂界环境噪声

对厂界环境噪声开展监测，监测方案见表 4-18。

表 4-18 厂界环境噪声监测方案

监测指标	监测点位	监测频次	执行排放标准	标准限值	监测方法	分析仪器	监测方式
工业企业厂界环境噪声	厂界北外1 m 处	1 次/季度	《工业企业厂界环境噪声排放标准》（GB 12348—2008）	60（昼）dB；50（夜）dB	积分平均声级计	噪声监测仪	手工监测
	厂界西外1 m 处						
	厂界南外1 m 处						
	厂界东外1 m 处						

第5章 监测设施设置与维护要求

监测设施是监测活动开展的重要基础，监测设施的规范性直接影响监测数据质量。我国设计监测设施设置与维护要求的标准规范有很多，但相对零散，且存在一定的衔接不够紧密的地方。本章立足现有的标准规范，结合污染源监测实际开展情况，对监测设施设置与维护要求进行全面梳理和总结，供开展污染源监测的排污单位参考。

5.1 基本原则和依据

5.1.1 基本原则

排污单位应当依据国家污染源监测相关标准规范、污染物排放标准、自行监测相关技术指南和其他相关规定等进行监测点位的确定和排污口规范化设置；地方颁布执行的污染源监测标准规范、污染物排放标准等对监测点位的确定和排污口规范化设置有要求时，可按照地方规范、标准从严执行。

5.1.2 相关依据

排污单位的排污口主要包括废水排放口和废气排放口。

目前，国家有关废水监测点位确定及排污口规范化设置的标准规范主要包括

《污水监测技术规范》（HJ 91.1—2019）、《水污染物排放总量监测技术规范》（HJ/T 92—2002）、《固定污染源监测质量保证与质量控制技术规范（试行）》（HJ/T 373—2007）、《水污染源在线监测系统（COD_{Cr}、NH_3-N 等）安装技术规范》（HJ 353—2019）等。

废气监测点位确定及规范化设置的标准规范主要包括《固定污染源排气中颗粒物测定与气态污染物采样方法》（GB/T 16157—1996）、《固定源废气监测技术规范》（HJ/T 397—2007）、《固定污染源监测质量保证与质量控制技术规范（试行）》（HJ/T 373—2007）、《固定污染源烟气（SO_2、NO_x、颗粒物）排放连续监测技术规范》（HJ 75—2017）、《固定污染源烟气（SO_2、NO_x、颗粒物）排放连续监测系统技术要求及检测方法》（HJ 76—2017）等。

对于各类污染物排放口监测点位标志牌的规范化设置，主要依据国家环境保护总局发布的《排放口标志牌技术规格》（2003 年 10 月 15 日，国家环境保护总局　环办〔2003〕95 号），以及《环境保护图形标志——排放口（源）》（GB 15562.1—1995）等执行。

此外，国家环境保护局发布的《排污口规范化整治技术要求（试行）》（1996 年 5 月 20 日，国家环境保护局　环监〔1996〕470 号）对排污口规范化整治技术提出了总体要求，部分省、自治区、直辖市、地级市也对本辖区排污口的规范化管理发布了技术规定、标准；各行业污染物排放标准以及各重点行业的排污单位自行监测的相关技术指南则对废水、废气排放口监测点位进行了进一步明确。

5.2　废水监测点位的确定及排污口规范化设置

5.2.1　废水排放口的类型及监测点位确定

排污单位的废水排放口一般包括废水总排口、车间废水排放口、雨水排放口、生活污水排放口等。

废水总排口排放的废水一般应包括排污单位的生产废水、生活污水、初期雨水、事故废水等，开展自行监测的排污单位均须在废水总排口设置监测点位。

对于排放一类污染物的排污单位，即排放环境中难以降解或能在动植物体内蓄积，对人体健康和生态环境产生长远不良影响，具有致癌、致畸、致突变污染物的排污单位，必须在车间废水排放口设置监测点位，对一类污染物进行监测。

考虑到排污单位生产过程中可能会有部分污染物通过雨排系统排入外环境，因此排污单位还应在雨水排口设置监测点位，并在雨水排口有水期间开展监测。

部分排污单位的生产废水和生活污水分别设置排放口，对于此类排污单位，除在生产废水排放口设置监测点位外，还应在生活污水排放口设置监测点位。

此外，排污单位还应根据行业自行监测技术指南的相关要求设置监测点位。

5.2.2　废水排放口的规范化设置

废水排放口的设置，应满足如下要求：

（1）废水排放口可以是矩形、圆管形或梯形，一般使用混凝土、钢板或钢管等原料。

（2）废水排放口应设置规范的、便于测量流量和流速的测流段，测流段水流应平直、稳定、集中，无下游水流顶托影响，上游顺直长度应大于 5 倍测流段最大水面宽度，同时测流段水深应大于 0.1 m 且不超过 1 m。

（3）废水排放口应能够方便安装三角堰、矩形堰、测流槽等测流装置或其他计量装置。

（4）有废水自动监测设施的排放口，还应能够满足安装污水水量自动计量装置（如超声波明渠流量计、管道式电磁流量计等）、采样取水系统、水质自动采样器等设备、设施的要求。

（5）排污单位应单独设置各类废水排放口，避免多家不同排污单位共用一个废水排放口。

5.2.3 采样点及监测平台的规范化设置

各类废水排放口监测点位的实际具体采样位置即采样点，一般应设在厂界内或厂界外不超过 10 m 范围内。压力管道式排放口应安装取样阀门；废水直接从暗渠排入市政管道的，应在企业界内或排入市政管道前设置取样口。有条件的排污单位应尽量设置一段能满足采样条件的明渠，以方便采样。

污水面在地下或距地面超过 1 m，应建取样台阶或梯架。

废水监测平台面积应不小于 1 m²，平台应设置高度不低于 1.2 m 的防护栏、高度不低于 10 cm 的脚部挡板。监测平台、梯架通道及防护栏的相关设计载荷及制造安装应符合《固定式钢梯及平台安全要求 第 3 部分：工业防护栏杆及钢平台》（GB 4053.3—2009）的要求。

应保证污水监测点位场所通风、照明正常，还应在有毒有害气体的监测场所设置强制通风系统，并安装相应的气体浓度报警装置。

5.2.4 废水自动监测设施的规范化设置

5.2.4.1 监测站房的设置

废水自动监测站房的设置，应满足如下要求：

（1）应建有专用监测站房，新建监测站房面积应满足不同监控站房的功能需要并保证水污染源在线监测系统的摆放、运转和维护，使用面积应不小于 15 m²，站房高度不低于 2.8 m。监测站房应尽量靠近采样点，与采样点的距离不宜大于 50 m。监测站房应做到专室专用。

（2）监测站房应尽量靠近采样点，与采样点的距离应小于 50 m。

（3）监测站房应安装空调和冬季采暖设备，空调具有来电自启动功能，具备温湿度计，保证室内清洁，环境温度、相对湿度和大气压等应符合《工业过程测量和控制装置工作条件 第 1 部分：气候条件》（GB/T 17214.1—1998）的要求。

（4）监测站房内应有安全合格的配电设备，能提供足够的电力负荷，功率≥5 kW，站房内应配置稳压电源。

（5）监测站房内应有合格的给、排水设施，使用符合实验要求的用水清洗仪器及有关装置。

（6）监测站房应配置完善规范的接地装置和避雷措施、防盗和防止人为破坏的设施，接地装置安装工程的施工应满足《电气装置安装工程接地装置施工及验收规范》（GB 50169—2016）的相关要求，建筑物防雷设计应满足《建筑物防雷设计规范》（GB 50057—2010）的相关要求。

（7）监测站房内应配备灭火器箱、手提式二氧化碳灭火器、干粉灭火器或沙桶等，按消防相关要求布置。

（8）监测站房不能位于通信盲区，应能够实现数据传输。

（9）监测站房的设置应避免对企业安全生产和环境造成影响。

（10）监测站房内、采样口等区域应安装视频监控设备。

5.2.4.2　水质自动采样单元的设置

废水自动监测设备的自动采样单元的设置，应满足如下要求：

（1）水质自动采样单元具有采集瞬时水样及混合水样，混匀及暂存水样、自动润洗及排空混匀桶，以及留样功能。

（2）pH 水质自动分析仪和温度计应原位测量或测量瞬时水样。

（3）COD_{Cr}、TOC、NH_3-N、TP、TN 水质自动分析仪应测量混合水样。

（4）水质自动采样单元的构造应保证将水样不变质地输送到各水质分析仪，应有必要的防冻和防腐设施。

（5）水质自动采样单元应设置混合水样的人工比对采样口。

（6）水质自动采样单元的管路宜设置为明管，并标注水流方向。

（7）水质自动采样单元的管材应采用优质的聚氯乙烯（PVC）、三丙聚丙烯（PPR）等不影响分析的硬管。

（8）采用明渠流量计测量流量时，水质自动采样单元的采水口应设置在堰槽前方，合流后充分混合的场所，并尽量设在流量监测单元标准化计量堰（槽）取水口头部的流路中央，采水口朝向与水流的方向一致，减少采水部前端的堵塞。采水装置宜设置成可随水面的涨落而上下移动的形式。

（9）采样泵应根据采样流量、水质自动采样单元的水头损失及水位差合理选择。应使用寿命长、易维护的，并且对水质参数没有影响的采样泵，安装位置应便于采样泵的维护。

5.2.4.3　水污染源在线监测仪器安装要求

水污染源在线监测仪器的安装，应满足如下要求：

（1）水污染源在线监测仪器的各种电缆和管路应加保护管，保护管应在地下铺设或空中架设，空中架设的电缆应附着在牢固的桥架上，并在电缆、管路以及电缆和管路的两端设立明显标识。电缆线路的施工应满足《电气装置安装工程电缆线路施工及验收规范》（GB 50168—2018）的相关要求。

（2）各仪器应落地或壁挂式安装，有必要的防震措施，保证设备安装牢固稳定。在仪器周围应留有足够空间，方便仪器维护。其他要求参照仪器相应说明书相关内容，应满足《自动化仪表工程施工及质量验收规范》（GB 50093—2013）的相关要求。

（3）必要时（如南方的雷电多发区），仪器和电源也应设置防雷设施。

5.2.4.4　流量计的安装要求

流量计的安装，应满足如下要求：

（1）采用明渠流量计测定流量，应按照《明渠堰槽流量计试行检定规程》（JJG 711—1990）、《城市排水流量堰槽测量标准　三角形薄壁堰》（CJ/T 3008.1—1993）、《城市排水流量堰槽测量标准　矩形薄壁堰》（CJ/T 3008.2—1993）、《城市排水流量堰槽测量标准　巴歇尔量水槽》（CJ/T 3008.3—1993）等技术要求修建或安装标准化计量堰（槽），并通过计量部门检定。主要流量堰槽的安装规范见 HJ 353—2019 附录 D。

（2）应根据测量流量范围选择合适的标准化计量堰（槽），根据计量堰（槽）的类型确定明渠流量计的安装点位，具体要求如表 5-1 所示。

表 5-1　计量堰（槽）的类型及流量计安装点位

序号	堰槽类型	测量流量范围/（m³/s）	流量计安装位置
1	巴歇尔量水槽	$0.1×10^{-3}$～93	应位于堰槽入口段（收缩段）1/3 处
2	三角形薄壁堰	$0.2×10^{-3}$～1.8	应位于堰板上游 3～4 倍最大液位处
3	矩形薄壁堰	$1.4×10^{-3}$～49	应位于堰板上游 3～4 倍最大液位处

（3）采用管道电磁流量计测定流量，应按照《环境保护产品技术要求　电磁管道流量计》（HJ/T 367—2007）等技术要求进行选型、设计和安装，并通过计量部门检定。

（4）电磁流量计在垂直管道上安装时，被测流体的流向应自下而上，在水平管道上安装时，两个测量电极不应在管道的正上方和正下方位置。流量计上游直管段长度和安装支撑方式应符合设计文件要求。管道设计应保证流量计测量部分管道水流时刻满管。

（5）流量计应安装牢固稳定，有必要的防震措施。仪器周围应留有足够空间，方便仪器维护与比对。

5.3　废气监测点位的确定及规范化设置

5.3.1　废气排放口类型及监测点位的确定

排污单位的废气排放口一般包括生产设施工艺废气排放口、自备火力发电机组（厂）或配套动力锅炉废气排放口、污染处理设施排放口（如自备危险废物焚烧炉废气排放口、污水处理设施废气排放口）等。

排气筒（烟道）是目前排污单位废气有组织排放的主要排放口，因此，有组织废气的监测点位通常设置在排气筒（烟道）的横截断面（监测断面）上，并通过监测断面上的监测孔完成废气污染物的采样监测及流速、流量等废气参数的测量。

废气排放口监测点位的确定包括了监测断面的设置及监测孔的设置两个部分。排污单位应按照相关技术规范、标准的规定，根据所监测的污染物类别、监测技术手段的不同要求，先确定具体的废气排放口监测断面位置，再确定监测断面上监测孔的位置、数量。

5.3.2 监测断面规范化设置

5.3.2.1 基本要求

废气排放口监测断面包括手工监测断面和自动监测断面，监测断面设置应满足以下基本要求：

（1）监测断面应避开对测试人员操作有危险的场所，并在满足相关监测技术规范、标准规定的前提下，尽量选择方便监测人员操作、设备运输、安装的位置进行设置。

（2）若一个固定污染源排放的废气先通过多个烟道或管道后进入该固定污染源的总排气管时，应尽可能将废气监测断面设置在总排气管上，不得只在其中的一个烟道或管道上设置监测断面开展监测，并将测定值作为该源的排放结果；但允许在每个烟道或管道上均设置监测断面同步开展废气污染物排放监测。

（3）监测断面一般优先选择设置在烟道垂直管段和负压区域，应避开烟道弯头和断面急剧变化的部位，确保所采集样品的代表性。

5.3.2.2　手工监测断面设置的具体要求

对于废气手工监测断面,在满足前面的 5.3.2.1 中基本要求的同时,还应按照以下具体规定进行设置:

(1)颗粒态污染物及流速、流量监测断面

①监测断面的流速应不小于 5 m/s。

②监测断面位置应位于在距弯头、阀门、变径管下游方向不小于 6 倍直径(当量直径)和距上述部件上游方向不小于 3 倍直径(当量直径)处。

对矩形烟道,其当量直径按下式计算:

$$D = \frac{2AB}{A+B} \tag{5-1}$$

式中,A、B——边长。

③现场空间位置有限,很难满足②中要求时,可选择比较适宜的管段采样。手工监测位置与弯头、阀门、变径管等的距离至少是烟道直径的 1.5 倍,并应适当增加测点的数量和采样频次。

(2)气态污染物监测断面

手工监测时若需要同步监测颗粒态污染物及流速、流量,则监测断面应按照5.3.2.2 中式(5-1)相关要求设置;否则,可不按上述要求设置,但要避开涡流区。

5.3.2.3　自动监测断面设置的具体要求

对于废气自动监测断面,在满足 5.3.2.1 中基本要求的同时,还应按照以下具体规定进行设置。

(1)一般要求

①位于固定污染源排放控制设备的下游和比对监测断面、比对采样监测孔的上游,且便于用参比方法进行校验。

②不受环境光线和电磁辐射的影响。

③烟道振动幅度尽可能小。

④安装位置应尽量避开烟气中水滴和水雾的干扰，如不能避开，应选择适用的检测探头及仪器。

⑤安装位置不漏风。

⑥固定污染源烟气净化设备设置有旁路烟道时，应在旁路烟道内安装自动监测设备采样和分析探头。

（2）颗粒态污染物及流速、流量监测断面

①监测断面的流速应不小于 5 m/s。

②用于颗粒物及流速自动监测设备采样和分析探头安装的监测断面位置，应设置在距弯头、阀门、变径管下游方向不小于 4 倍烟道直径，以及距上述部件上游方向不小于 2 倍烟道直径处。矩形烟道当量直径可按照 5.3.2.2 中式（5-1）计算。

③无法满足②中要求时，颗粒物及流速自动监测设备采样和分析探头的安装位置尽可能选择在气流稳定的断面，并采取相应措施保证监测断面烟气分布相对均匀断面无紊流。对烟气分布均匀程度的判定采用相对均方根 σ_r 法，当 $\sigma_r \leqslant 0.15$ 时视为烟气分布均匀，σ_r 按下式计算：

$$\sigma_r = \sqrt{\frac{\sum_{i=1}^{n}(v_i - \overline{v})^2}{(n-1) \times \overline{v}^2}} \qquad （5-2）$$

式中，v_i——测点烟气流速，m/s；

$\overline{v}$——截面烟气平均流速，m/s；

n——截面上的速度测点数目，测点的选择按照《固定污染源排气中颗粒物测定与气态污染物采样方法》（GB/T 16157—1996）执行。

（3）气态污染物监测断面

①对于气态污染物自动监测设备采样和分析探头的安装位置，应设置在距弯头、阀门、变径管下游方向不小于 2 倍烟道直径，以及距上述部件上游方向不小

于 0.5 倍烟道直径处。矩形烟道当量直径可按照 5.3.2.2 中式（5-1）计算。

②无法满足①中要求时，应按照 5.3.2.3（2）③中的相关要求及式（5-2）设置监测断面。

③同步进行颗粒态污染物及流速、流量监测的，应优先满足颗粒态污染物及流速、流量监测断面的设置条件，监测断面的流速应不小于 5 m/s。

5.3.3　监测孔的规范化设置

5.3.3.1　监测孔规范化设置的基本要求

监测孔一般包括用于废气污染物排放监测的手工监测孔、用于废气自动监测设备校验的参比方法采样监测孔。

监测孔的设置应满足以下基本要求：

（1）监测孔位置应便于人员开展监测工作，应设置在规则的圆形或矩形烟道上，不宜设置在烟道的顶层。

（2）对于输送高温或有毒有害气体的烟道，监测孔应开在烟道的负压段；若负压段下满足不了开孔需求，对正压下输送高温和有毒气体的烟道，应安装带有闸板阀的密封监测孔，见图 5-1。

1—闸板阀手轮；2—闸板阀阀杆；3—闸板阀阀体；4—烟道；5—监测孔管；6—采样枪。

图 5-1　带有闸板阀的密封监测孔

（3）监测孔的内径一般不小于 80 mm，新建或改建污染源废气排放口监测孔的内径应不小于 90 mm；监测孔管长不大于 50 mm（安装闸板阀的监测孔管除外）。监测孔在不使用时用盖板或管帽封闭，在监测使用时应易开合。

5.3.3.2　手工监测开孔的具体要求

在确定的监测断面上设置手工监测的监测孔时，应在满足 5.3.3.1 中基本要求的同时，按照以下具体规定设置：

（1）若监测断面为圆形的烟道，监测孔应设在包括各测点在内的互相垂直的直径线上，其中，断面直径小于 3 m 时，应设置相互垂直的两个监测孔；断面直径大于 3 m 时，应尽量设置相互垂直的 4 个监测孔，见图 5-2。

（2）若监测断面为矩形烟道，监测孔应设在包括各测点在内的延长线上，其中，监测断面宽度大于 3 m 时，应尽量在烟道两侧对开监测孔，具体监测孔数量按照《固定污染源排气中颗粒物测定与气态污染物采样方法》（GB/T 16157—1996）的要求确定，见图 5-3。

1—测点；2—监测孔。

图 5-2　圆形断面测点与监测孔示意图

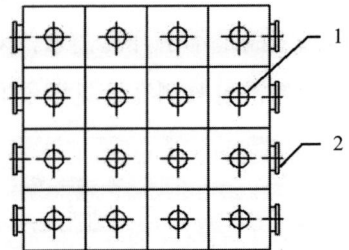

1—测点；2—监测孔。

图 5-3　矩形断面测点与监测孔示意图

5.3.3.3　自动监测设备参比方法采样监测开孔的具体要求

废气自动监测设备参比方法采样监测孔的设置，在满足 5.3.3.1 中基本要求的同时，还应按照以下具体规定设置：

（1）应在自动监测断面下游预留参比方法采样监测孔，在互不影响测量的前提下，参比方法采样监测孔应尽可能靠近废气自动监测断面，距离约 0.5 m 为宜。

（2）对于监测断面为圆形的烟道，参比方法采样监测孔应设在包括各测点在内的互相垂直的直径线上，其中，断面直径小于 4 m 时，应设置相互垂直的 2 个监测孔；断面直径大于 4 m 时，应尽量设置相互垂直的 4 个监测孔。

（3）若监测断面为矩形烟道，参比方法采样监测孔应设在包括各测点在内的延长线上，监测断面宽度大于 4 m 时，应尽量在烟道两侧对开监测孔，具体监测孔数量按照《固定污染源排气中颗粒物测定与气态污染物采样方法》（GB/T 16157—1996）的要求确定。

5.3.4　监测平台的规范化设置

监测平台应设置在监测孔的正下方 1.2～1.3 m 处，应安全、便于开展监测活动，必要时应设置多层平台以满足与监测孔距离的要求。

仅用于手工监测的平台可操作面积至少应大于 1.5 m²（长度、宽度均不小 1.2 m），最好应在 2 m² 以上。用于安装废气自动监测设备和进行参比方法采样监测的平台面积至少在 4 m² 以上（长度、宽度均不小 2 m），或不小于采样枪长度外延 1 m。

监测平台应易于人员和监测仪器到达。应根据平台高度，按照《固定式钢梯及平台安全要求　第 1 部分：钢直梯》（GB 4053.1—2009）、《固定式钢梯及平台安全要求　第 2 部分：钢斜梯》（GB 4053.2—2009）的要求，设置直梯或斜梯。当监测平台距离地面或其他坠落面距离超过 2 m 时，不应设置直梯，应有通往平台的斜梯、旋梯或通过升降梯、电梯到达，斜梯、旋梯宽度应不小于 0.9 m，梯子倾角不超过 45°，其他具体指标详见 GB 4053.1—2009、GB 4053.2—2009。监测平台距离地面或其他坠落面距离超过 20 m 时应有通往平台的升降梯，见图 5-4。

监测平台、通道的防护栏杆的高度应不低于 1.2 m，脚部挡板不低于 10 cm（图 5-5）。监测平台、通道、防护栏的设计载荷、制造安装、材料、结构及防护要求应符合《固定式钢梯及平台安全要求 第 3 部分：工业防护栏杆及钢平台》（GB 4053.3—2009）的要求。

1—踏板；2—梯梁；3—中间栏杆；4—立柱；5—扶手；H—梯高；L—梯跨；

h₁—栏杆高；h₂—扶手高；α—梯子倾角；i—踏步高；g—踏步宽。

图 5-4　固定式钢斜梯

1—扶手（顶部栏杆）；2—中间栏杆；3—立柱；4—踢脚板；H—栏杆高度。

图 5-5　防护栏杆

监测平台应设置一个防水低压配电箱，内设漏电保护器、不少于 2 个 16A 插座及 2 个 10A 插座，保证监测设备所需电力。

监测平台附近有造成人体机械伤害、灼烫、腐蚀、触电等危险源的，应在平台相应位置设置防护装置。监测平台上方有坠落物体隐患时，应在监测平台上方高处设置防护装置。防护装置的设计与制造应符合《机械安全　防护装置　固定式和活动式防护装置设计与制造一般要求》（GB/T 8196—2003）的要求。

排放剧毒、致癌物及对人体有严重危害物质的监测点位应储备相应安全防护装备。

5.3.5　废气自动监测设施的规范化设置

5.3.5.1　监测站房的设置

废气自动监测站房的设置，应达到如下要求。

（1）应为室外的烟气排放连续监测系统（CEMS）提供独立站房，监测站房与采样点之间距离应尽可能近，原则上不超过 70 m。

（2）监测站房的基础荷载强度应≥2 000 kg/m^2。若站房内仅放置单台机柜，面积应≥2.5 m×2.5 m。若同一站房放置多套分析仪表的，每增加一台机柜，站房面积应至少增加 3 m^2，便于开展运维操作。站房空间高度应≥2.8 m，站房建在标高≥0 m 处。

（3）监测站房内应安装空调和采暖设备，室内温度应保持在 15～30℃，相对湿度应≤60%，空调应具有来电自动重启功能，站房内应安装排风扇或其他通风设施。

（4）监测站房内配电功率能够满足仪表实际要求，功率不少于 8 kW，至少预留三孔插座 5 个、稳压电源 1 个、UPS 电源 1 个。

（5）监测站房内应配备不同浓度的有证标准气体，且在有效期内。标准气体应当包含零气（含 SO_2、NO_x 浓度均≤0.1 μmol/mol 的标准气体，一般为高纯氮气，纯度≥99.999%；当测量烟气中 CO_2 时，零气中 $CO_2 ≤ 400\ μmol/mol$，含有其他气体的浓度不得干扰仪器的读数）和 CEMS 测量的各种气体（SO_2、NO_x、O_2）的量程标气，以满足日常零点、量程校准、校验的需要。低浓度标准气体可由高浓度标准气体通过经校准合格的等比例稀释设备获得（精密度≤1%），也可单独配备。

（6）监测站房应有必要的防水、防潮、隔热、保温措施，在特定场合还应具备防爆功能。

（7）监测站房应具有能够满足废气自动监测系统数据传输要求的通信条件。

5.3.5.2　自动监测设备的安装施工要求

（1）废气自动监测系统安装施工应符合《自动化仪表工程施工及质量验收规范》《电气装置安装工程电缆线路施工及验收规范》的规定。

（2）施工单位应熟悉废气自动监测系统的原理、结构、性能，编制施工方案、施工技术流程图、设备技术文件、设计图样、监测设备及配件货物清单交接明细表、施工安全细则等有关文件。

（3）设备技术文件应包括资料清单、产品合格证、机械结构、电气、仪表安装的技术说明书、装箱清单、配套件、外购件检验合格证和使用说明书等。

（4）设计图样应符合技术制图、机械制图、电气制图、建筑结构制图等标准的规定。

（5）设备安装前的清理、检查及保养应符合以下要求。

①按交货清单和安装图样明细表清点检查设备及零部件，缺损件应及时处理，更换补齐。

②运转部件如取样泵、压缩机、监测仪器等，滑动部位均需清洗、注油润滑防护。

③因运输造成变形的仪器、设备的结构件应校正，并重新涂刷防锈漆及表面油漆，保养完毕后应恢复原标记。

（6）现场端连接材料（垫片、螺母、螺栓、短管、法兰等）为焊件组对成焊时，壁（板）的错边量应符合以下要求。

①管子或管件对口、内壁齐平，最大错边量≤1 mm。

②采样孔的法兰与连接法兰几何尺寸极限偏差不超过±5 mm，法兰端面的垂直度极限偏差≤0.2%。

③采用透射法原理颗粒物监测仪器发射单元和颗粒物监测仪反射单元，测量光束从发射孔的中心射出到对面中心线相叠合的极限偏差≤0.2%。

（7）从探头到分析仪的整条采样管线的铺设应采用桥架或穿管等方式，保证整条管线具有良好的支撑。管线倾斜度≥5º，防止管线内积水，在每隔 4～5 m 处装线卡箍。当使用伴热管线时应具备稳定、均匀加热和保温的功能；其设置加热温度≥120℃，且应高于烟气露点温度 10℃以上，其实际温度值应能够在机柜或系统软件中显示查询。

（8）电缆桥架安装应满足最大直径电缆的最小弯曲半径要求。电缆桥架的连接应采用连接片。配电套管应采用钢管和 PVC 材质配线管，其弯曲半径应满足最小弯曲半径要求。

（9）应将动力与信号电缆分开敷设，保证电缆通路及电缆保护管的密封，自控电缆应符合输入和输出分开、数字信号和模拟信号分开的配线和敷设的要求。

（10）安装精度和连接部件坐标尺寸应符合技术文件和图样规定。监测站房仪器应排列整齐，监测仪器顶平直度和平面度应不大于 5 mm，监测仪器牢固固定，可靠接地。二次接线正确、牢固可靠，配导线的端部应标明回路编号。配线工艺整齐，绑扎牢固，绝缘性好。

（11）各连接管路、法兰、阀门封口垫圈应牢固完整，均不得有漏气、漏水现象。保持所有管路畅通，保证气路阀门、排水系统安装后应畅通和启闭灵活。自动监测系统空载运行 24 h 后，管路不得出现脱落、渗漏、振动强烈现象。

（12）反吹气应为干燥清洁气体，反吹系统应进行耐压强度试验，试验压力为常用工作压力的 1.5 倍。

（13）电气控制和电气负载设备的外壳防护应符合《外壳防护等级》（GB 4208—2017）的技术要求，户内达到防护等级 IP24 级，户外达到防护等级 IP54 级。

（14）防雷、绝缘要求。

①系统仪器设备的工作电源应有良好的接地措施，接地电缆应采用大于 4 mm^2 的独芯护套电缆，接地电阻小于 4 Ω，且不能和避雷接地线共用。

②平台、监测站房、交流电源设备、机柜、仪表和设备金属外壳、管缆屏蔽层和套管的防雷接地，可利用厂内区域保护接地网，采用多点接地方式。厂区内不能提供接地线或提供的接地线达不到要求的，应在子站附近重做接地装置。

③监测站房的防雷系统应符合《建筑物防雷设计规范》（GB 50057—2016）的规定，电源线和信号线设防雷装置。

④电源线、信号线与避雷线的平行净距离≥1 m，交叉净距离≥0.3 m（图 5-6）。

图 5-6　电源线、信号线与避雷线距离示意图

⑤由烟囱或主烟道上数据柜引出的数据信号线要经过避雷器引入监测站房，应将避雷器接地端同站房保护地线可靠连接。

⑥信号线为屏蔽电缆线，屏蔽层应有良好绝缘，不可与机架、柜体发生摩擦、打火，屏蔽层两端及中间均需做接地连接（图 5-7）。

图 5-7　信号线接地示意图

5.4　排污口标志牌的规范化设置

5.4.1　标志牌设置的基本要求

排污单位应在排污口及监测点位设置标志牌，标志牌分为提示性标志牌和警告性标志牌两种。提示性标志牌用于向人们提供某种环境信息，警告性标志牌用于提醒人们注意污染物排放可能会造成危害。

一般性污染物排放口及监测点位应设置提示性标志牌。排放剧毒、致癌物及对人体有严重危害物质的排放口及监测点位应设置警告性标志牌，警告标志图案应设置于警告性标志牌的下方。

标志牌应设置在距污染物排放口及监测点位较近且醒目处，并能长久保留。

排污单位可根据监测点位情况，设置立式或平面固定式标志牌。

5.4.2　标志牌技术规格

5.4.2.1　环保图形标志

（1）环保图形标志必须符合原国家环境保护局和国家技术监督局发布的中华人民共和国国家标准《环境保护图形标志——排放口（源）》（GB 15562.1—1995）。

（2）图形颜色及装置颜色

①提示标志：底和立柱为绿色，图案、边框、支架和文字为白色。

②警告标志：底和立柱为黄色，图案、边框、支架和文字为黑色。

（3）辅助标志内容

①排放口标志名称。

②单位名称。

③排放口编号。

④污染物种类。

⑤××生态环境局监制。

⑥排放口经纬度坐标、排放去向、执行的污染物排放标准、标志牌设置依据的技术标准等。

（4）辅助标志字型：黑体字

（5）标志牌尺寸

①平面固定式标志牌外形尺寸：提示标志牌为 480 mm×300 mm；警告标志牌为边长 420 mm。

②立式固定式标志牌外形尺寸：提示标志牌为 420 mm×420 mm；警告标志牌为边长 560 mm；高度牌为标志牌最上端距地面 2 m，地下 0.3 m。

5.4.2.2 其他要求

（1）标志牌材料

①标志牌采用 1.5～2 mm 冷轧钢板。

②立柱采用 38×4 无缝钢管。

③表面采用搪瓷或者反光贴膜。

（2）标志牌的表面处理

①搪瓷处理或贴膜处理。

②标志牌的端面及立柱要经过防腐处理。

（3）标志牌的外观质量要求

①标志牌、立柱无明显变形。

②标志牌表面无气泡，膜或搪瓷无脱落。

③图案清晰，色泽一致，不得有明显缺损。

④标志牌的表面不应有开裂、脱落及其他破损。

5.5　排污口规范化的日常管理与档案记录

排污单位应将排污口规范化建设纳入企业生产运行的管理体系中，制定相应的管理办法和规章制度，选派专职人员对排污口及监测点位进行日常管理和维护，并保存相关管理记录。

排污单位应建立排污口及监测点位档案。档案内容除排污口及监测点位的位置、编号、污染物种类、排放去向、排放规律、执行的排放标准等基本信息外，还应包括相关日常管理的记录，如标志牌的内容是否清晰完整，监测平台、各类梯架、监测孔、自动监测设施等是否能够正常使用，废水排放口是否损坏、排气筒有无漏风、破损现象等方面的检查记录，以及相应的维护、维修记录。

排污口及监测点位一经确认，排污单位不得随意变动。监测点位位置、排污口排放的污染物发生变化的，或排污口须拆除、增加、调整、改造或更新的，应按相关要求及时向生态环境主管部门报备，并及时设立新的标志牌或更换标志牌相应内容。

第 6 章　废水手工监测技术要点

废水手工监测是一项全面性、系统性的工作。为了规范手工监测活动的开展，我国发布了一系列监测技术规范和方法标准。总体来说，废水手工监测要按照相关的技术规范和方法标准开展。为了便于理解和应用，本章立足现有的技术规范和标准，结合日常工作经验，分别对流量监测、现场手工监测、实验室分析三个方面归纳总结了常见的方法和操作要求，以及方法使用过程中的重点注意事项。对于一些虽然适用，但不够便捷，目前实际应用很少的方法，本书未进行列举，若排污单位根据实际情况，确实需要采用这类方法的，应严格按照方法的适用条件和要求开展相关监测活动。

《排污单位自行监测技术指南　农药制造工业》（HJ 987—2018）所涉及的废水监测指标有：流量、pH、石油类、化学需氧量、氨氮、总磷、总氮、悬浮物、色度、五日生化需氧量、挥发酚、总氰化物、氯苯、硝基苯类、苯胺类、苯、甲苯、二甲苯、乙苯、甲醛、总锌、五氯酚及五氯酚钠（以五氯酚计）、乐果、2-氯-5-氯甲基吡啶、咪唑烷、吡虫啉、三唑酮、对氯苯酚、多菌灵、邻苯二胺、吡啶、百草枯离子、2,2′: 6′,2″-三联吡啶、有机磷农药（以 P 计）、马拉硫磷、总有机碳、氟化物、硫化物、AOX、总锰、动植物油、总汞、烷基汞、总镉、总铬、六价铬、总砷、总铅、总镍、苯并[a]芘、总铍、总银、莠去津和氟虫腈等。

6.1　流量

流量是排污单位排污总量核算的重要指标，在废水排放监测和管理中有着重要的地位。流量测量最初始于水文水利领域对天然河流、人工运河、引水渠道等的流量监测。对于工业废水的流量监测，目前常用的方法有自动测量和手工测量两种方式。

6.1.1　自动测量

自动测量是采用污水流量计进行测量，通常包括明渠流量计和管道流量计。通过污水流量计来测量渠道内和管道内废水（或污水）的体积流量。

（1）明渠流量计

利用明渠流量计进行自动测量时，采用超声波液位计和巴歇尔量水槽（巴氏槽）配合使用进行流量测定，并根据不同尺寸巴氏槽的经验公式计算出流量。需要注意的事项如下：

①巴氏槽安装前，应测算废水排放量并充分考虑污水处理设施的远期扩容，确保巴氏槽能满足最大流量下的测量。巴氏槽的材质要根据污水性质考虑防腐蚀。

②巴氏槽应安装于顺直平坦的渠道段，该段渠道长度不小于槽宽的 10 倍，下游渠道应无阻塞、不壅水，确保巴氏槽的水流处于自由出流状态。渠道应保持清洁，底部无障碍物，水槽应保持牢固可靠、不受损坏，凡有漏水部位应及时修补，每年应校验 1 次液位计的精度和水头零点。详细的安装和维护要求见《城市排水流量堰槽测量标准　巴歇尔量水槽》（CJ/T 3008.3—1993）。

③与巴氏槽配合使用的超声波液位计应注意日常维护，确保稳定运行，出现故障应及时更换。

（2）管道流量计

利用管道流量计测量时，可选择电磁流量计或超声流量计，宜优先选择电磁流量计。需要注意事项如下：

①电磁流量计的选型应充分考虑测量精度、污水性质、流量范围、排水规律等。流量计的口径通常与管道相同，也可以根据设计流量、流速范围来选择流量计和配套管道，管道中的流速通常以 2～4 m/s 为宜。

②电磁流量计选型时，应充分考虑废水的电导率、最大流量、常用流量、最小流量、工艺管径、管内温度、压力，以及是否有负压存在等信息。

③电磁流量计一定要安装在管路的最低点或者管路的垂直段且务必保证管内满流，若安装在垂直管线，要求水流自下而上，尽量不要自上而下，否则容易出现非满流，使读数波动变化较大。流量计前后应避免有阀门、弯头、三通等结构存在，以防产生涡流或气泡，影响测流。

④电磁流量计安装的外部环境应避免安装在温度变化很大或受到设备高温辐射的场所，若必须安装时，须有隔热、通风的措施；电磁流量计最好安装在室内，若必须安装于室外，应避免雨水淋浇、积水受淹及太阳暴晒，须有防潮和防晒措施；避免安装在含有腐蚀性气体的环境中，必须安装时，须有通风措施；为了安装、维护、保养方便，在电磁流量计周围需要有足够的空间；避免有磁场及强振动源，如管道振动大，在电磁流量计两侧应有固定管道的支座。

⑤应对电磁流量计进行周期性检查，定期扫除尘垢确保无沾污，检查接线是否良好。

6.1.2 手工监测

手工测流方法是相对于自动测流方法而言的，这种方法操作复杂、准确度较低，仅建议在不满足自动测流条件或自动测流设施损坏时将其作为临时补救措施，不建议用作长期自行监测手段。常用的测流方法有明渠流速仪、便携式超声波管道测流仪和容积法。

（1）明渠流速仪

明渠流速仪适用于明渠排水流量的测量，它是通过流速仪测量过水断面不同位置的流速，计算平均流速，再乘以断面面积即得测量时刻的瞬时流量。

　　用这种方法测量排水流量时，排污截面底部需硬质平滑，截面形状为规则的几何形，排污口处有不小于 3 m 的平直过流水段，且水位高度不小于 0.1 m。在明渠流量计自动测量断电或损坏时，可用此法临时测量排水流量。明渠流速仪见图 6-1。

便携式超声波流速仪

便携式旋桨流速仪

便携式旋杯流速仪

图 6-1　明渠流速仪示意图

（2）便携式超声波管道测流仪

便携式超声波管道测流仪的使用条件与电磁式自动测流仪一致，适用于顺直管道的满流测量。测量时，沿着管道的流向，将两个传感器分别贴合于管道，错开一定距离，通过两个传感器的时差测量流速，再乘以管道截面积，最终得出流量。测量的管壁应为能传导超声波的实密介质，如铸铁、碳钢、不锈钢、玻璃钢、PVC 等。测点应避开弯头、阀门等，确保流态稳定，无气泡和涡流。测点应避开大功率变频器和强磁场设备，以免产生干扰。在电磁流量计断电或损坏时，可用此法临时测量排水流量。便携式超声波管道测流仪见图 6-2。

图 6-2　便携式超声波管道测流仪示意图

（3）容积法

容积法是将废水纳入已知容量的容器中，测定其充满容器所需要的时间，从而计算水量的方法。该方法简单易行，适用于计量污水量较小的连续或间歇排放的污水。用此方法测量排水流量时，溢流口与受纳水体应有适当的落差或能用导水管形成落差。

用手工测量时，一般遵循以下原则：

①如果排放污水的"流量—时间"排放曲线波动较小，即用瞬时流量代表平均流量所引起的误差小于 10%，则在某一时段内的任意时间测得的瞬时流量乘以该时间即为该时段的流量。

②如果排放污水的"流量—时间"排放曲线虽有明显波动，但其波动有固定的规律，可以用该时段中几个等时间间隔的瞬时流量来计算出平均流量，然后再乘以时间得到流量。

③如果排放污水的"流量—时间"排放曲线既有明显波动又无规律可循，则必须连续测定流量，流量对时间的积分即为总量。

6.2　现场采样

采样前要根据采样任务确定监测点位、各监测点位的监测指标、各监测指标需要使用的采样容器、采样要求和保存运输要求等。

6.2.1　采样点位

《排污单位自行监测技术指南　农药制造工业》（HJ 987—2018）对每个监测点位的监测指标都进行了明确规定，对于第一类污染物总汞、烷基汞、总镉、总铬、六价铬、总砷、总铅、总镍、苯并[a]芘、总铍、总银、莠去津、氟虫腈等的采样点位一律设在车间或车间处理设施的排放口或专门处理此类污染物设施的排口。其余污染物采样点位则在相应的废水总排放口、生活污水排放口和雨水排放口进行采样。

如果排污单位设置内部监测点位时，应根据实际情况在便于采样的地方进行布点采样。

如果排污单位需要考核污水处理设施处理效率时，采样点位的布设如下：

①对整体污水处理设施效率监测时，在各种进入污水处理设施污水的入口和污水设施的总排放口设置采样点。

②对各污水处理单元效率监测时，在各种进入处理设施单元污水的入口和设施单元的排放口设置采样点。

6.2.2 采样方法

废水的监测项目根据行业类型有不同的要求，排污单位根据自行监测技术指南要求设置。采集样品时应设在废水混合均匀处，避免引入其他干扰。

在分时间单元采集样品时，测定 pH、COD_{Cr}、BOD_5、硫化物、油类、有机物、余氯、悬浮物等项目的样品，不能混合，只能单独采样。

要根据监测项目选择不同的采样器，包括聚乙烯塑料桶、不锈钢采水器、有机玻璃水质采样器、泵式采水器、油类采样器及用采样容器直接灌装（如粪大肠菌群等微生物指标）。当水深很浅，以上采样器均不适用时，可考虑使用不锈钢或塑料水瓢采集水样，采样人员距水面较远时可使用长柄瓢。废水排口有较大落差的，可使用上方开口的容器，如吊桶、提桶等采集水样。

有条件的排污单位可配备水质自动采样装置进行时间比例采样和流量比例采样，以满足连续采样加密监测的需求。当污水排放量较稳定时，可采用时间比例采样，否则必须采用流量比例采样。所用自动采样器必须符合生态环境部颁布的《水质自动采样器技术要求及检测方法》（HJ/T 372—2007）的要求。油类、pH、硫化物等指标不宜用自动采样装置进行采样。不同的采样器见图 6-3。

不锈钢采水器

有机玻璃水质采样器

油类采样器

塑料水瓢

长柄瓢

吊桶

提桶

水质自动采样装置

图 6-3　常见废水采样器

样品采集时还应针对具体的监测项目注意以下事项：

（1）采样时不可搅动水底的沉积物。

（2）确保采样准时，点位准确，操作安全。

（3）采样结束前，应核对采样计划、记录与水样，如有错误或遗漏，应立即补采或重采。

（4）如采样现场水体很不均匀，无法采到有代表性的样品，则应详细记录不均匀的情况和实际采样情况，供使用该数据者参考。

（5）测定油类的水样，应使用油类采样器在水面至 300 mm 范围内采集柱状水样。

（6）测溶解氧、生化需氧量和有机污染物等项目时，水样必须注满容器，上部不留空间并有水封口。

（7）如果水样中含沉降性固体（如泥沙等），则应分离除去。即将所采水样摇匀后倒入沉降桶（如 1～2 L 量筒），静置 30 min，将不含沉降性固体但含有悬浮性固体的水样移入盛样容器并加入保存剂。测定 pH、悬浮物和油类等的水样除外。

（8）用样品容器直接采样时，必须用水样冲洗三次之后再进行采样。采油类的容器不能冲洗。

（9）采样时应注意除去水面的杂物、垃圾等漂浮物。

（10）用于测定悬浮物、BOD_5、硫化物、油类、余氯的水样，必须单独定容采样并全部用于测定。

（11）采样时应认真填写"污水采样记录表"，表中应有以下内容：污染源名称、监测项目、采样点位、采样时间、样品编号、污水性质、污水流量、采样人姓名及其他有关事项。具体格式可由各排污单位制定，可参考表 6-1。

（12）对于 pH 和流量等需现场监测的项目，应进行现场监测。

表 6-1　污水采样记录

企业名称	行业名称	监测项目	样品编号	采样时间	采样口	采样口位置（车间或出厂口）	样品类别	样品表观	采样口流量/（m³/s）	采样人

6.2.3　采样容器

　　当前市面上常见的容器按材质主要分为硬质玻璃瓶和聚乙烯瓶。在表 6-2 中分别用 G、P 表示，硬质玻璃瓶有透明和棕色两种。透明玻璃瓶适用于化学需氧量、总有机碳、氨氮、总氮、总磷、硫化物、动植物油、硫化物等监测项目的样品采集。棕色玻璃瓶能够降低光敏作用，适用于硫化物等监测项目的样品采集。聚乙烯瓶则适用于水中金属元素、氟化物等监测项目的样品采集。氨氮、总磷、总氮、总镍、总镉等项目两种材质的瓶子均可使用。具体适用情况见表 6-2。

　　在采样之前，采样容器应经过相应的清洗和处理，采样之后要对容器进行适当的封存。企业可根据监测项目自行选择采样容器并按照合适的方法进行清洗和处理。常用的采样容器见图 6-4。

图 6-4　采样容器（透明硬质玻璃瓶、棕色硬质玻璃瓶和聚乙烯瓶）

（1）选择采样容器时应遵守的一般原则：

①最大限度地防止容器及瓶塞对样品的污染，由于一般的玻璃在贮存水样时可溶出钠、钙、镁、硅、硼等元素，在测定这些项目时应避免使用玻璃容器，以防止新的污染。一些有色瓶塞含有大量的重金属，因此采集金属项目时最好选用聚乙烯瓶。

②容器壁应易于清洗、处理，以减少如重金属或放射性核类的微量元素对容器表面的污染。

③容器或容器塞的化学和生物性质应该是惰性的，以防止容器与样品组分发生反应。如测氟时，水样不能贮于玻璃瓶中，因为玻璃会与氟化物发生反应。

④防止容器吸收或吸附待测组分，引起待测组分浓度的变化。微量金属易于受这些因素的影响，其他如清洁剂、杀虫剂、磷酸盐同样也受到影响。

⑤选用深色玻璃瓶能降低光敏作用。

（2）准备采样容器时，应遵循以下原则：

①所有的准备都应确保不发生正负干扰。

②尽可能使用专用容器。如不能使用专用容器，那么最好准备一套容器进行特定污染物的测定，以减少交叉污染。同时应注意防止以前采集高浓度分析物的容器因洗涤不彻底，污染随后采集的低浓度污染物的样品。

③对于新容器，一般应先用洗涤剂清洗，再用纯水彻底清洗。但是，使用清洁剂和溶剂可能引起干扰，所用的洗涤剂类型和选用的容器材质要随待测组分来确定。测定硅、硼和表面活性剂，不能使用洗涤剂；测磷酸盐不能使用含磷洗涤剂；测硫酸盐或铬则不能用铬酸—硫酸洗液。测重金属的玻璃容器及聚乙烯容器通常用盐酸或硝酸（c=1 mol/L）洗净并浸泡 1～2 d 后，用蒸馏水或去离子水冲洗。

（3）清洗采样容器时，应注意以下事项：

①用清洁剂清洗塑料或玻璃容器：用水和清洗剂的混合稀释溶液清洗容器和容器帽；用实验室用水清洗两次；控干水并盖好容器帽。

②用溶剂洗涤玻璃容器：用水和清洗剂的混合稀释溶液清洗容器和容器帽；用自来水彻底清洗；用实验室用水清洗两次；用丙酮清洗并干燥；用与分析方法匹配的溶剂清洗并立即盖好容器帽。

③用酸洗玻璃或塑料容器：用自来水和清洗剂的混合稀释溶液清洗容器和容器帽；用自来水彻底清洗；用 10%硝酸溶液清洗；控干后，注满 10%硝酸溶液；密封，贮存至少 24 h；用实验室用水清洗，并立即盖好容器帽。

④用于测定农药、除草剂等样品的容器清洗：因聚四氟乙烯外的塑料容器会对分析产生明显的干扰，故一般使用棕色玻璃瓶。按一般规则清洗（用水及洗涤剂—铬酸-硫酸洗液—蒸馏水）后，在烘箱内 180℃下 4 h 烘干。冷却后再用纯化过的己烷或石油醚冲洗数次。

6.2.4　样品保存与运输

6.2.4.1　样品保存

水样采集后应尽快送到实验室分析，样品长时间放置，受生物、化学、物理等因素影响，某些组分的浓度可能会发生变化。一般可通过冷藏、冷冻、过滤、离心、添加保存剂等方式对样品进行保存。

（1）样品的冷藏、冷冻

在大多数情况下，从采集样品后到运输到实验室期间，在 1～5℃冷藏并暗处保存，对保存样品就足够了。–20℃的冷冻温度一般能延长贮存期。但分析挥发性物质、包含细胞、细菌或微藻类的样品不适用冷冻程序。冷冻需要掌握冷冻和融化技术，以使样品在融化时能迅速、均匀地恢复其原始状态，用干冰快速冷冻是令人满意的方法。一般选用聚氯乙烯或聚乙烯等塑料容器。

（2）过滤和离心

采样时或采样后，用滤器（滤纸、聚四氟乙烯滤器、玻璃滤器）等过滤样品或将样品离心分离都可以除去其中的悬浮物、沉淀、藻类及其他微生物。滤器的选择要注意与分析方法相匹配，用前应清洗及避免吸附、吸收损失。各种重金属化合物、有机物容易吸附在滤器表面，滤器中的溶解性化合物如表面活性剂会滤到样品中。一般测有机项目时选用砂芯漏斗和玻璃纤维漏斗，而在测定无机项目时常用 0.45 μm 的滤膜过滤。过滤样品的目的就是区分被分析物的可溶性和不可溶性的比例（如可溶和不可溶金属部分）。过滤器见图 6-5、图 6-6。

图 6-5　玻璃滤器及聚四氟乙烯滤器

图 6-6　砂芯漏斗和滤膜

（3）添加保存剂

添加的保存剂一般包括酸、碱、抑制剂、氧化剂和还原剂，样品保存剂（如酸、碱或其他试剂）在采样前应进行空白试验，其纯度和等级必须达到分析的要求。

①加入酸和碱:控制溶液 pH,测定金属离子的水样常用硝酸酸化至 pH 为 1～

2，既可以防止重金属的水解沉淀，又可以防止重金属在器壁表面上的吸附，同时在 pH 为 1～2 的酸性介质中还能抑制生物的活动。用此法保存，大多数金属可稳定数周或数月。测定氰化物的水样需加氢氧化钠调至 pH 为 12。测定六价铬的水样应加氢氧化钠调至 pH 为 8，因在酸性介质中，六价铬的氧化电位高，易被还原。保存总铬的水样，则应加硝酸或硫酸调至 pH 为 1～2。

②加入抑制剂：为了抑制生物作用，可在样品中加入抑制剂。如在测氨氮、硝酸盐氮和 COD_{Cr} 的水样中，加氯化汞或加入三氯甲烷、甲苯作防护剂以抑制生物对亚硝酸盐、硝酸盐、铵盐的氧化还原作用。在测酚水样中用磷酸调溶液的 pH，加入硫酸铜以控制苯酚分解菌的活动。

③加入氧化剂：水样中痕量汞易被还原，引起汞的挥发性损失，加入硝酸—重铬酸钾溶液可使汞维持在高氧化态，使汞的稳定性大为改善。

④加入还原剂：测定硫化物的水样，加入抗坏血酸对保存有利。含余氯水样，能氧化氰离子，可使酚类、烃类、苯系物氯化生成相应的衍生物，为此在采样时加入适当的硫代硫酸钠予以还原，除去余氯干扰。

加入一些化学试剂可固定水样中的某些待测组分，保存剂可事先加入空瓶中，亦可在采样后立即加入水样中。所加入的保存剂不能干扰待测成分的测定，如有疑义应先做必要的试验。

加入保存剂的样品，经过稀释后，在分析计算结果时要充分考虑。但如果加入足够浓的保存剂，因加入体积很小，可以忽略其稀释影响。固体保存剂，因会引起局部过热而影响样品，应该避免使用。

所加入的保存剂有可能改变水中组分的化学或物理性质，因此选用保存剂时一定要考虑对测定项目的影响。如待测项目是溶解态物质，酸化会引起胶体组分和固体的溶解，则必须在过滤后酸化保存。

必须要做保存剂空白试验，特别是对微量元素的检测。要充分考虑加入保存剂引起待测元素数量的变化。例如，酸类会增加砷、铅、汞的含量。因此，样品中加入保存剂后，应保留做空白试验。

针对技术指南中涉及的不同监测项目应选用的容器材质、保存剂及其加入量、保存期、采样体积和容器洗涤方法可参考表 6-2。

表 6-2 样品保存和容器洗涤

项目	采样容器	保存剂及用量	保存期	采样量/ml	容器洗涤
色度*	G.P		12 h	250	I
pH*	G.P		12 h	250	I
悬浮物**	G.P	冷藏，避光	14 h	500	I
全盐量** 溶解性总固体**	G.P		14 h	500	I
化学需氧量	溶解氧瓶	加 H_2SO_4，pH≤2	2 d	500	I
BOD$_5$**	G		12 h	500	I
总有机碳	G	加 H_2SO_4，pH≤2	7 d	250	I
总磷	G.P	加 HCl，H_2SO_4，pH≤2	24 h	250	IV
氨氮	G.P	加 H_2SO_4，pH≤2	24 h	250	I
总氮	G.P	加 H_2SO_4，pH≤2	7 d	250	I
硫化物	G.P	1 L 水样加 NaOH 至 pH=9，加入 5%抗坏血酸 5 ml，饱和 EDTA 3 ml，滴加饱和 $Zn(AC)_2$ 至胶体产生，常温避光	24 h	250	I
总氰化物	G.P	NaOH，pH≥9	12 h	250	I
酚类**	G.P	用 H_3PO_4 调至 pH=2，用 0.01～0.02 g 抗坏血酸除去余氯	24 h	1 000	I
二噁英类	对二噁英类无吸附作用不锈钢或玻璃材质可密封器具	4～10℃的暗冷处，密封遮光	尽快	5 000	V
可吸附有机卤素**（AOX）	G	100 ml 水样中加入 5 ml 亚硫酸钠（0.2 mol/L）；加 HNO_3，pH=1.5～2.0	3 d	500	I
铍	G.P	HNO_3，1L 水样中加浓 HNO_3 10 ml	14 d	250	III
钠	P	HNO_3，1L 水样中加浓 HNO_3 10 ml	14 d	250	II
镁	G.P	HNO_3，1L 水样中加浓 HNO_3 10 ml	14 d	250	II
钾	P	HNO_3，1L 水样中加浓 HNO_3 10 ml	14 d	250	II
钙	G.P	HNO_3，1L 水样中加浓 HNO_3 10 ml	14 d	250	II
六价铬	G.P	NaOH，pH=8～9	14 d	250	III
锰	G.P	HNO_3，1L 水样中加浓 HNO_3 10 ml	14 d	250	III
铁	G.P	HNO_3，1L 水样中加浓 HNO_3 10 ml	14 d	250	III
镍	G.P	HNO_3，1L 水样中加浓 HNO_3 10 ml	14 d	250	III

项目	采样容器	保存剂及用量	保存期	采样量/ml	容器洗涤
铜	P	HNO₃，1 L 水样中加浓 HNO₃ 10 ml②	14 d	250	III
锌	P	HNO₃，1 L 水样中加浓 HNO₃ 10 ml②	14 d	250	III
砷	G、P	HNO₃，1 L 水样中加浓 HNO₃ 10 ml，DDTC 法，HCl 2 ml	14 d	250	I
硒	G、P	HCl，1 L 水样中加浓 HCl 2 ml	14 d	250	III
银	G、P	HNO₃，1 L 水样中加浓 HNO₃ 2 ml	14 d	250	III
镉	G、P	HNO₃，1 L 水样中加浓 HNO₃ 10 ml②	14 d	250	III
锑	G、P	HCl，0.2%（氢化物法）	14 d	250	III
汞	G、P	HCl，1%，如水样为中性，1 L 水样中加浓 HCl 10 ml	14 d	250	III
铅	G、P	HNO₃，1%，如水样为中性，1 L 水样中加浓 HNO₃ 10 ml②	14 d	250	III
动植物油	G	加入 HCl 至 pH≤2	7 d	250	II
挥发酚**	G、P	用 H₃PO₄ 调至 pH=2，用 0.01~0.02 g 抗坏血酸除去余氯	24 h	1 000	I
甲醛	G	加入 0.2~0.5 g/L 硫代硫酸钠除去残余氯；1~5℃避光保存	24 h	250	I
挥发性有机物	G	用（1+10）HCl 调至 pH≤2，加入抗坏血酸 0.01~0.02 g 除去残余氯；1~5℃避光保存	12 h	1 000	
杀虫剂（包含有机氯、有机磷、有机氮）	G（溶剂洗，带聚四氟乙烯瓶盖）或 P（适用草甘膦）	1~5℃冷藏	萃取 5 d（萃取应在采样后 24 h 内完成）	1 000~3 000 不能用水样冲洗采样容器，不能水样充满容器	
除草剂类	G	加入抗坏血酸 0.01~0.02 g 除去残余氯；1~5℃避光保存	24 h	1 000	I
油类	G	用 HCl 酸化至 pH≤2	7 d	250	II

注：*表示应尽量做现场测定，**表示低温（0~4℃）避光保存。

　　G 为硬质玻璃瓶；P 为聚乙烯瓶。

　　①为单项样品的最少采样量；

　　②如用溶出伏安法测定，可改用 1L 水样中加 19 ml 浓 HClO₄。

　　I、II、III、IV、V 表示五种洗涤方法，如下：

　　I：洗涤剂洗一次，自来水洗三次，蒸馏水洗一次；

　　II：洗涤剂洗一次，自来水洗二次，1+3HNO₃ 荡洗一次，自来水洗三次，蒸馏水洗一次；

　　III：洗涤剂洗一次，自来水洗二次，1+3HNO₃ 荡洗一次，自来水洗三次，去离子水洗一次；

　　IV：铬酸洗液洗一次，自来水洗三次，蒸馏水洗一次；

　　V：用甲醇（或丙酮）及甲苯（或二氯甲烷）充分清洗。

　　当 AOX 水样中存在难溶解的无机氯化物、生物细胞（如微生物、藻类）等时，样品需要先酸化，放置 8 h 再分析。

6.2.4.2 样品运输

水样采集后必须立即送回实验室。若采样地点与实验室距离较远，应根据采样点的地理位置和每个项目分析前最长可保存时间，选用适当的运输方式，在现场工作开始之前，就要安排好水样的运输工作，以防延误。

水样运输前应将容器的外（内）盖盖紧。装箱时应用泡沫塑料等分隔，以防破损。同一采样点的样品应装在同一包装箱内，如需分装在两个或几个箱子中时，则需在每个箱内放入相同的现场采样记录表。运输前应检查现场记录上的所有水样是否全部装箱。要用醒目色彩在包装箱顶部和侧面标上"切勿倒置"的标记。每个水样瓶均需贴上标签，内容有采样点位编号、采样日期和时间、测定项目、保存方法，并写明是何种保存剂。

装有水样的容器必须加以妥善的保存和密封，并装在包装箱内固定，以防在运输途中破损。除了防震、避免日光照射和低温运输外，还要防止新的污染物进入容器和沾污瓶口使水样变质。

在水样运送过程中，应有押运人员，每个水样都要附有一张样品交接单。在转交水样时，转交人和接收人都必须清点和检查水样并在样品交接单上签字，注明日期和时间。样品交接单是水样在运输过程中的文件，应防止差错并妥善保管以备查。尤其是通过第三者把水样从采样地点转移到实验室分析人员手中时，这张样品交接单就显得更为重要了。

在运输途中，如果水样超过了保质期，管理员应对水样进行检查。如果决定仍然进行分析，那么在出报告时，应明确标出采样时间和分析时间。

6.2.5 留样

有污染物排放异常等特殊情况，要留样分析时，应针对具体项目的分析用量同时采集留样样品，并填写"留样记录表"，表中应涵盖以下内容：污染源名称、监测项目、采样点位、采样时间、样品编号、污水性质、污水流量、采样人姓名、留样时间、留样人姓名、固定剂添加情况、保存时间、保存条件及其他有关事项。

6.2.6　现场监测项目

废水现场监测项目主要涉及温度和 pH 两项。

6.2.6.1　温度

仪器设备：水温计为安装于金属半圆槽壳内的水银温度表（图 6-7），下端连接一金属贮水杯，温度表球部悬于杯中，温度表顶端的槽壳带一圆环，拴以一定长度的绳子。通常测量范围为 –6～40℃，分度为 0.2℃。

测定步骤：将水温计插入一定深度的水中，放置 5 min 后，迅速提出水面并读取温度值。

注意事项：

（1）当气温与水温相差较大时，尤应注意立即读数，避免受气温的影响，必要时，重复插入水中，再一次读数。

（2）当现场气温高于 35℃或低于 –30℃时，水温计在水中的停留时间要适当延长，以达到温度平衡。

（3）在冬季的东北地区读数应在 3 s 内完成，否则水温计表面会形成一层薄冰，影响读数的准确性。

图 6-7　水银温度表

6.2.6.2　pH

参见 6.3.2.1。

6.3　监测指标测试

6.3.1　测试方法概述

农药制造工业排污单位自行监测项目包括理化指标（如 pH、色度、悬浮物等）、无机阴离子（如硫化物、总氰化物等）、有机污染综合指标（如化学需氧量、五日生化需氧量、总有机碳等）、金属及其化合物（如总铜、总锌、总铅、总镉等）、有机污染物（如挥发酚、苯胺类等）以及生物监测指标（如急性毒性）等几大类。这些监测项目所涉及的分析方法主要包括重量法、分光光度法、容量分析法、原子吸收分光光度法、电感耦合等离子体发射光谱法、电感耦合等离子体质谱法、离子色谱法、原子荧光法、气相色谱法和气相色谱-质谱法等。

（1）重量法

重量法是将被测组分从试样中分离出来，经过精确称量来确定待测组分含量的分析方法。它是分析方法中最直接的测定方法，直接称量得到分析结果，不需标准试样或基准物质进行比较，具有精确度高等特点。图 6-8 为重量法所用的分析电子天平。

（2）分光光度法

测定样品的基本原理是利用朗伯-比尔定律，根据不同浓度样品溶液对光信号具有不同的吸光度，对待测组分进行定量测定。分光光度法是环境监测中常用的方法，具有灵敏度高、准确度高、适用范围广、操作简便和快速及价格低廉等特点。图 6-9 为分光光度法所用的分光光度计。

图 6-8　分析电子天平

图 6-9　分光光度计

（3）容量分析法

容量分析法是将一种已知准确浓度的标准溶液滴加到被测物质的溶液中，直到所加的标准溶液与被测物质按化学计量定量反应为止，然后根据标准溶液的浓度和用量计算被测物质的含量。按反应的性质，容量分析法可分为酸碱滴定法、氧化还原滴定法、络合滴定法和沉淀滴定法。容量分析法具有操作简便、快速、比较准确和仪器普通易得等特点。图 6-10 为滴定时所使用的套件。

图 6-10　滴定套件

适合容量分析的化学反应应该具备的条件有：

①反应必须定量进行而且进行完全；

②反应速度要快；

③有比较简便可靠的方法确定理论终点（或滴定终点）；

④共存物质不干扰滴定反应，或采用掩蔽剂等方法能予以消除。

（4）原子吸收分光光度法

原子吸收分光光度法的测量对象是呈原子状态的金属元素和部分非金属元素，是由待测元素灯发出的特征谱线通过供试品经原子化产生原子蒸气时，被蒸气中待测元素的基态原子吸收，通过测定辐射光强度减弱的程度，求出供试品中待测元素的含量，能够灵敏可靠地测定微量或痕量元素。它由光源、原子化器（分为火焰原子化器、石墨炉原子化器、氢化物发生原子化器及冷蒸气发生原子化器4种）、单色器、背景校正系统、自动进样系统和检测系统等组成。根据原子化器的不同其又可分为火焰原子吸收分光光度法、石墨炉原子吸收分光光度法、氢化物发生原子吸收分光光度法、冷原子吸收分光光度法。图6-11为分光光度法所用的火焰原子吸收光谱仪。

图 6-11　分光光度法所用的火焰原子吸收光谱仪

①火焰原子吸收分光光度法是最常用的技术，非常适合含有目标分析物的液体或溶解样品，适用于 mg/L 级的痕量元素检测。缺点是原子化效率低，灵敏度不够高，一般不能直接分析固体样品。

②石墨炉原子吸收能够分析低体积的液体样品，适用于实验室处理日常工作

中的复杂基质，可高效去除干扰，敏感度高于火焰原子吸收分析数个数量级，可以检测低至 μg/L 级的痕量元素。缺点：试样组成不均匀性的影响较大，共存化合物的干扰比火焰原子化法大，干扰背景比较严重，一般都需要校正背景。

③冷原子吸收分光光度法由汞蒸气发生器和原子吸收池组成，专门用于汞的测定。

（5）电感耦合等离子体发射光谱法

电感耦合等离子体发射光谱法是指以电感耦合等离子体作为激发光源，根据处于激发态的待测元素原子回到基态时发射的特征谱线，对待测元素进行分析的仪器。具有检出限低、准确度及精密度高、分析速度快等优点。图 6-12 为电感耦合等离子体光谱仪。

图 6-12　电感耦合等离子体光谱仪

（6）电感耦合等离子体质谱法

电感耦合等离子体质谱法是以独特的接口技术将电感耦合等离子体的高温电离特性与质谱检测器的灵敏快速扫描的优点相结合而形成一种高灵敏度的分析技术。水样经预处理后，采用电感耦合等离子体质谱进行检测，根据元素的质谱图或特征离子进行定性，内标法定量。具有灵敏度高、速度快，可在几分钟内完成几十个元素的定量测定的优点。常用于测定地下水中微量、痕量和超痕量的金属元素，以及某些卤素元素、非金属元素。图 6-13 为电感耦合等离子体质谱仪。

图 6-13　电感耦合等离子体质谱仪

（7）离子色谱法

离子色谱法是以低交换容量的离子交换树脂为固定相对离子性物质进行分离，用电导检测器连续检测流出物电导变化的一种色谱方法。主要用于环境样品的分析，包括地表水、饮用水、雨水、生活污水和工业废水、酸沉降物和大气颗粒物等样品中的阴、阳离子，与微电子工业有关的水和试剂中痕量杂质的分析。图 6-14 为离子色谱仪。

图 6-14　离子色谱仪

（8）原子荧光法

原子荧光法根据测量待测元素的原子蒸气在一定波长的辐射能激发下发射的荧光强度进行定量分析的方法，是测定微量砷、锑、铋、汞、硒、碲、锗等元素最成功的分析方法之一。图 6-15 为原子荧光光谱仪。

图 6-15　原子荧光光谱仪

（9）气相色谱法

气相色谱法主要是利用物质的沸点、极性及吸附性质的差异实现混合物的分离，然后利用检测器依次检测已分离出来的组分。能直接用于气相色谱分析的样品必须是气体或液体，具有快速、有效、灵敏度高等优点，常用的前处理方法有索氏提取法、超声提取法、振荡提取法、微波提取法等。图 6-16 为气相色谱仪。

图 6-16　气相色谱仪

（10）气相色谱-质谱法

气相色谱-质谱法中气相色谱对有机化合物具有有效的分离、分辨能力，而质谱则是准确鉴定化合物的有效手段，由两者结合构成的色谱-质谱联用技术，是分离和检测复杂化合物的最有力工具之一，可实现复杂体系中有机物的定性及定量测定。气相色谱-质谱分析虽然结果准确可靠，但相对于光谱分析等方法，其预处理、分析步骤较为复杂。图 6-17 为气相色谱-质谱联用仪。

图 6-17　气相色谱-质谱联用仪

6.3.2　指标测定

通过对农药制造工业自行监测指南废水监测项目的梳理，除现场测量的流量在前面已经介绍外，对其余的主要监测指标以及根据环评和地方要求需要监测的指标常用监测分析方法和注意事项分别进行介绍，排污单位根据排放污染物的特征及实验室实际情况选择事宜的监测方法开展自行监测。若有其他适用的方法，经过开展相关验证也可以使用。农药制造工业涉及的废水监测指标分析方法见表 6-3。

表 6-3　农药制造工业涉及的废水污染物分析方法标准

序号	污染物项目	标准名称	标准编号
1	pH	《水质　pH 的测定　电极法》	HJ 1147—2020
2	色度	《水质　色度的测定》	GB/T 11903—1989
3	悬浮物	《水质　悬浮物的测定　重量法》	GB 11901—1989
4	生化需氧量	《水质　五日生化需氧量（BOD_5）的测定　稀释与接种法》	HJ 505—2009
5	化学需氧量	《水质　化学需氧量的测定　重铬酸盐法》	GB/T 11914—1989
		《高氯废水　化学需氧量的测定　氯气校正法》	HJ/T 70—2001
		《高氯废水　化学需氧量的测定　碘化钾碱性高锰酸钾法》	HJ/T 132—2003

序号	污染物项目	标准名称	标准编号
6	总有机碳	《水质　总有机碳的测定　燃烧氧化-非分散红外吸收法》	HJ 501—2009
7	氨氮	《水质　氨氮的测定　蒸馏-中和滴定法》	HJ 537—2009
		《水质　氨氮的测定　水杨酸分光光度法》	HJ 536—2009
		《水质　氨氮的测定　纳氏试剂分光光度法》	HJ 535—2009
		《水质　氨氮的测定　气相分子吸收光谱法》	HJ/T 195—2005
		《水质　氨氮的测定　连续流动-水杨酸分光光度法》	HJ 665—2013
		《水质　氨氮的测定　流动注射-水杨酸分光光度法》	HJ 666—2013
8	总氮	《水质　总氮的测定　碱性过硫酸钾消解紫外分光光度法》	HJ 636—2012
		《水质　总氮的测定　气相分子吸收光谱法》	HJ/T 199—2005
		《水质　总氮的测定　连续流动-盐酸萘乙二胺分光光度法》	HJ 667—2013
		《水质　总氮的测定　流动注射-盐酸萘乙二胺分光光度法》	HJ 668—2013
9	总磷	《水质　总磷的测定　钼酸铵分光光度法》	GB/T 11893—1989
		《水质　磷酸盐和总磷的测定　连续流动-钼酸铵分光光度法》	HJ 670—2013
		《水质　总磷的测定　流动注射-钼酸铵分光光度法》	HJ 671—2013
10	全盐量	《水质　全盐量的测定　重量法》	HJ/T 51—1999
11	氟化物	《水质　氟化物的测定　茜素磺酸锆目视比色法》	HJ 487—2009
		《水质　氟化物的测定　氟试剂分光光度法》	HJ 488—2009
		《水质　氟化物的测定　离子选择电极法》	GB 7484—1987
12	硫化物（以 S 计）	《水质　硫化物的测定　亚甲基蓝分光光度法》	GB/T 16489—1996
		《水质　硫化物的测定　直接显色分光光度法》	GB/T 17133—1997
		《水质　硫化物的测定　气相分子吸收光谱法》	HJ/T 200—2005
13	总锌	《水质　锌的测定　双硫腙分光光度法》	GB/T 7472—1987
		《水质　铜、锌、铅、镉的测定　原子吸收分光光谱法》	GB/T 7475—1987
		《水质　65 种元素的测定　电感耦合等离子体质谱法》	HJ 700—2014
		《水质　32 种元素的测定　电感耦合等离子体发射光谱法》	HJ 776—2015

序号	污染物项目	标准名称	标准编号
14	总锰	《水质 锰的测定 高碘酸钾分光光度法》	GB/T 11906—1989
		《水质 铁、锰的测定 火焰原子吸收分光光度法》	GB/T 11911—1989
		《水质 65 种元素的测定 电感耦合等离子体质谱法》	HJ 700—2014
		《水质 32 种元素的测定 电感耦合等离子体发射光谱法》	HJ 776—2015
15	挥发酚	《水质 挥发酚的测定 4-氨基安替比林分光光度法》	HJ 503—2009
		《水质 挥发酚的测定 溴化容量法》	HJ 502—2009
16	总氰化物	《水质 氰化物的测定 容量法和分光光度》法	HJ 484—2009
		《水质 氰化物等的测定 真空检测管-电子比色法》	HJ 659—2013
17	可吸附有机卤素（AOX）	《水质 可吸附有机卤素（AOX）的测定 微库仑法》	GB/T 15959—1995
		《水质 可吸附有机卤素（AOX）的测定 离子色谱法》	HJ/T 83—2001
18	甲醛	《水质 甲醛的测定 乙酰丙酮分光光度法》	HJ 601—2011
19	三氯乙醛	《水质 三氯乙醛的测定 吡唑啉酮分光光度法》	HJ 50—1999
20	氯苯	《水质 氯苯类化合物的测定 气相色谱法》	HJ 621—2011
		《水质 挥发性有机物的测定 吹扫捕集/气相色谱-质谱法》	HJ 639—2012
		《水质 有机氯农药和氯苯类化合物的测定 气相色谱-质谱法》	HJ 699—2014
21	硝基苯类	《水质 硝基苯类化合物的测定 气相色谱-质谱法》	HJ 716—2014
		《水质 硝基苯类化合物的测定 气相色谱法》	HJ 592—2010
		《水质 硝基苯类化合物的测定 液液萃取/固相萃取-气相色谱法》	HJ 648—2013
22	苯胺类	《水质 苯胺类的测定 N-（1-萘基）乙二胺偶氮分光光度法》	GB 11889—1989
		《水质 苯胺类化合物的测定 气相色谱-质谱法》	HJ 822—2017
		《水质 17 种苯胺类化合物的测定 液相色谱-三重四极杆质谱法》	HJ 1048—2019
23	吡啶	《水质 吡啶的测定 顶空/气相色谱法》	HJ 1072—2019
24	苯、甲苯、二甲苯、乙苯	《水质 苯系物的测定 顶空/气相色谱法》	HJ 1067—2019
		《水质 挥发性有机物的测定 吹扫捕集/气相色谱-质谱法》	HJ 639—2012
		《水质 苯系物的测定 气相色谱法》	GB 11890—1989

序号	污染物项目	标准名称	标准编号
25	萘	《水质　多环芳烃的测定　液液萃取和固相萃取高效液相色谱法》	HJ 478—2009
26	草甘膦、辛硫磷、毒死蜱、丙溴磷、乐果、马拉硫磷、二嗪磷、草铵膦、乙酰甲胺磷、三唑磷、异稻瘟净、稻丰散、敌敌畏、敌百虫、氧乐果	《水质　有机磷农药的测定　气相色谱法》	GB/T 13192—1991
27	草甘膦	《水质　草甘膦的测定　高效液相色谱法》	HJ 1071—2019
28	氯氰菊酯、氯氟氰菊酯、烯丙菊酯、氰戊菊酯、甲氰菊酯	《水质　百菌清及拟除虫菊酯类农药的测定　气相色谱-质谱法》	HJ 753—2015
29	乙撑硫脲	《水质　乙撑硫脲的测定　液相色谱法》	HJ 849—2017
30	硝磺草酮	《水质　硝磺草酮的测定　液相色谱法》	HJ 850—2017
31	2甲4氯酸、2,4-滴酸	《水质　苯氧羧酸类除草剂的测定　液相色谱/串联质谱法》	HJ 770—2015
32	磺酰脲类（甲磺隆、氯磺隆、苄嘧磺隆、氯嘧磺隆）	《水质　磺酰脲类农药的测定　高效液相色谱法》	HJ 1015—2019
33	百菌清	《水质　百菌清和溴氰菊酯的测定　气相色谱法》	HJ 698—2014
		《水质　百菌清及拟除虫菊酯类农药的测定　气相色谱-质谱法》	HJ 753—2015
34	三氯杀螨醇、滴滴涕	《水质　有机氯农药和氯苯类化合物的测定　气相色谱-质谱法》	HJ 699—2014
35	灭多威、灭多威肟	《水质　灭多威和灭多威肟的测定　液相色谱法》	HJ 851—2017
36	莠去津	《水质　阿特拉津的测定　高效液相色谱法》	HJ 587—2010
		《水质　阿特拉津的测定　气相色谱法》	HJ 754—2015
37	百草枯	《水质　百草枯和杀草快的测定　固相萃取-高效液相色谱法》	HJ 914—2017
38	鱼类（斑马鱼）急性毒性	《工业废水的试验方法　鱼类急性毒性试验》	GB/T 21814—2008
		《水质　物质对淡水鱼（斑马鱼）急性毒性测定方法》	GB/T 13267—1991
39	蚤类（大型蚤）急性毒性	《水质　物质对蚤类（大型蚤）急性毒性测定方法》	GB/T 13266—1991
40	急性毒性	《水质　急性毒性的测定　发光细菌法》	GB/T 15441—1995

6.3.2.1 pH

（1）常用方法

pH 是水中氢离子活度的负对数，$pH = -\lg a_{H^+}$。pH 是环境监测中常用和重要的检验项目之一，可间接表示水的酸碱程度，测量常用的分析方法有《水质 pH 值的测定　电极法》（HJ 1147—2020）和便携式 pH 计法［《水和废水监测分析方法》（第四版）］。

（2）注意事项

①最好能够现场测定。若不能现场测定，则样品采集后，应保持在 0～4℃，并在 6 h 内进行测定。当 pH 大于 12 或小于 2 时，不宜使用便携式 pH 计法，以免损伤电极。

②便携式 pH 计由不同的复合电极构成时，其浸泡方式会有所不同，有些电极要用蒸馏水浸泡，有些则严禁用蒸馏水浸泡，要严格遵守操作手册，以免损伤电极。

③电极在使用前先放入蒸馏水中浸泡 24 h 以上。用完，冲洗干净，浸泡在纯水中。

④测定 pH 时，电极的球泡应全部浸入溶液中，并使其稍高于甘汞电极的陶瓷芯端，以免搅拌时碰坏。

⑤必须注意电极的内电极与球泡之间、甘汞电极的内电极和陶瓷芯之间不得有气泡，以防短路。

⑥测定 pH 时，为减少空气和水样中二氧化碳的溶入或挥发，在测水样之前，不应提前打开水样瓶。

⑦电极表面受到污染时，需进行处理。如果系附着无机盐结垢，可用温稀盐酸溶解；对钙、镁等难溶性结垢，可用 EDTA 二钠溶液溶解；沾有油污时，可用丙酮清洗。电极按上述方法处理后，应在蒸馏水中浸泡一昼夜再使用。注意忌用无水乙醇、脱水性洗涤剂处理电极。

6.3.2.2 色度

（1）常用方法

有色废水常给人以不愉快感，排入环境后又使天然水着色，减弱水体的透光性，影响水生生物的生长。水的色度单位是度，其常用的测定方法为《水质 色度的测定》（GB 11903—1989）。

（2）注意事项

①pH 对颜色有较大影响，在测定颜色时应同时测定 pH。

②所用与样品接触的玻璃器皿都要用盐酸或表面活性剂溶液加以清洗，最后用蒸馏水或去离子水洗净、沥干。

③样品采集在容积至少为 1L 的玻璃瓶内，并尽快分析。如果需要贮存，则将样品贮存于暗处，同时还要避免与空气接触，避免温度的变化。

6.3.2.3 悬浮物

（1）常用方法

水中的悬浮物是指水样通过孔径为 0.45 μm 的滤膜，截留在滤膜上并于 103～105℃烘干至恒重的物质。悬浮物的测定常用方法为《水质 悬浮物的测定 重量法》（GB 11901—1989）。

（2）注意事项

①所用聚乙烯瓶或硬质玻璃瓶要用洗涤剂清洗，再依次用自来水和蒸馏水冲洗干净。采样前用即将采集的水样清洗 3 次。采集 500～1 000 ml 样品，盖严瓶塞。

②采样时漂浮或浸没的不均匀固体物质不属于悬浮物，应从水样中除去。

③样品应尽快分析，如需放置，应贮存在 4℃冷藏箱中，但最长不得超过 7 d。采样时不能加任何保存剂，以防破坏物质在固、液间的分配平衡。

④滤膜上截留过多的悬浮物可能夹带过多的水分，除延长干燥时间外，还可能造成过滤困难，遇此情况，可酌情少取试样。

⑤滤膜上的悬浮物过少，则会增大称量误差，影响测定精度，必要时可增大试样体积，一般以 5～100 mg 悬浮物量作为量取试样体积的适用范围。

6.3.2.4　硫化物

（1）常用方法

硫化物是指水中溶解性无机硫化物和酸溶性金属硫化物的总和。包括溶解性的 H_2S、HS^-、S^{2-}，以及存在于悬浮物中可溶性硫化物和可溶性金属硫化物。常用方法有《水质　硫化物的测定　亚甲基蓝分光光度法》（GB/T 16489—1996）、《水质　硫化物的测定　直接显色分光光度法》（GB/T 17133—1997）、《水质　硫化物的测定　流动注射—亚甲基蓝分光光度法》（HJ 824—2017）、《水质　硫化物的测定　碘量法》（HJ/T 60—2000）和《水质　硫化物的测定　气相分子吸收光谱法》（HJ/T 200—2005）。

（2）注意事项

①硫离子很容易被氧化，硫化氢易从水样中逸出，在采样时应防止曝气，并加适量的氢氧化钠溶液和乙酸锌-乙酸钠溶液，使水样呈碱性并形成硫化锌沉淀。水样应充满瓶，瓶塞下不留空气。

②对于无色、透明、不含悬浮物的清洁水样，采用沉淀分离法测定。

③对于含悬浮物、浑浊度较高、有色、不透明的水样，采用酸化-吹气-吸收法测定。

④采样时，先在采样瓶中加入一定量的乙酸锌溶液，再加水样，然后滴加适量的氢氧化钠溶液，使呈碱性并生成硫化锌沉淀。

⑤硫化物含量过高时，在采样时可多加固定剂，直至完全沉淀。水样充满采样容器后立即密封保存。

⑥每批次样品须至少测定 2 个实验室空白，空白值不得超过方法检出限。否则应查明原因，重新分析直至合格之后才能测定样品。

6.3.2.5　总氰化物

（1）常用方法

氰化物是指在 pH<2 介质中，磷酸和 EDTA 存在下，加热蒸馏形成氰化氢的氰化物，包括全部简单氰化物（多为碱金属和碱土金属的氰化物、铵的氰化物）和绝大部分络合氰化物（锌氰络合物、铁氰络合物、镍氰络合物、铜氰络合物等），不包括钴氰络合物。常用分析方法有《水质　氰化物的测定　流动注射-分光光度法》（HJ 823—2017）、《水质　氰化物的测定　容量法和分光光度法》（HJ 484—2009）和《水质　氰化物等的测定　真空检测管-电子比色法》（HJ 659—2013）。

（2）注意事项

①氰化物属于剧毒物质，操作时应按规定要求佩戴防护器具，应避免接触皮肤和衣物，检测后的残渣废液应做妥善的安全处理。

②有明显颗粒物或沉淀的样品时，应用超声仪超声粉碎后进样。

③当样品中含有大量硫化物时，应先加碳酸镉或碳酸铅固体粉末，除去硫化物后，再加氢氧化钠固定。否则，在碱性条件下，氰离子和硫离子作用成硫氰酸离子而干扰测定。

④分析过程中有氰化物的废液产生，应集中回收，委托有资质的废弃物专业处理公司处理。

⑤在废液收集瓶中，应加入氢氧化钠使得 pH≥11（一般每升废液中加入约 7 g 氢氧化钠），以防止气态 HCN 逸出。应定期摇动废液瓶，以防在瓶中形成浓度梯度。

⑥应注意流动注射仪管路系统的保养，经常清洗管路；每次实验前都应检查泵管是否磨损，并及时更换已损坏的泵管。

6.3.2.6　化学需氧量

（1）常用方法

化学需氧量（COD_{Cr}）是指在强酸并加热条件下，用重铬酸钾作为氧化剂处理水样时所消耗氧化剂的量。常用分析方法有《水质　化学需氧量的测定　重铬酸盐法》（HJ 828—2017）、《水质　化学需氧量的测定　快速消解分光光度法》（HJ/T 399—2007)和《高氯废水　化学需氧量的测定　氯气校正法》(HJ/T 70—2001）。

（2）注意事项

①实验试剂硫酸汞剧毒，实验人员应避免与其直接接触。样品前处理过程应在通风橱中进行。该方法的主要干扰物为氯化物，可加入硫酸汞溶液去除。经回流后，氯离子可与硫酸汞结合成可溶性的氯汞配合物。硫酸汞溶液的用量可根据水样中氯离子的含量，按质量比 $m[HgSO_4] : m[Cl^-] \geqslant 20 : 1$ 的比例加入，最大加入量为 2 ml（按照氯离子最大允许浓度 1 000 mg/L 计）。水样中氯离子的含量可采用《水质　氯化物的测定　硝酸银滴定法》（GB 11896）或《水质　化学需氧量的测定　重铬酸盐法》（HJ 828—2017）附录 A 进行测定或粗略判定。

②采集水样的体积不得少于 100 ml，采集的水样应置于玻璃瓶中，并尽快分析。如不能立即分析时，应加入硫酸至 pH<2，置于 4℃以下保存，保存时间不能超过 5 d。

③对于污染严重的水样，可选取所需体积的 1/10 的水样放入硬质玻璃管，加入 1/10 的试剂，摇匀后加热沸腾数分钟，观察溶液是否变成蓝绿色。若呈蓝绿色，应再适当少取水样，直至溶液不变蓝绿色为止，从而可以确定待测水样的稀释倍数。

④消解时应使溶液缓慢沸腾，不宜爆沸。如出现爆沸，说明溶液中出现局部过热，会导致测定结果有误。爆沸的原因可能是加热过于激烈，或是防爆沸玻璃珠的效果不好。

6.3.2.7　五日生化需氧量

（1）常用方法

水中所含的有机物成分复杂，难以一一测定其成分。人们常常利用水中有机物在一定条件下所消耗的氧来间接表示水体中有机物的含量，生化需氧量即属于这类的重要指标之一。常用分析方法是《水质 五日生化需氧量（BOD$_5$）的测定 稀释与接种法》（HJ 505—2009）。

（2）注意事项

①丙烯基硫脲属于有毒化合物，操作时应按规定要求佩戴防护器具，避免接触皮肤和衣物；标准溶液的配制应在通风橱内进行；检测后的残渣废液应做妥善的安全处理。

②采集的样品应充满并密封于棕色玻璃瓶中，样品量不小于 1 000 ml，在 0～4℃的暗处运输保存，并于 24 h 内尽快分析。24 h 内不能分析，可冷冻保存（冷冻保存时避免样品瓶破裂），冷冻样品分析前须解冻、均质化和接种。

③若样品中的有机物含量较多，BOD$_5$ 的质量浓度大于 6 mg/L，样品需适当稀释后测定。

④对不含或含微生物少的工业废水，如酸性废水、碱性废水、高温废水、冷冻保存的废水或经过氯化处理等的废水，在测定 BOD$_5$ 时应进行接种，以引进能分解废水中有机物的微生物。

⑤当废水中存在难以被一般生活污水中的微生物以正常的速度降解的有机物或含有剧毒物质时，应将驯化后的微生物引入水样中进行接种。

⑥每一批样品做两个分析空白试样，稀释空白试样的测定结果不能超过 0.5 mg/L，非稀释接种法和稀释接种法空白试样的测定结果不能超过 1.5 mg/L，否则应检查可能的污染来源。

6.3.2.8 氨氮

（1）常用方法

氨氮（NH$_3$-N）以游离氮（NH$_3$）或铵盐（NH$_4^+$）形式存在于水中。氨氮常用测定方法有《水质 氨氮的测定 蒸馏-中和滴定法》（HJ 537—2009）、《水质 氨氮的测定 气相分子吸收光谱法》（HJ/T 195—2005）、《水质 氨氮的测定 纳氏试剂分光光度法》（HJ 535—2009）、《水质 氨氮的测定 水杨酸分光光度法》（HJ 536—

2009)、《水质　氨氮的测定　连续流动-水杨酸分光光度法》（HJ 665—2013）和《水质　氨氮的测定　流动注射-水杨酸分光光度法》（HJ 666—2013）。

（2）注意事项

①水样采集在聚乙烯或玻璃瓶内，要尽快分析。如需保存，应加硫酸使水样酸化至 pH<2，2~5℃下可保存 7 d。

②水样中含有悬浮物、余氯、钙镁等金属离子、硫化物和有机物时，会产生干扰，含有此类物质时要做适当处理，以消除对测定的影响。

③如果水样的颜色过深、含盐量过多，酒石酸钾盐对水样中的金属离子掩蔽能力不够，或水样中存在高浓度的钙、镁和氯化物时，需要预蒸馏。

④试剂和环境温度影响分析结果，冰箱贮存的试剂需放置到室温后再分析，分析过程中室温波动不超过±5℃。

⑤当同批分析的样品浓度波动大时，可在样品与样品之间插入空白试样分析，以减小高浓度样品对低浓度样品的影响。

⑥标定盐酸标准滴定溶液时，至少平行滴定 3 次，平行滴定的最大允许偏差不大于 0.05 ml。

⑦分析过程中发现检测峰峰型异常，一般情况下平峰为超量程，双峰为基体干扰，不出峰为泵管堵塞或试剂失效。

⑧每天分析完毕后，用纯水对分析管路进行清洗，并及时将流动检测池中的滤光片取下放入干燥器中，防尘防湿。

6.3.2.9　总氮

（1）常用方法

总氮指能测定的样品中溶解态氮及悬浮物中氮的总和，包括亚硝酸盐氮、硝酸盐氮、无机铵盐、溶解态氮及大部分有机含氮化合物中的氮。常用测定方法有《水质　总氮的测定　碱性过硫酸钾消解紫外分光光度法》（HJ 636—2012）、《水质　总氮的测定　连续流动-盐酸萘乙二胺分光光度法》（HJ 667—2013）、《水质

总氮的测定　流动注射-盐酸萘乙二胺分光光度法》（HJ 668—2013）和《水质　总氮的测定　气相分子吸收光谱法》（HJ/T 199—2005）。

（2）注意事项

①将采集好的样品贮存在聚乙烯瓶或硬质玻璃瓶中，用浓硫酸调节 pH 至 1～2，常温下可保存 7 d。贮存在聚乙烯瓶中，–20℃冷冻，可保存 1 个月。

②某些含氮有机物在本标准规定的测定条件下不能完全转化为硝酸盐。

③测定应在无氨的实验室环境中进行，避免环境交叉污染对测定结果产生影响。

④实验所用的器皿和高压蒸汽灭菌器等均应无氨污染。实验所用的玻璃器皿应用盐酸溶液或硫酸溶液浸泡，用自来水冲洗后再用无氨水冲洗数次，洗净后立即使用。高压蒸汽灭菌器应每周清洗。

⑤在碱性过硫酸钾溶液配制过程中，温度过高会导致过硫酸钾分解失效，因此要控制水浴温度在 60℃以下，而且应待氢氧化钠溶液冷却至室温后，再将其与过硫酸钾溶液混合、定容。

⑥使用高压蒸汽灭菌器时，应定期检定压力表，并检查橡胶密封圈密封情况，避免因漏气而减压。

⑦当同批分析的样品浓度波动大时，可在样品与样品之间插入空白当试样分析，以减小高浓度样品对低浓度样品的影响。

6.3.2.10　总磷

（1）常用方法

总磷的常用测定方法有《水质　总磷的测定　钼酸铵分光光度法》（GB 11893—1989）、《水质　磷酸盐和总磷的测定　连续流动-钼酸铵分光光度法》（HJ 670—2013）和《水质　总磷的测定　流动注射-钼酸铵分光光度法》（HJ 671—2013）。

（2）注意事项

①用硝酸-高氯酸消解需要在通风橱中进行。高氯酸和有机物的混合物经加热

易发生危险，需将试样先用硝酸消解，然后再加入高氯酸消解。

②在采样前，用水冲洗所有接触样品的器皿，样品采集于清洗过的聚乙烯或玻璃瓶中。用于测定磷酸盐的水样，取样后于 0～4℃暗处保存，可稳定 24 h。用于测定总磷的水样，采集后应立即加入硫酸至 pH≤2，常温可保存 24 h；于-20℃冷冻，可保存 1 个月。

③对于磷酸含量较少的样品（磷酸盐或总磷浓度≤0.1 mg/L），不可用聚乙烯瓶保存，冷冻保存状态除外。

④绝不可把消解的试样蒸干。

⑤如消解后有残渣时，用滤纸过滤于具塞比色管中。

⑥水样中的有机物用过硫酸钾氧化不能完全破坏时，可用此法消解。

⑦当同批分析的样品浓度波动较大时，可在样品与样品之间插入空白当试样分析，以减小高浓度样品对低浓度样品的影响。

⑧每次分析完毕后，用纯水对分析管路进行清洗，并及时将流动检测池中的滤光片取下放入干燥器中，防尘防湿。

6.3.2.11　总有机碳

（1）常用方法

总有机碳（TOC），是以碳的含量表示水体中有机物质总量的综合指标，常用测定方法是《水质　总有机碳的测定　燃烧氧化-非分散红外吸收法》（HJ 501—2009）。

（2）注意事项

①水样应采集在棕色玻璃瓶中并应充满采样瓶，不留顶空。水样采集后应在24 h 内测定。否则应加入硫酸将水样酸化至 pH≤2，在 4℃条件下可保存 7 d。

②当水中苯、甲苯、环己烷和三氯甲烷等挥发性有机物含量较高时，宜用差减法测定；当水中挥发性有机物含量较少而无机碳含量相对较高时，宜用直接法测定。

③当元素碳微粒（煤烟）、碳化物、氰化物、氰酸盐和硫氰酸盐存在时，可与

有机碳同时测出。

④水中含大颗粒悬浮物时，由于受自动进样器孔径的限制，测定结果不包括全部颗粒态有机碳。

⑤每次实验前应检测无二氧化碳水的 TOC 含量，测定值应不超过 0.5 mg/L。

6.3.2.12　总汞

（1）常用方法

水中的总汞是指未经过滤的样品经消解后测得的汞，包括无机的、有机结合的、可溶的和悬浮的全部汞。常用的测定方法主要有《水质　总汞的测定　冷原子吸收分光光度法》（HJ 597—2011）、《水质　汞、砷、硒、铋和锑的测定　原子荧光法》（HJ 694—2014）和《水质　总汞的测定　高锰酸钾-过硫酸钾消解法　双硫腙分光光度法》（GB/T 7469—1987）。

（2）注意事项

①样品采集后应当按照每升水样加入 5 ml 盐酸的比例添加保存剂。

②测定可滤态汞时，采样后尽快通过 0.45 μm 滤膜过滤，然后再按要求添加保存剂。

③实验所用试剂（尤其是高锰酸钾）中的汞含量对空白试验测定值影响较大。因此，实验中应选择汞含量尽可能低的试剂。

④在样品还原前，所有试剂和试样的温度应保持一致（<25℃）。环境温度低于 10℃时，灵敏度会明显降低

⑤汞的测定易受到环境中的汞污染，在汞的测定过程中应加强对环境中汞的控制，保持清洁、加强通风。

⑥水蒸气对汞的测定有影响，会导致测定时响应值降低，应注意保持连接管路和汞吸收池干燥。可通过红外灯加热的方式去除汞吸收池中的水蒸气。

⑦反应装置的连接管宜采用硼硅玻璃、高密度聚乙烯、聚四氟乙烯、聚砜等材质，不宜采用硅胶管。

⑧实验中产生的废液和废物不可随意倾倒，应置于密闭容器中保存，委托有资质单位处理。

6.3.2.13 总砷

（1）常用方法

水中的总砷是指未经过滤的样品经消解后测得的砷，包括单体形态、无机和有机结合化合物中砷的总量。常用的测定方法主要有《水质　汞、砷、硒、铋和锑的测定　原子荧光法》（HJ 694—2014）、《水质　65 种元素的测定　电感耦合等离子体质谱法》（HJ 700—2014）、《水质　总砷的测定　二乙基二硫代氨基甲酸银分光光度法》（GB 7485—1987）和《水质　32 种元素的测定　电感耦合等离子体发射光谱法》（HJ 776—2015）。

（2）注意事项

①样品采集后应当按照每升水样加入 2 ml 盐酸的比例添加保存剂。

②测定可滤态砷时，采样后尽快通过 0.45 μm 滤膜过滤，然后再按要求添加保存剂。

③砷化氢为剧毒气体，故砷化氢发生系统应严防漏气。加入锌粒后要立即接好导气管，以免砷化氢中毒且影响测定结果。应在通风良好的条件下操作。

④三氧化二砷为剧毒药品，建议购买砷标准中间液，避免中毒。

⑤盐酸、硝酸均具有强烈的化学腐蚀性和刺激性，操作时应按规定要求佩戴防护器具，并在通风橱中进行，避免酸雾吸入呼吸道和接触皮肤、衣物。

⑥测定试样（或空白试样）：每个试样测定前，先用硝酸和水的体积比为2∶98（2+98）的稀硝酸溶液冲洗系统直到信号降至最低，待分析信号稳定后才可开始测定。

⑦样品采集后立即加硝酸酸化至 pH 为 1～2，正常情况下每 1 000 ml 水样加2 ml 浓硝酸。

⑧实验用的玻璃器皿或塑料器皿洗涤干净后，在稀硝酸溶液中浸泡至少 12 h，

使用前用蒸馏水冲洗干净。

⑨实验过程中产生的废液应集中收集,并清楚地做好标记贴上标签,委托有资质的单位处理。

6.3.2.14　总镍

（1）常用方法

水中的总镍是指未经过滤的样品经消解后测得的镍的总量。常用的测定方法主要有《水质　镍的测定　火焰原子吸收分光光度法》（GB 11912—1989）、《水质　65 种元素的测定　电感耦合等离子体质谱法》（HJ 700—2014）、《水质　镍的测定　丁二酮肟分光光度法》（GB 11910—1989）和《水质　32 种元素的测定　电感耦合等离子体发射光谱法》（HJ 776—2015）。

（2）注意事项

①测定地表水和地下水中总镍时,只能使用电感耦合等离子体质谱法;测定工业废水和受镍污染的环境水中总镍时,三种方法均可使用。使用前应注意不同方法的适用范围。

②样品采集后应当立即加入硝酸调节水样 pH 至 1～2。

③测定可滤态镍时,采样后尽快通过 0.45 μm 滤膜过滤,然后加入硝酸调节水样 pH。

④实验用的玻璃器皿或塑料器皿洗涤干净后,在稀硝酸溶液中浸泡至少 12 h,使用前用蒸馏水冲洗干净。

⑤实验过程中产生的废液应集中收集,并清楚地做好标记贴上标签,委托有资质的单位处理。

6.3.2.15　六价铬

（1）常用方法

地表水和工业废水中六价铬的测定常用方法为《水质　六价铬的测定　二苯

碳酰二肼分光光度法》（GB/T 7467—1987）。

（2）注意事项

①所有玻璃仪器都不能使用重铬酸钾洗液洗涤，可用硝酸、硫酸混合液或洗涤剂洗涤。玻璃器皿内壁应保持光洁，防止铬被吸附。

②实验室样品应当使用玻璃瓶采集，采集后应加入氢氧化钠，调节样品 pH 约为 8，尽快测定，如需放置，不宜超过 24 h。

③样品经锌盐沉淀分离法前处理后，仍含有机物干扰测定时，可用酸性高锰酸钾氧化法破坏有机物后再测定。

6.3.2.16　总铜

（1）常用方法

水中的总铜是指未经过滤的水样，经消解后测得的铜。常用的测定方法主要有《水质　铜、锌、铅、镉的测定　原子吸收分光光度法》（GB 7475—1987）、《水质　铜的测定　2,9-二甲基-1,10-菲啰啉分光光度法》（HJ 486—2009）、《水质　铜的测定　二乙基二硫代氨基甲酸钠分光光度法》（HJ 485—2009）、《水质　65 种元素的测定　电感耦合等离子体质谱法》（HJ 700—2014）和《水质　32 种元素的测定　电感耦合等离子体发射光谱法》（HJ 776—2015）。

（2）注意事项

①用聚乙烯塑料瓶采集样品。采样瓶先用洗涤剂洗净，再在硝酸溶液中浸泡 24 h 以上，使用前用水冲洗干净，采样后立即加硝酸酸化至 pH 为 1～2。

②每批样品至少做 2 个实验室空白，空白值应低于方法测定下限。否则应检查实验用水质量、试剂纯度、器皿洁净度及仪器性能等。

③实验过程中产生的废液和废物应分类收集和保管，委托有资质的单位处理。

6.3.2.17　总铅

（1）常用方法

水中的总铅是指未经过滤的水样，经消解后测得的铅。常用的测定方法主要有《水质　铜、锌、铅、镉的测定　原子吸收分光光度法》《水质　铅的测定　双硫腙分光光度法》（GB 7470—1987）、《水质　65 种元素的测定　电感耦合等离子体质谱法》和《水质　32 种元素的测定　电感耦合等离子体发射光谱法》。

（2）注意事项

①用聚乙烯塑料瓶采集样品。采样瓶先用洗涤剂洗净，再在硝酸溶液中浸泡，使用前用水冲洗干净。

②采样后，每 1 000 ml 水样立即加入 2.0 ml 硝酸酸化至 pH 约为 1.5，加入 5 ml 碘溶液以免挥发性有机铅化合物在水样处理和消化过程中损失。

③所用玻璃仪器，在使用前都应用硝酸清洗，并用自来水和无铅蒸馏水冲洗洁净。

6.3.2.18　总锌

（1）常用方法

水中的总锌是指未经过滤的水样，经消解后测得的锌。常用的测定方法主要有《水质　铜、锌、铅、镉的测定　原子吸收分光光度法》《水质　锌的测定　双硫腙分光光度法》（GB 7472—1987）、《水质　65 种元素的测定　电感耦合等离子体质谱法》和《水质　32 种元素的测定　电感耦合等离子体发射光谱法》。

（2）注意事项

①用聚乙烯塑料瓶采集样品。采样瓶先用洗涤剂洗净，再在硝酸溶液中浸泡 24 h，使用前用无锌水冲洗干净。

②采样后，每 1 000 ml 水样立即加入 2.0 ml 硝酸酸化至 pH 约为 1.5。

③所用玻璃器皿均先后用（1+1）硫酸和无锌水浸泡和洗净。

6.3.2.19　总镉

（1）常用方法

水中的总镉是指未经过滤的水样，经消解后测得的镉。常用的测定方法主要有《水质　铜、锌、铅、镉的测定　原子吸收分光光度法》《水质　镉的测定　双硫腙分光光度法》（GB 7471—1987）、《水质　65 种元素的测定　电感耦合等离子体质谱法》和《水质　32 种元素的测定　电感耦合等离子体发射光谱法》。

（2）注意事项

①用聚乙烯塑料瓶采集样品。采样瓶先用洗涤剂洗净，再在盐酸溶液中浸泡，使用前用自来水和去离子水冲洗干净。

②采样后，每 1 000 ml 水样立即加入 2.0 ml 硝酸酸化至 pH 约为 1.5。

③所用玻璃器皿使用前应用盐酸浸泡，再用自来水和去离子水冲洗干净。

④实验所用的氢氧化钠-氰化钾溶液有剧毒，称量和配制时要特别小心，取时要戴胶皮手套，避免沾污皮肤。

⑤禁止用嘴通过移液管来吸取氰化钾溶液。

6.3.2.20　挥发酚

（1）常用方法

水中的挥发酚是指能够随水蒸气蒸馏出来和特定物质发生特定化学反应的挥发性酚类化合物，结果均以苯酚计。常用的测定方法主要有《水质　挥发酚的测定　4-氨基安替比林分光光度法》（HJ 503—2009）、《水质　挥发酚的测定　流动注射-4-氨基安替比林分光光度法》（HJ 825—2017）和《水质　挥发酚的测定　溴化容量法》（HJ 502—2009）。

（2）注意事项

①注意不同方法的适用范围。溴化容量法只适用于高浓度工业废水中挥发酚的测定，分光光度法适用于不同类型水质中挥发酚的测定。

②测定中氧化剂、油类、硫化物、有机或无机还原性物质和苯胺类会干扰酚的测定，消除方法参见具体的分析方法。

③样品采集量应大于 500 ml，贮于硬质玻璃瓶中。

④在样品采集现场，用淀粉碘化钾试纸检测样品中有无游离氯等氧化剂的存在。若试纸变蓝，应及时加入过量硫酸亚铁去除。

⑤采集后的样品应及时加入磷酸酸化至 pH 约为 4.0，并加适量硫酸铜，使样品中的硫酸铜质量浓度约为 1 g/L，以抑制微生物对酚类的生物氧化作用。

⑥采集后的样品应在 4℃下冷藏，24 h 内进行测定。

⑦每次实验前后，应清洗整个蒸馏设备。

⑧不得用橡胶塞、橡胶管连接蒸馏瓶及冷凝器，以防止对测定产生干扰。

⑨实验过程中产生的废液应集中收集，并清楚地做好标记贴上标签，委托有资质的单位处理。

6.3.2.21　动植物油类

（1）常用方法

水中动植物油类是指在 pH≤2 的条件下，能够被四氯乙烯萃取且被硅酸镁吸收的物质。常用的测定方法为《水质　石油类和动植物油类的测定　红外分光光度法》（HJ 637—2018）。

（2）注意事项

①用采样瓶采集约 500 ml 水样后，加入盐酸溶液酸化至 pH≤2。

②如样品不能在 24 h 内测定，应在 0～4℃冷藏保存，3 d 内测定。

③实验中使用的四氯乙烯须符合品质相关要求，避光保存。

④同一批样品测定所使用的四氯乙烯应来自同一瓶，如样品数量多，可将多瓶四氯乙烯混合均匀后使用。

⑤所有使用完的器皿置于通风橱内挥发完后清洗。

⑥四氯乙烯废液应集中存放于密闭容器中，并做好相应标识，委托有资质的

单位处理。

6.3.2.22 苯胺类

（1）常用方法

水中苯胺类化合物的测定常用方法主要有《水质　苯胺类化合物的测定　气相色谱-质谱法》（HJ 822—2017）、《水质　苯胺类化合物的测定 N-（1-萘基）乙二胺偶氮分光光度法》（GB 11889—1989）和《水质　17 种苯胺类化合物的测定法　液相色谱-三重四极杆质谱法》（HJ 1048—2019）。

（2）注意事项

①注意不同方法的适用范围。气相色谱-质谱法规定了 19 种苯胺类化合物及验证后其他苯胺类化合物的测定；分光光度法适用于染料、制药等废水中芳香族苯胺类化合物的测定。

②相关溶液配制应在通风橱中进行，操作时应按规定佩戴防护器具，避免吸入或接触皮肤和衣物。

③样品应用玻璃瓶采集，水样充满样品瓶，不留空隙。

④样品应在 4℃下冷藏保存。气相色谱-质谱法规定样品必须在采集后 7 d 内萃取，萃取液在 40 d 内完成分析；分光光度法则规定保存不超过两周。

⑤实验过程中产生的废液应集中收集，并清楚地做好标记贴上标签，委托有资质的单位进行处理。

6.3.2.23 烷基汞

（1）常用方法

水中烷基汞常用的分析方法有《水质　烷基汞的测定　气相色谱法》（GB/T 14204—1993）和《水质　烷基汞的测定　吹扫捕集/气相色谱-冷原子荧光光谱法》（HJ 977—2018）。

（2）注意事项

①相关溶液配制应在通风橱中进行，操作时应按规定佩戴防护器具，避免吸入或接触皮肤和衣物。

②样品应当采集在塑料品中，如果样品不能及时分析，应在样品瓶中预先加入硫酸铜，在 4℃下避光冷藏保存。

③实验所用的器皿应在硝酸溶液中浸泡至少 24 h，用水洗净。玻璃瓶放入马弗炉于 400℃下灼烧 4 h，冷却后使用。

6.3.2.24　硝基苯类

（1）常用方法

水中硝基氯苯类常用的分析方法有《水质　硝基苯类化合物的测定　液液萃取/固相萃取-气相色谱法》（HJ 648—2013）、《水质　硝基苯类化合物的测定　气相色谱法》（HJ 592—2010）和《水质　硝基苯类化合物的测定　气相色谱-质谱法》（HJ 716—2014）。

（2）注意事项

①采集水样时不要用水样预洗采样瓶，水样应充满采样瓶，并加盖密封。若水中有余氯存在，要在每升水中加入 80 g 硫代硫酸钠除氯。

②水样应避光于 4℃冷藏，7 d 内完成萃取，萃取后 40 d 内完成分析。

③使用 HJ 592—2010 进行分析时，应当采集 1 000 ml 水样，若水样不能在 24 h 内测定，需加入浓硫酸调节 pH≤3，样品在 7 d 内萃取，萃取液 4℃下避光保存，应在 30 d 内进行分析。

④硝基苯类化合物具有一定的毒性，应尽量减少与这些化学品的直接接触，操作时按照规定佩戴防护器具，并在通风橱中进行标准溶液的配制。

⑤实验过程中产生的废液及分析后的高浓度样品，应放置于适当的密闭容器中保存，并委托有资质的单位进行处理。

6.3.2.25　二氯甲烷

（1）常用方法

二氯甲烷常用的分析方法为《水质　挥发性卤代烃的测定　顶空气相色谱法》（HJ 620—2011）。

（2）注意事项

①相关标准样品在使用时应在通风橱中进行，操作时应按规定佩戴防护器具，避免吸入或接触皮肤和衣物。

②使用 40 ml 采样瓶采集样品。采样时样品沿瓶壁注入，防止气泡产生，水样充满后不留液上空间。

③如果水样中含有余氯，向采样瓶中加入 0.3～0.5 g 抗坏血酸或硫代硫酸钠。

④每批样品应带一个全程序空白。

⑤水样采集后应立即放入 4℃左右冷藏箱内，尽快分析，如不能及时分析，可在 4℃冰箱中保存，样品存放区域无有机物干扰，7 d 内完成样品分析。

⑥高浓度样品与低浓度样品交替分析会造成干扰，当分析完高浓度样品后应分析一个空白以防止交叉污染。

⑦顶空瓶可重复使用，但需用洗涤剂洗净，再依次用自来水和蒸馏水多次淋洗，最后用 105℃烘 1 h，取出放冷，置于无有机试剂的区域备用。

⑧密封垫在使用前应清洗并烘干，但烘箱温度要低于 60℃。清洗后的密封垫放入洁净的铝箔密封袋或干净的玻璃试剂瓶中保存。

6.3.2.26　急性毒性

（1）常用方法

通过生物发光光度计测定水样的相对发光度来表示其急性毒性水平，常用方法为《水质　急性毒性的测定　发光细菌法》（GB/T 15441—1995）以及利用生物来判断毒性，常用的方法为《工业废水的试验方法　鱼类急性毒性试验》（GB/T 21814—2008）、《水质　物质对淡水鱼（斑马鱼）急性毒性测定方法》（GB/T 13267—1991）和《水质　物质对蚤类（大型蚤）急性毒性测定方法》（GB/T 13266—1991）。

（2）注意事项

①采样瓶使用带有聚四氟乙烯衬垫的玻璃瓶，务必清洁、干燥。采样时，瓶内应充满水样不留空气。采样后用塑胶带将瓶口密封。

②毒性测定应在 6 h 内进行，否则应在 2～5℃下保存样品，但不得超过 24 h。报告中应写明水样采集时间和测定时间。

③对于含有固体悬浮物的样品须离心或过滤去除，以免干扰测定。

④测试室温在 20～25℃，同一批样品在测试过程中温度变化不超过±1℃，且所有测试器皿及试剂、溶液测前 1 h 均置于控温的测试室内。

⑤样品 3 次重复测定结果的相对偏差应不大于 15%。

6.3.2.27　全盐量

（1）常用方法

全盐量是单位体积水中所含各种溶解盐类的总和，即单位体积水中总阳离子和总阴离子含量之和，常用测定方法为《水质　全盐量的测定　重量法》（HJ/T 51—1999）。

（2）注意事项

①使用过的烧结玻璃坩埚可用每升含 8 g Na$_2$-EDTA 和 25 ml 乙醇胺的水溶液坩埚浸泡过夜，然后将坩埚在抽滤情况下用水充分洗涤。

②用少量无灰滤纸的纸浆与硫酸钡混合，能改善过滤效果并防止沉淀产生蠕升现象。

③使用铂蒸发皿或铂坩埚之前，先查阅铂器皿使用的注意事项。

6.3.2.28 氟化物

（1）常用方法

氟化物广泛存在于天然水体中，常用的测定方法为《水质 氟化物的测定 茜素磺酸锆目视比色法》（HJ 487—2009）、《水质 氟化物的测定 氟试剂分光光度法》（HJ 488—2009）、《水质 氟化物的测定 离子选择电极法》（GB 7484—87）。

（2）注意事项

①必须用聚乙烯瓶采集和贮存水样。

②电极使用后应用水充分冲洗干净，并用滤纸吸去水分，放在空气中，或者放在稀的氟化物标准溶液中。

③不得用手接触电极的膜表面。

④亚砷酸为剧毒物质，防止对人体产生危害。

⑤测定时，应调节温度，使试样与标准系列之间的温度不得超过 25℃。

6.3.2.29 总锰

（1）常用方法

水中的总锰是指未经过滤的样品经消解后测得的锰的总量，包括可溶态二价锰、络合物中三价锰和悬浮物中四价锰，常用的测定方法为《水质 锰的测定 高碘酸钾分光光度法》（GB/T 11906—89）、《水质 铁、锰的测定 火焰原子吸收分光光度法》（GB/T 11911—1989）、《水质 32 种元素的测定 电感耦合等离子体发射光谱法》（HJ 776—2015）。

（2）注意事项

①酸度是发色完全与否的关键条件，pH 应控制在 7～8.3，本方法选用 pH 为 7.3～7.8。

②试样加热消解，切勿蒸至干枯。

③硫酸浓度较高时易产生分子吸收，宜采用盐酸和硝酸介质为好。

④当样品的无机盐含量高时，采用塞曼效应扣除背景值，无此条件时，也可采用临近吸收线法扣除背景吸收。

⑤为避免稀释误差，在测定含量较高的水样时，可选用次灵敏线测量。

6.3.2.30　可吸附有机卤素（AOX）

（1）常用方法

水中可吸附有机卤素常用的分析方法有《水质　可吸附有机卤素（AOX）的测定　微库仑法》（GB/T 15959—1995）、《水质　可吸附有机卤素（AOX）的测定　离子色谱法》（HJ/T 83—2001）。

（2）注意事项

①活性炭容易吸附化合物，它暴露在空气中 5 d 后就失去了活性。为了减少炭的空白值，取 1.5～2 g 合格的活性炭置于封闭的玻璃瓶中备用（当天用量）。密封瓶中的活性炭一经打开必须当天使用，剩余不能再用。

②购买的活性炭具有适当的吸附能力和低的无机氯化物含量，或色谱纯的活性炭可以作为测定 AOX 用。

③纯化后的活性炭开封后，仅限当日使用，否则必须做纯化处理。

④普通氧气和医用氧气中含有微量杂质，干扰测定，必须通过净化装置净化过方可使用。

⑤每批样品至少做两个全程序空白实验和分析步骤的验证实验。

⑥使用过的气泡式吸收管，须用（1+2）硝酸浸泡过夜，用水冲洗，再用去离子水清洗干净后方可使用。

6.3.2.31　甲醛

（1）常用方法

甲醛常用的分析方法为《水质　甲醛的测定　乙酰丙酮分光光度法》（HJ 601—2011）。

（2）注意事项

①水样可用玻璃瓶或聚乙烯瓶采集。为抑制甲醛分解，采样后每 500 ml 水样中加入 1 ml 浓硫酸酸化，并应在 24 h 内测定。

②对某些不适于在酸性条件下蒸馏的特殊水样，可改加 4%氢氧化钠溶液将水样调至弱碱性（pH 为 8 左右），再进行蒸馏。

③乙酰丙酮的纯度对空白实验吸光度有影响。乙酰丙酮应当无色透明，必要时需进行蒸馏精制。

6.3.2.32　三氯乙醛

（1）常用方法

三氯乙醛常用的分析方法为《水质　三氯乙醛的测定　吡唑啉酮分光光度法》（HJ/T 50—1999）。

（2）注意事项

①若定容显色后的溶液中有轻微浑浊，或有少许絮状沉淀（在 pH 为 8 的溶液中生成氢氧化物），可用快速定量滤纸过滤于干燥的试管中，取清液比色。

②最低检出浓度为 0.02 μg/ml。

③测定上限为 5.6 μg/ml。

6.3.2.33　氯苯

（1）常用方法

水中氯苯类化合物常用的测定方法主要有《水质　氯苯类化合物的测定　气相色谱法》（HJ 621—2011）、《水质　挥发性有机物的测定　吹扫捕集/气相色谱-质谱法》（HJ 639—2012）、《水质　有机氯农药和氯苯类化合物的测定　气相色谱-质谱法》（HJ 699—2014）。

（2）注意事项

①样品预处理是准确分析样品的重要步骤之一，标准样品的制备必须和分析

水样步骤一致。

②萃取液出现乳化时，可加入 3～5 滴浓硫酸破乳，然后放出水层，再净化，出现严重乳化，可采用冰冻破乳。

③地表水中氯苯类化合物含量低，可将萃取液浓缩，以降低方法的检出限。

6.3.2.34　硝基苯类

（1）常用方法

水中苯胺类化合物常用的测定方法主要有《水质　硝基苯类化合物的测定　气相色谱-质谱法》（HJ 716—2014）、《水质　硝基苯类化合物的测定　气相色谱法》（HJ 592—2010）、《水质　硝基苯类化合物的测定　液液萃取/固相萃取-气相色谱法》（HJ 648—2013）。

（2）注意事项

①采集的水样必须装在玻璃容器中。

②从采集到萃取前，必须将样品放在 4℃下冷藏。所有样品必须在 7 d 内萃取完，并在萃取后 40 d 内分析完毕。

③PEGA 柱对多种一硝基苯类化合物和二硝基苯类化合物均有较好的分离效果，固定液最高使用温度为 220℃，国产固定液标明最高使用温度较低。DEGA 柱对一硝基苯类化合物分离效果好，OV-225 柱对二硝基苯类化合物分离效果好。FFAP 柱可代替 PEGA 柱使用。

④随着色谱法日益发展，允许分析人员做某些变更以改善分离效果，但要求分析人员必须进行准确度和精密度实验。

⑤本方法灵敏度高，检出限低于 1 mg/L，采用简便的"先定容的苯萃取法"或"蒸馏-苯萃取法"预处理。

6.3.2.35 吡啶

（1）常用方法

吡啶常用的分析方法为《水质　吡啶的测定　顶空/气相色谱法》（HJ 1072—2019）。

（2）注意事项

①在采样、加固定剂和运输的全过程中携带超纯水作为现场空白来检查是否污染。

②高、低浓度的样品交替分析会产生残留性污染，分析完 1 个高浓度样品后再分析 1 个空白样品以避免发生交叉污染。

③吹脱系统的捕集管和其他部分也易被污染，要经常烘烤、吹脱整个系统。

6.3.2.36 苯系物

（1）常用方法

苯系物通常包括苯、甲苯、乙苯、邻二甲苯、间二甲苯、对二甲苯、异丙苯、苯乙烯 8 种化合物。常用的分析方法为《水质　苯系物的测定　气相色谱法》（GB 11890—1989）、《水质　挥发性有机物的测定　吹扫捕集/气相色谱-质谱法》（HJ 639—2012）和《水质　苯系物的测定　顶空/气相色谱法》（HJ 1067—2019）。

（2）注意事项

①取水样时应使样品充满容器，不留空隙，并加盖密封。

②样品应在冰箱中保存，采用溶剂萃取法应在 7 d 内处理完毕，14 d 内分析完。采用顶空和吹脱捕集法应在 7 d 内分析完。

③配制苯系物标液时，要在通风良好的情况下进行，以免危及人体健康。

④顶空样品制备是准确分析样品的重要步骤之一。如需第二次进样时，应重新恒温振荡。

6.3.2.37　萘

（1）常用方法

萘常用的检测方法为《水质　多环芳烃的测定　液液萃取和固相萃取高效液相色谱法》（HJ 478—2009）。

（2）注意事项

①萘是强致癌物质，操作时要极其小心，避免人体与之接触。

②萘可随溶剂一起挥发而黏附于具塞瓶子外部，因此处理含萘的容器及实验操作过程必须使用抗溶性的手套。

③标准溶液应在有适当设备的实验室中配制。

④用固体化合物配合萘标准品，在没有合适的安全设备及尚未正确掌握使用技术之前，不能进行。

6.3.2.38　有机磷农药

（1）常用方法

有机磷农药包括草甘膦、辛硫磷、毒死蜱、丙溴磷、乐果、马拉硫磷、二嗪磷、草铵膦、乙酰甲胺磷、三唑磷、异稻瘟净、稻丰散、敌敌畏、敌百虫等。常用的检测方法为《水质　有机磷农药的测定　气相色谱法》（GB 13192—1991）。

（2）注意事项

①采集后的样品应尽快分析，有机磷农药较易降解，冰箱低温保存一般不超过 2 d。

②萃取时适当振荡，加入适量的氯化钠，均可减轻乳化。

③新增色谱柱在老化过程中应注入较高浓度的有机磷农药标准样品，以饱和色谱柱。

6.3.2.39 有机氯农药

（1）常用方法

三氯杀螨醇、滴滴涕均属于有机氯农药，常用的检测方法为《水质　有机氯农药和氯苯类化合物的测定　气相色谱-质谱法》（HJ 699—2014）。

（2）注意事项

①新装填的色谱柱在通氮气条件下，连续老化至少 48 h，老化时要注入滴滴涕的标准使用溶液，待色谱柱对农药的分离及检测响应恒定后方能进行定量分析。

②当色谱仪灵敏度最高时，以噪声的 2.5 倍作为仪器的检出限。

③样品预处理使用的有机溶剂有毒性，且易挥发燃烧，预处理操作需注意通风。

6.3.2.40 百菌清及拟除虫菊酯类农药

（1）常用方法

百菌清及拟除虫菊酯类农药含有氯氰菊酯、氯氟氰菊酯、烯丙菊酯、氰戊菊酯、甲氰菊酯、百菌清，常用的测定方法为《水质　百菌清及拟除虫菊酯类农药的测定　气相色谱-质谱法》（HJ 753—2015），其中百菌清常用的测定方法有《水质　百菌清和溴氰菊酯的测定　气相色谱法》（HJ 698—2014）。

（2）注意事项

实验过程中产生的废液及分析后的高浓度样品应置于适当的密闭容器中保存，并委托有资质的单位处理。

6.3.2.41 2 甲 4 氯酸、2,4-滴酸

（1）常用方法

水中 2 甲 4 氯酸、2,4-滴酸常用的检测方法为《水质　苯氧羧酸类除草剂的测定　液相色谱/串联质谱法》（HJ 770—2015）。

（2）注意事项

①固相萃取圆盘的活化和样品萃取操作要领，请参照萃取装置使用说明和固相萃取圆盘所附说明。

②使用过的标准溶液不能随意倾倒，需要集中处理。

6.3.2.42　莠去津

（1）常用方法

水中莠去津常用的测定方法为《水质　阿特拉津的测定　高效液相色谱法》（HJ 587—2010）、《水质　阿特拉津的测定　气相色谱法》（HJ 754—2015）。

（2）注意事项

①萃取溶液也可采用二氯甲烷。

②水样萃取时，要加入 5%的氯化钠，加入量过多也会降低阿特拉津的萃取率。

③萃取液浓缩时，要用氮气吹干，然后马上停止，否则阿拉特津会有较大损失。

6.3.2.43　乙撑硫脲

（1）常用方法

乙撑硫脲常用的检测方法为《水质　乙撑硫脲的测定　液相色谱法》（HJ 849—2017）。

（2）注意事项

①乙撑硫脲属于致癌物，标准溶液的配制应在通风橱内操作，操作时应按规定要求佩戴防护器具，避免接触皮肤和衣物。

②当水样中共存的有机物干扰乙撑硫脲测定时，可以通过改变色谱条件，使乙撑硫脲与干扰物分离，或将水样先用正己烷萃取去除部分干扰，取水相进行分析。

③采集的水样应于 4℃冷藏、避光和密封保存，在 30 d 内分析完毕。

6.3.2.44　硝磺草酮

（1）常用方法

硝磺草酮常用的检测方法为《水质　硝磺草酮的测定　液相色谱法》（HJ 850—2017）。

（2）注意事项

①硝磺草酮具有一定的毒性，标准溶液的配制应在通风橱内操作，操作时应按规定要求佩戴防护器具，避免接触皮肤和衣物。

②当水样中共存的有机物干扰硝磺草酮测定时，可以通过改变色谱条件，使硝磺草酮与干扰物分离，或将水样先用正己烷萃取去除部分干扰，取水相进行分析。

③采集的水样应于4℃冷藏、避光和密封保存，在7 d内分析完毕。

6.3.2.45　磺酰脲类

（1）常用方法

磺酰脲类常用的检测方法为《水质　磺酰脲类农药的测定　高效液相色谱法》（HJ 1015—2019）。

（2）注意事项

①实验中所用的有机溶剂及标准溶液具有一定毒性和挥发性，试剂配制和样品处理过程应在通风橱内进行，操作时应按规定要求佩戴防护器具，避免接触皮肤和衣服。

②当水样中含有干扰目标化合物测定的有机物时，可以通过改变色谱条件或用硅胶柱净化消除部分干扰。

③采集的水样应于4℃冷藏、避光和密封保存，在2 d内分析或萃取完毕。

6.3.2.46　灭多威、灭多威肟

（1）常用方法

灭多威、灭多威肟常用的检测方法为《水质　灭多威和灭多威肟的测定　液相色谱法》（HJ 851—2017）。

（2）注意事项

①当水样可能有共存的有机物干扰目标化合物测定时，可以通过改变色谱条件，使灭多威、灭多威肟与干扰物分离或先将水样用正己烷萃取后再进行分离。

②对于高浓度样品，应先将水样用纯水稀释到曲线范围再进行测定。

③实验过程中产生的有机废液应集中管理。

6.3.2.47　百草枯

（1）常用方法

百草枯常用的检测方法为《水质　百草枯和杀草快的测定　固相萃取-高效液相色谱法》（HJ 914—2017）。

（2）注意事项

①由于百草枯在溶液中呈离子状，实验时需使用塑料器皿。

②样品必须避光应于4℃冷藏保存至前处理，目标物特别是杀草快见光易分解。

③在代表性基质中目标物采样起 7 d 是稳定的，因此须在采样起 7 d 内完成萃取工作，萃取后 21 d 内完成分析工作。

第7章 废水自动监测系统技术要点

近年来，为加强地区排污的监控力度和满足排污许可的要求，全国各级环保部门大力推进废水自动监测系统的建设。废水自动监测系统也称为水污染源在线监测系统，通常是由水污染源在线监测设备和水污染源在线监测站房组成。随着全国废水自动监测系统的逐年攀升，做好系统的建设、验收及运行维护管理工作成为影响数据质量关键环节。本章基于《水污染源在线监测系统（COD_{Cr}、NH_3-N 等）安装技术规范》（HJ 353—2019）、《水污染源在线监测系统（COD_{Cr}、NH_3-N 等）验收技术规范》（HJ 354—2019）、《水污染源在线监测系统（COD_{Cr}、NH_3-N 等）运行技术规范》（HJ 355—2019）、《水污染源在线监测系统（COD_{Cr}、NH_3-N 等）数据有效性判别技术规范》（HJ 356—2019）标准，对废水自动监测系统的建设、验收、运行维护应注意的技术要点进行了梳理。

7.1　水污染源在线监测系统组成

水污染源在线监测系统通常由流量监测单元、水质自动采样单元、水污染源在线监测仪器、数据控制单元以及相应的建筑设施等组成。

（1）流量监测单元通常包括明渠流量计和管道流量计。采用超声波明渠流量计测定流量，应按技术规范要求修建堰槽；管道流量计可选择电磁流量计。

（2）水质自动采样单元通常是指采样管路、采样泵以及水质自动采样器。采样管路应根据废水水质选择优质的聚氯乙烯（PVC）、三丙聚丙烯（PPR）等不影响分析结果的硬管，配有必要的防冻和防腐设施。采样泵应根据水样流量、废水水质、水质自动采样器的水头损失及水位差合理选择采样泵。采样管路宜设置为明管，并标注水流方向。根据 HJ 353—2019 的最新要求，水质自动采样单元应具有采集瞬时水样和混合水样，混匀及暂存水样、自动润洗及排空混匀桶，以及留样功能。

（3）水污染源在线监测仪器是指在现场用于监控、监测污染物排放的 COD_{Cr} 在线自动监测仪、pH 水质自动分析仪、氨氮水质自动分析仪、总磷水质自动分析仪、污水流量计、水质自动采样器和数据采集传输仪等仪器、仪表。

COD_{Cr} 在线自动监测仪的测定方法多采用重铬酸钾法测定，对于高氯废水也可考虑采用 TOC，但必须与重铬酸钾法做对照实验，得出相关系数，换算成重铬酸钾法监测数据输出。

pH 水质自动分析仪采用玻璃电极法测定。

氨氮水质自动分析仪的测定方法有纳氏试剂光度法、氨气敏电极法、水杨酸-次氯酸盐比色法等方法测定。

总磷在线自动监测仪的测定方法为钼锑抗分光光度法。

总氮在线自动监测仪的测定方法有连续流动-盐酸萘乙二胺分光光度法和碱性过硫酸钾消解紫外分光光度法。

数据采集设备主要是对各种监测设备测量的数据进行采集、存储及处理，并将有关的数据存储和输出。

数据传输设备对采集的各种监测数据传输至生态环境主管部门，目前，数据的传输有多种方式，包括 GPRS 方式、GSM 短消息方式、局域网方式等。

（4）数据控制单元是指实现控制整个水污染源在线监测系统内部仪器设备联动，自动完成水污染源在线监测仪器的数据采集、整理、输出及上传至监控中心平台，接受监控中心平台命令控制水污染源在线监测仪器运行等功能的单元。根据 HJ 353—2019 的最新要求，数据控制单元可控制水质自动采样单元采样、送样及留样等。

（5）总体要求。排污单位在安装自动监测设备时，应当根据国家对每个监测设备的具体技术要求进行选型安装。选型安装在线监测仪器时，应根据污染物浓度和排放标准，选择与检测范围匹配的在线监测仪器，监测仪器应满足国家对仪器的技术要求。如《化学需氧量（COD_{Cr}）水质在线自动监测仪技术要求及检测方法》（HJ 377—2019）、《氨氮水质在线自动监测仪技术要求及检测方法》（HJ 101—2019）、《总氮水质自动分析仪技术要求》（HJ/T 102—2003）、《总磷水质自动分析仪技术要求》（HJ/T 103—2003）、《pH 水质自动分析仪技术要求》（HJ/T 96—2003）等。选型安装数据传输设备时，应按照《污染物在线监控（监测）系统数据传输标准》（HJ 212—2017）和《污染源在线自动监控（监测）数据采集传输仪技术要求》（HJ 477—2009）的规范要求进行设置，不得添加其他可能干扰监测数据存储、处理、传输的软件或设备。

在污染源自动监测设备建设、联网和管理过程中，当地管理部门有相关规定的，应同时参考地方的规定要求。如上海市环保局于 2017 年发布的《上海市固定污染源自动监测建设、联网、运维和管理有关规定》。

7.2　现场安装要求

废水自动监测系统现场安装主要涉及现场监测站房建设、排放口规范化整治、采样点位选取等内容，其中监测站房的建筑设计应作为在线监控的专室专用，远离腐蚀性气体的地点，并满足所处位置的气候、生态、地质、安全等要求，站房内应安装空调和冬季采暖设备，空调具有来电自启动功能，具备温湿度计；排放口应满足环境保护部门规定的排放口规范化设置要求；监测站房内、采样口等区域应安装视频监控设备；采样点位应避开有腐蚀性气体、较强的电磁干扰和振动的地方，应易于到达，且保证采样管路不超过 50 m，同时应有足够的工作空间和安全措施，便于采样和维护操作。具体要求详见第 5 章 5.2.4。

7.3　调试检测

废水污染源自动监测设备现场安装完成后，需进行调试、试运行及联网检测，以验证设备是否能够符合连续稳定运行的技术要求。

7.3.1　调试

调试是指在流量计、水质自动采样器、水质自动分析仪运行初期进行校准、校验的初期检查，并按照标准规范要求编制调试报告。具体要求如下：

（1）明渠流量计应进行流量比对误差测试和液位比对误差测试。

（2）水质自动采样器应进行采样量误差测试和温度控制误差测试。

（3）水质自动分析仪应根据排污企业排放浓度选择量程，并在该量程下进行24 h 漂移、重复性、示值误差以及实际水样比对测试。

（4）各水污染源在线监测仪器指标符合相关技术要求的调试效果，TOC 水质自动分析仪参照 COD_{Cr} 水质自动分析仪执行。

7.3.2　试运行

设备调试完成后，进入试运行阶段，根据实际水污染源排放特点及建设情况，编制水污染源在线监测系统运行与维护方案以及相应的记录表格，最终编制试运行报告。具体要求如下：

（1）试运行期间应保持对水污染源在线监测系统连续供电，连续正常运行30 d。

（2）可设定任一时间（时间间隔不小于 24 h），由水污染源在线系统自动调节零点和校准量程值。

（3）因排放源故障或在线监测系统故障造成试运行中断，在排放源或在线监测系统恢复正常后，重新开始试运行。

（4）试运行期间数据传输率应不小于 90%。

（5）数据控制系统已经和水污染源在线监测仪器正确连接，并开始向监控中心平台发送数据。

7.4 验收要求

自动监测设备完成安装、调试及试运行并与环保部门联网后，同时符合下列要求后，建设方组织仪器供应商、管理部门等相关方实施技术验收工作，并编制在线验收报告。验收的主要内容包括建设验收、仪器设备验收、联网验收及运行与维护方案验收。验收前自动监测设备应满足如下条件：

（1）提供水污染源在线监测系统的选型、工程设计、施工、安装调试及性能等相关技术资料。

（2）水污染源在线监测系统已完成调试与试运行，并提交运行调试报告与试运行报告。

（3）提供流量计、标准计量堰（槽）的检定证书，水污染源在线监测仪器符合 HJ 353—2019 的表 1 中技术要求的证明材料。

（4）水污染源在线监测系统所采用基础通信网络和基础通信协议应符合 HJ 212—2017 的相关要求，对通信规范的各项内容做出响应，并提供相关的自检报告。同时提供生态环境主管部门出具的联网证明。

（5）水质自动采样单元已稳定运行 1 个月，可采集瞬时水样和具有代表性的混合水样供水污染源在线监测仪器分析使用，可进行留样并报警。

（6）验收过程供电不间断。

（7）数据控制单元已稳定运行 1 个月，向监控中心平台及时发送数据，其间设备运转率应大于 90%；数据传输率应大于 90%。

7.4.1　建设验收要求

建设验收主要是对污染源排放口、流量监测单元、监测站房、水质自动采样单元、数据控制单元进行验收，主要内容如下：

（1）污染源排放口应符合相关技术规范要求，具备便于水质自动采样单元和流量监测单元安装条件的采样口，并设置人工采样口。

（2）流量计安装处设置对超声波探头检修和比对的工作平台，可方便实现对流量计的检修和比对工作。

（3）监测站房专室专用，新建监测站房面积应不小于 15 m²，站房高度不低于 2.8 m。

（4）水质自动采样单元应实现采集瞬时水样和混合水样，混匀及暂存水样，自动润洗及排空混匀桶的功能；实现混合水样和瞬时水样的留样功能；实现 pH 水质自动分析仪、温度计原位测量或测量瞬时水样功能；COD_{Cr}、TOC、NH_3-N、TP、TN 水质自动分析仪测量混合水样功能。

（5）数据控制单元可协调统一运行水污染源在线监测系统，采集、储存、显示监测数据及运行日志，向监控中心平台上传污染源监测数据。

7.4.2　在线监测仪器验收要求

7.4.2.1　基本验收要求

（1）水污染源在线监测仪器验收包括对 COD_{Cr} 在线自动监测仪、TOC 水质自动分析仪、pH 水质自动分析仪、氨氮水质自动分析仪、总磷水质自动分析仪、总氮水质自动分析仪、超声波明渠污水流量计、水质自动采样器等技术指标进行验收。

（2）性能验收内容包括液位比对误差、流量比对误差、采样量误差、温度控制误差、24 h 漂移、准确度以及实际水样比对测试。

7.4.2.2 性能验收

（1）COD$_{Cr}$在线自动监测仪、TOC 水质自动分析仪、pH 水质自动分析仪、氨氮水质自动分析仪、总磷水质自动分析仪和总氮水质自动分析仪验收应包括 24 h 漂移、准确度、实际水样比对。验收指标要求见《水污染源在线监测系统验收技术规范（试行）》（HJ 354—2019）表 2。

（2）超声波流量计验收应包括液位比对误差、流量比对误差。验收指标要求见《水污染源在线监测系统验收技术规范（试行）》（HJ 354—2019）表 2。

（3）水质自动采样器验收应包括采样量误差、温度控制误差。验收指标要求见《水污染源在线监测系统验收技术规范（试行）》（HJ 354—2019）表 2。

7.4.3 联网验收

联网验收由通信验收、数据传输正确性验收、联网稳定性、现场故障模拟恢复试验、生成统计报表等内容组成。

7.4.3.1 通信验收

通信验收包括通信稳定性、数据传输安全性、通信协议正确性三部分内容。

（1）通信稳定性：数据控制单元和监控中心平台之间通信稳定，不应出现经常性的通信连接中断、数据丢失、数据不完整等通信问题。数据控制单元在线率为 90%以上，正常情况下，掉线后应在 5 min 之内重新上线。数据采集传输仪每日掉线次数在 5 次以内。数据传输稳定性在 99%以上，当出现数据错误或丢失时，启动纠错逻辑，要求数据采集传输仪重新发送数据。

（2）数据传输安全性：数据采集传输仪在需要时可按照 HJ 212—2017 中规定的加密方法进行加密处理传输，保证数据传输的安全性。

（3）通信协议正确性：采用的通信协议应完全符合 HJ 212—2017 的相关要求。

7.4.3.2　数据传输正确性验收

（1）系统稳定运行 1 个月后，任取其中不少于连续 7 d 的数据进行检查，要求监控中心平台接收的数据和数据控制单元采集和存储的数据完全一致。

（2）同时检查水污染源在线连续自动分析仪器存储的测定值、数据控制单元所采集并存储的数据和监控中心平台接收的数据，这三个环节的实时数据误差小于 1%。

7.4.3.3　联网稳定性验收

在连续一个月内，系统能稳定运行，不出现除通信稳定性、通信协议正确性、数据传输正确性以外的其他联网问题。

7.4.3.4　其他要求

（1）验收过程中应进行现场故障模拟恢复试验，人为模拟现场断电、断水和断气等故障，在恢复供电等外部条件后，水污染源在线连续自动监测系统应能正常自启动和远程控制启动。在数据控制单元中保存故障前完整分析的分析结果，并在故障过程中不被丢失。数据控制系统完整记录所有故障信息。

（2）在线监测系统能够按照规定要求自动生成日统计表、月统计表和年统计表。

7.4.4　运行与维护方案验收

运行与维护方案应包含水污染源在线监测系统情况说明、运行与维护作业指导书及记录表格，并形成书面文件进行有效管理。

（1）水污染源在线监测系统情况说明应至少包含如下内容：排污单位基本情况，水污染源在线监测系统构成图，水质自动采样系统流程图，数据控制系统构成图，所安装的水污染源在线监测仪器方法原理、选定量程、主要参数、所用试剂，以及按照 HJ 355—2019 中规定建立的各组成部分的维护要点及维护程序。

（2）运行与维护作业指导书内容应至少包含如下内容：水污染源在线监测系统各组成部分的维护方法，所安装的水污染源在线监测仪器的操作方法、试剂配制方法、维护方法，流量监测单元、水样自动采集单元及数据控制单元维护方法。

（3）记录表格应满足运行与维护作业指导书中的设定要求。

7.4.5 验收报告要求

依据上述验收内容，编制验收报告（格式见《水污染源在线监测系统验收技术规范（试行）》（HJ 354—2019）附录 A）。验收报告后应附验收比对监测报告、联网证明和安装调试报告。验收报告内容全部合格或符合后，方可通过验收。

7.5 运行管理要求

污染源自动监测设备通过验收后，自动监测设备即被认定为已处于正常运行状态，设备运行维护单位应按照相关技术规范的要求做好日常运行管理工作。

7.5.1 总体要求

水污染源在线监测设备运维单位应根据相关技术规范及仪器使用说明书进行运行管理工作，并制定完善的水污染源自动监测设备运行维护管理制度，确定系统运行操作人员和管理维护人员的工作职责。运维人员应按照国家的相关规定，经培训合格，持证上岗，并熟练掌握水污染源在线监测设备的原理、使用和维护方法。

设备验收完成后应对设备相关参数进行备案，备案参数应与设备参数保持一致，如需修改相关参数，应提交情况说明，重新进行备案。

7.5.2 运维单位

运维单位应在服务省市无不良运行维护记录，未出现过故意干扰在线监测仪器、在线监测数据弄虚作假的案例。运维单位应严格按照技术规范开展日常运行维护工作，建立完善的运行维护管理制度及档案资料备查，应备有所运行的在线监测仪器的备用仪器，同时应配备相应仪器参比方法实际水样比对试验装置。能够提供驻地运行维护服务，设备出现故障 12 h 内到达现场及时处理，能与在线监测仪器建设单位保持良好沟通，确保最短时间内修复故障。

7.5.3　管理制度

运维单位应建立水污染源自动监测设备运行维护管理制度，主要包括仪器设备运行与维护的作业指导书；日常巡检制度及巡检内容；定期维护制度及定期维护内容；定期校验和校准制度及内容；易损、易耗品的定期检查和更换制度；废药剂的收集处置制度；设备故障及应急处理制度；运行维护记录内容等一系列管理制度。

7.5.4　日常维护总体要求

运维单位应按照相关技术规范及仪器使用说明书建立日常巡检制度，开展日常巡检工作并做好记录。日常巡检内容主要包括：每日通过远程检查或现场察看的方式检查仪器运行状态、数据传输系统以及视频监控系统是否正常，设备出现故障时应第一时间处理解决；除日常维护工作外，应按照相关要求和设备说明书完成每周、每月、每季度检查维护内容。每日数据传输情况、定期的设备检查及保养情况应记录并归档。每次进行备件或材料更换时，更换的备件或材料的品名、规格、数量等应记录并归档。如更换标准物质或标准样品，还需记录标准物质或标准样品的浓度、配制时间、更换时间、有效期等信息。对日常巡检或维护保养中发现的故障或问题，系统管理维护人员应及时处理并记录。

7.5.5　运行技术总体要求

运维单位应按照相关技术规范要求定期进行自动标样核查和自动校准，同时定期进行实际水样比对试验。

7.6　质量保证要求

7.6.1　总体要求

　　水污染源自动监测设备日常运行质量保证是保障设备正常稳定运行、持续提供有质量保证监测数据的必要手段。操作维护人员每日远程检查或现场察看检测设备运行状态，发现异常，应立即前往；操作维护人员每周至少一次对设备进行现场维护，包括试剂添加、设备状态检查、采样系统维护、供电系统检查等；操作维护人员每月一次对现场设备进行保养，包括检查和保养易损耗件、测量部件和设备外壳进行清洗；每季度检查及更换易损耗件，用专用容器回收仪器设备产生的废液；操作维护人员每月至少进行一次实际水样比对试验，定期对设备进行自动标样核查和自动校准。当设备出现因故障或维护原因不能正常运行时，应在24 h内向当地生态环境主管部门报告。以月为周期，每月设备有效数据率不得小于90%，以保证监测数据的数量要求。

　　有效数据率=仪器实际获得的有效数据个数/应获得的有效数据个数×100%

7.6.2　日常检查维护

7.6.2.1　运行和日常维护

　　（1）每日远程检查或现场察看仪器运行状态，检查数据传输系统以及视频监控系统是否正常，如发现数据有持续异常情况，应立即前往站点进行检查。

　　（2）每周至少一次对监测系统进行现场维护，现场维护内容包括：

　　①检查自来水供应、泵取水情况，检查内部管路是否通畅，仪器自动清洗装置是否运行正常，检查各自动分析仪的进样水管和排水管是否清洁，必要时进行清洗；定期清洗水泵和过滤网。

②检查站房内电路系统、通信系统是否正常。

③对于用电极法测量的仪器，检查标准溶液和电极填充液，进行电极探头的清洗。

④若部分站点使用气体钢瓶，应检查载气气路系统是否密封，气压是否满足使用要求。

⑤检查各仪器标准溶液和试剂是否在有效使用期内，按相关要求定期更换标准溶液和分析试剂。

⑥观察数据采集传输仪运行情况，并检查连接处有无损坏，对数据进行抽样检查，对比自动分析仪、数据采集传输仪与监控中心平台接收到的数据是否一致。

⑦检查水质自动采样系统管路是否清洁，采样泵、采样桶和留样系统是否正常工作，留样保存温度是否正常。

（3）每月现场维护内容包括：

①水质自动采样系统：根据情况更换蠕动泵管、清洗混合采样瓶等。

②TOC 水质自动分析仪：检查 TOC-COD$_{Cr}$ 转换系数是否适用，必要时进行修正。对 TOC 水质自动分析仪的泵、管、加热炉温度等进行一次检查，检查试剂余量（必要时添加或更换），检查卤素洗涤器、冷凝器水封容器、增湿器，必要时加蒸馏水。

③COD$_{Cr}$水质在线自动监测仪：检查内部试管是否污染，必要时进行清洗。

④氨氮水质自动分析仪：检查气敏电极表面是否清洁，对仪器管路进行保养、清洁。

⑤流量计：检查超声波流量计液位传感器高度是否发生变化，检查超声波探头与水面之间是否有干扰测量的物体，对堰体内影响流量计测定的干扰物进行清理，检查管道电磁流量计的检定证书是否在有效期内。

⑥pH 水质自动分析仪：用酸液清洗一次电极，检查 pH 电极是否钝化，必要时进行校准或更换。

⑦温度计：每月至少进行一次现场水温比对试验，必要时进行校准或更换。

每月的现场维护应包括：对水污染源在线监测仪器进行一次保养，对仪器分析系统进行维护；对数据存储或控制系统工作状态进行一次检查；检查监测仪器接地情况，检查监测站房防雷措施。检查和保养仪器易损耗件，必要时更换；检查及清洗取样单元、消解单元、检测单元、计量单元等。

（4）每季度现场维护内容包括：检查及更换仪器易损耗件，检查关键零部件可靠性，如计量单元准确性、反应室密封性等，必要时进行更换。对于水污染源在线监测仪器所产生的废液应以专用容器予以回收，交由有危险废物处理资质的单位处理，不得随意排放或回流入污水排放口。

（5）其他预防性维护

保证监测站房的安全性，进出监测站房应进行登记，包括出入时间、人员、出入站房原因等，应设置视频监控系统。

保持监测站房的清洁，保持设备的清洁，保证监测站房内的温度、湿度满足仪器正常运行的需求。

保持各仪器管路通畅，出水正常，无漏液。

对电源控制器、空调、排风扇、供暖、消防设备等辅助设备要进行经常性检查。

此处未提及的维护内容，按相关仪器说明书的要求进行仪器维护保养、易耗品的定期更换工作。

7.6.2.2 维护记录

操作人员应详细了解水污染源在线监测系统的基本情况,填写相关记录表格。在对系统进行日常维护时，应做好巡检维护记录表，巡检维护记录应包含日志检查、耗材检查、辅助设备检查、采样系统检查、水污染源在线监测仪器检查、数据采集传输系统检查等必检项目和记录，以及仪器使用说明书中规定的其他检查项目和仪器参数设置记录、标样核查及校准结果记录、检修记录、易耗品更换记录、标准样品更换记录、实际水样比对试验结果记录。

7.6.3　运行技术要求

运行技术要求包括自动标样核查和自动校准、实际水样比对试验。

7.6.3.1　自动标样核查和自动校准

选用浓度约为现场工作量程上限值 0.5 倍的标准样品定期进行自动标样核查。如果自动标样核查结果不满足《水污染源在线监测系统运行与考核技术规范（试行）》（HJ 355—2019）表 1（以下简称表 1）的规定，则应对仪器进行自动校准。仪器自动校准完后应使用标准溶液进行验证（可使用自动标样核查代替该操作），验证结果应符合表 1 的规定，如不符合则应重新进行一次校准和验证，6 h 内如仍不符合表 1 的规定，则应进入人工维护状态。

在线监测仪器自动校准及验证时间如果超过 6 h 则应采取人工监测的方法向相应生态环境主管部门报送数据，数据报送每天不少于 4 次，间隔不得超过 6 h。

自动标样核查周期最长间隔不得超过 24 h，校准周期最长间隔不得超过 168 h。

7.6.3.2　实际水样比对试验

除流量外，运行维护人员每月应对每个站点所有自动分析仪至少进行 1 次实际水样比对试验；对于超声波明渠流量计每季度至少用便携式明渠流量计比对装置进行一次比对试验，试验结果均应满足表 1 的规定要求。

（1）COD_{Cr} 水质自动分析仪、TOC 水质自动分析仪、NH_3-N 水质自动分析仪、TP 水质自动分析仪、TN 水质自动分析仪

每月至少进行一次实际水样比对试验，采用水质自动分析仪与国家环境监测分析方法标准分别对相同的水样进行分析，两者测量结果组成一个测定数据对，至少获得 3 个测定数据对，计算实际水样比对试验的绝对误差或相对误差。

当实际水样比对试验的结果不满足标准规定的性能指标要求时，应对仪器进行校准和标准溶液验证后再次进行实际水样比对试验。如第二次实际水样比对试

验结果仍不符合性能指标要求时，仪器应进入维护状态，同时此次实际水样比对试验至上次仪器自动校准或自动标样核查期间，所有的数据均判断为无效数据。

仪器维护时间超过 6 h 时，应采取人工监测的方法向相应生态环境主管部门报送数据，数据报送每天不少于 4 次，间隔不得超过 6 h。

（2）pH 水质自动分析仪和温度计

每月至少进行一次实际水样比对试验，采用 pH 水质自动分析仪和温度计与国家环境监测分析方法标准分别对相同的水样进行分析，计算仪器测量值与国家环境监测分析方法标准测定值的绝对误差。

如果比对结果不符合标准规定的性能指标要求时，应对 pH 水质自动分析仪和温度计进行校准，校准完成后需再次进行比对，直至合格。

（3）超声波明渠流量计

每季度至少用便携式明渠流量计比对装置对现场安装使用的超声波明渠流量计进行 1 次比对试验（比对前应对便携式明渠流量计进行校准），如比对结果不符合标准规定的性能指标要求时，应对超声波明渠流量计进行校准，校准完成后需再次进行比对，直至合格。

①液位比对：分别用便携式明渠流量计比对装置（液位测量精度≤1 mm）和超声波明渠流量计测量同一水位观测断面处的液位值，进行比对试验，每 2 min 读取一次数据，连续读取 6 次，计算每一组数据的误差值，选取最大的一组误差值作为流量计的液位误差。

②流量比对：分别用便携式明渠流量计比对装置和超声波明渠流量计测量同一水位观测断面处的瞬时流量，进行比对试验，待数据稳定后，开始计时，计时 10 min，分别读取明渠流量比对装置该时段内的累积流量和超声波明渠流量计该时段内的累积流量，最终计算出流量比对误差。

7.6.3.3　有效数据率

以月为周期，计算每个周期内水污染源在线监测仪实际获得的有效数据的个数占应获得的有效数据的个数的百分比不得小于 90%，有效数据的判定参见 HJ 356—2019 的相关规定。

7.6.4　检修和故障处理要求

污染源自动监测设备发生故障后，应该严格按照相关技术规范及管理要求进行设备检修，具体情况如下：

（1）水污染源在线监测系统需维修的，应在维修前报相应生态环境管理部门备案；需停运、拆除、更换、重新运行的，应经相应生态环境管理部门批准同意。

（2）因不可抗力和突发性原因致使水污染源在线监测系统停止运行或不能正常运行时，应当在 24 h 内报告相应生态环境管理部门并书面报告停运原因和设备情况。

（3）运行单位发现故障或接到故障通知，应在规定的时间内赶到现场处理并排除故障，无法及时处理的应安装备用仪器。

（4）水污染源在线监测仪器经过维修后，在正常使用和运行之前应确保其维修全部完成并通过校准和比对试验。若在线监测仪器进行了更换，在正常使用和运行之前，确保其性能指标满足 HJ 355—2019 表 1 的要求。维修和更换的仪器，可由第三方或运行单位自行出具比对检测报告。

（5）数据采集传输仪发生故障，应在相应生态环境管理部门规定的时间内修复或更换，并能保证已采集的数据不丢失。

（6）运行单位应备有足够的备品备件及备用仪器，对其使用情况进行定期清点，并根据实际需要进行增购。

（7）水污染源在线监测仪器因故障或维护等原因不能正常工作时，应及时向相应生态环境管理部门报告，必要时采取人工监测，监测周期间隔不大于 6 h，数据报送每天不少于 4 次，监测技术要求参照《污水监测技术规范》（HJ 91.1—2019）执行。

7.6.5 运行比对监测要求

7.6.5.1 在线监测系统采样管理

比对监测时，应记录水污染源在线监测系统是否按照 HJ 353—2019 进行采样并在报告中说明有关情况。比对监测应及时正确地做好原始记录，并及时正确地粘贴样品标签，以免混淆。

7.6.5.2 仪器质量控制要求

比对监测时，应核查水污染源在线监测仪器参数设置情况，必要时进行标准溶液抽查，核查标准溶液是否符合相关规定要求，在记录和报告中说明有关情况；比对监测所使用的标准样品和实际水样应符合现场安装仪器的量程；比对监测期间，不允许对在线监测仪器进行任何调试。

7.6.5.3 比对监测仪器性能要求

比对监测期间应对水污染源在线监测仪器进行比对试验，并符合 HJ 355—2019 表 1 的要求。

7.6.6 运行档案与记录

（1）水污染源在线监测系统运行的技术档案包括仪器的说明书、HJ 353—2019 要求的系统安装记录和 HJ 354—2019 要求的验收记录、仪器的检测报告以及各类运行记录表格。

（2）运行记录应清晰、完整，现场记录应在现场及时填写。可从记录中查阅和了解仪器设备的使用、维修和性能检验等全部历史资料，以对运行的各台仪器设备做出正确评价。与仪器相关的记录可放置在现场并妥善保存。

（3）运行记录表格主要包括水污染源在线监测系统基本情况、巡检维护记录表、水污染源在线监测仪器参数设置记录表、标样核查及校准结果记录表、检修记录表、易耗品更换记录表、标准样品更换记录表、实际水样比对试验结果记录表、水污染源在线监测系统运行比对监测报告、运行工作检查表等（表格样式详见 HJ 355—2019），运行单位可根据实际需求及管理需要调整及增加不同的表格。

7.6.7　数据有效性判别流程

水污染源在线监测系统的运行状态分为正常采样监测时段和非正常采样监测时段。数据有效性判别流程见图 7-1。

图 7-1　水污染源在线监测系统数据有效性判别流程

7.6.7.1　数据有效性判别指标

（1）实际水样比对试验误差

①COD_{Cr} 水质自动分析仪、TOC 水质自动分析仪、NH_3-N 水质自动分析仪、TP 水质自动分析仪、TN 水质自动分析仪

对每个站点安装的 COD_{Cr} 水质自动分析仪、TOC 水质自动分析仪、NH_3-N 水

质自动分析仪、TP 水质自动分析仪、TN 水质自动分析仪进行自动监测方法与 HJ 356—2019 表 1 中规定的国家环境监测分析方法标准的比对试验，两者测量结果组成一个测定数据对，至少获得 3 个测定数据对。比对过程中应尽可能保证比对样品均匀一致，实际水样比对试验结果应满足 HJ 355—2019 表 1 的要求。

②pH 水质自动分析仪与温度计

对每个站点安装的 pH 水质自动分析仪、温度计进行自动监测方法与 HJ 356—2019 表 1 中规定的国家环境监测分析方法标准的比对试验，两者测量结果组成一个测定数据对，比对过程中应尽可能保证比对样品均匀一致，实际水样比对试验结果应满足 HJ 355—2019 表 1 的要求。

（2）标准样品试验误差

标准样品试验包括自动标样核查、标准溶液验证。

对每个站点安装的 COD_{Cr} 水质自动分析仪、TOC 水质自动分析仪、$NH_3\text{-}N$ 水质自动分析仪、TP 水质自动分析仪、TN 水质自动分析仪，采用有证标准样品作为质控考核样品，用浓度约为现场工作量程上限值 0.5 倍的标准样品进行自动标样核查试验，试验结果应满足 HJ 355—2019 表 1 的要求，否则应对仪器进行自动校准，仪器自动校准完成后应使用标准溶液进行验证（可使用自动标样核查代替该操作），验证结果应满足 HJ 355—2019 表 1 的要求。

（3）超声波明渠流量计比对试验误差

对每个站点安装的超声波明渠流量计进行自动监测方法与手工监测方法的比对试验，比对试验的方法按照 7.6.3.2 的相关规定进行，比对试验结果应满足 HJ 355—2019 表 1 的要求。

7.6.7.2 数据有效性判别方法

（1）有效数据判别

①正常采样监测时段获取的监测数据，满足 7.6.7.1 的数据有效性判别标准，可判别为有效数据。

②监测值为零值、零点漂移限值范围内的负值或低于仪器检出限时，需要通过现场检查、实际水样比对试验、标准样品试验等质控手段来识别，对于因实际排放浓度过低而产生的上述数据，仍判断为有效数据。

③监测值如出现急剧升高、急剧下降或持续不变时，需要通过现场检查、实际水样比对试验、标准样品试验等质控手段来识别，再做判别和处理。

④水污染源在线监测系统的运维记录中应当记载运行过程中的报警、故障维修、日常维护、校准等内容，运维记录可作为数据有效性判别的证据。

⑤水污染源在线监测系统应可调阅和查看详细的日志，日志记录可作为数据有效性判别的证据。

（2）无效数据判别

①当流量为 0 时，在线监测系统输出的监测值为无效数据。

②水质自动分析仪、数据采集传输仪以及监控中心平台接收到的数据误差大于 1%时，监控中心平台接收到的数据为无效数据。

③发现标准样品试验不合格、实际水样比对试验不合格时，从此次不合格时刻至上次校准校验（自动校准、自动标样核查、实际水样比对试验中的任何一项）合格时刻期间的在线监测数据均判断为无效数据，从此次不合格时刻起至再次校准校验合格时刻期间的数据，作为非正常采样监测时段数据，判断为无效数据。

④水质自动分析仪停运期间、因故障维修或维护期间、有计划（质量保证和质量控制）地维护保养期间、校准和校验等非正常采样监测时间段内输出的监测值为无效数据，但对该时段数据做标记，作为监测仪器检查和校准的依据予以保留。

判断为无效的数据应注明原因，并保留原始记录。

7.6.7.3　有效均值的计算

（1）数据统计

正常采样监测时段获取的有效数据，应全部参与统计。

监测值为零值、零点漂移限值范围内的负值或低于仪器检出限，并判断为有效数据时，应采用修正后的值参与统计。修正规则为：COD_{Cr} 修正值为 2 mg/L、$NH_3\text{-}N$ 修正值为 0.01 mg/L、TP 修正值为 0.005 mg/L、TN 修正值为 0.025 mg/L。

（2）有效日均值

有效日均值是对应于以每日为一个监测周期获得的某种污染物（COD_{Cr}、$NH_3\text{-}N$、TP、TN）的所有有效监测数据的平均值，参与统计的有效监测数据数量应不少于当日应获得数据数量的 75%。有效日均值是以流量为权的某个污染物的有效监测数据的加权平均值。

（3）有效月均值

有效月均值是对应于以每月为一个监测周期获得的某种污染物（COD_{Cr}、$NH_3\text{-}N$、TP、TN）的所有有效日均值的算术平均值，参与统计的有效日均值数量应不少于当月应获得数据数量的 75%。

7.6.7.4　无效数据的处理

正常采样监测时段，当 COD_{Cr}、$NH_3\text{-}N$、TP 和 TN 监测值判断为无效数据，且无法计算有效日均值时，其污染物日排放量可以用上次校准校验合格时刻前 30 个有效日排放量中的最大值进行替代，污染物浓度和流量不进行替代。非正常采样监测时段，当 COD_{Cr}、$NH_3\text{-}N$、TP 和 TN 监测值判断为无效数据，且无法计算有效日均值时，优先使用人工监测数据进行替代，每天获取的人工监测数据应不少于 4 次，替代数据包括污染物日均浓度、污染物日排放量。如无人工监测数据替代，其污染物日排放量可以用上次校准校验合格时刻前 30 个有效日排放量中的最大值进行替代，污染物浓度和流量不进行替代。流量为零时的无效数据不进行替代。

第8章　废气手工监测技术要点

与废水手工监测类似，废气手工监测也是一项全面性、系统性的工作。我国同样有一系列监测技术规范和方法标准用于指导和规范废气手工监测。本章立足于现有的技术规范和标准，结合日常工作经验，分别针对有组织废气、无组织废气归纳总结了常见的方法和操作要求，以及方法使用过程中的重点注意事项。对于一些虽然适用，但不够便捷，目前实际应用很少的方法，本书未进行列举，若排污单位根据实际情况，确实需要采用这类方法的，应严格按照方法的适用条件和要求开展相关监测活动。

8.1　有组织废气监测

8.1.1　监测方式

有组织废气监测主要是针对排污单位通过排气筒排放的污染物排放浓度、排放速率、排气参数等开展的监测，主要的监测方式有现场测试和现场采样+实验室分析两种。

（1）现场测试

现场测试是指采用便携式仪器在污染源现场直接采集气态样品，预处理后进行即时分析，现场得到污染物的相关排放信息。目前，采用现场测试的主要指标包括二氧化硫、氮氧化物、一氧化碳、硫化氢、排气参数（温度、氧含量、含湿量、流速）等，测试方法主要包括定电位电解法、非分散红外法、皮托管法、热电偶法、干湿球法等。

（2）现场采样+实验室分析

现场采样+实验室分析是指采用特定仪器采集一定量的污染源废气并妥善保存带回实验室进行分析。目前我国多数污染物指标仍采用这种监测方式，主要的采样方式包括直接采样法（气袋、注射器、真空瓶等）和富集（浓缩）采样法（活性炭吸附、滤筒、滤膜捕集、吸收液吸收等），主要分析方法包括重量法、色谱法、质谱法、分光光度法等。

8.1.2 现场采样

8.1.2.1 现场采样方式

（1）现场直接采样

现场直接采样包括注射器采样、气袋采样、采样管采样和真空瓶（管）采样。现场采样时，应按照《固定污染源排气中颗粒物测定与气态污染物采样方法》（GB 16157—1996）的规定配备相应的采样系统。

①注射器采样

常用 100 ml 注射器采集样品。采样时，先用现场气体抽洗 2～3 次，然后抽取 100 ml，密封进气口，带回实验室分析。样品存放时间不宜长，一般当天分析完。

气相色谱分析法常采用此法取样。取样后，应将注射器进气口朝下，垂直放置，以使注射器内压略大于外压，避光保存，见图 8-1。

图 8-1 采样注射器

②气袋采样

应选不吸附、不渗漏，也不与样气中污染组分发生化学反应的气袋，如聚四氟乙烯袋、聚乙烯袋、聚氯乙烯袋和聚酯袋等，还有用金属薄膜作衬里（如衬银、衬铝）的气袋。

采样时，先用待测废气冲洗 2～3 次，再充满样气，夹封进气口，带回实验室尽快分析，见图 8-2。

图 8-2　采样气袋

③采样管采样

采样时，打开两端旋塞，用抽气泵接在采样管的一端，迅速抽进比采样管容积大 6～10 倍的待测气体，使采样管中原有气体被完全置换，关上旋塞，采样管体积即为采气体积，见图 8-3。

图 8-3　采样管

④真空瓶采样

真空瓶是一种具有活塞的耐压玻璃瓶。采样前，先用抽真空装置把真空瓶内气体抽走，抽气减压到绝对压力为 1.33 kPa。采样时，打开旋塞采样，采完关闭旋塞，则采样体积即为真空瓶体积，见图 8-4。

图 8-4　真空瓶

（2）富集（浓缩）采样法

富集（浓缩）采样法主要包括溶液吸收法、填充柱阻留法和滤料阻留法等。

①溶液吸收法

原理：采样时，用抽气装置将待测废气以一定流量抽入装有吸收液的吸收瓶采集一段时间。采样结束后，送实验室进行测定。

常用吸收液有酸碱溶液、有机溶剂等，见图 8-5。

图 8-5　吸收瓶

吸收液选用应遵循的原则：反应快，溶解度大；稳定时间长；吸收后利于分析；毒性小，价格低，易于回收。

②填充柱阻留法

原理：填充柱是用一根长 6～10 cm、内径 3～5 mm 的玻璃管或塑料管，内装颗粒状填充剂制成。采样时，让气样以一定流速通过填充柱，待测组分因吸附、溶解或化学反应等作用被阻留在填充剂上，达到浓缩采样的目的。采样后，通过解吸或溶剂洗脱，使被测组分从填充剂上释放出来进行测定。

填充剂主要类型有 3 种（图 8-6）。吸附型：活性炭、硅胶、分子筛、高分子多孔微球等；分配型：涂高沸点有机溶剂的惰性多孔颗粒物；反应型：惰性多孔颗粒物、纤维状物表面能与被测组分发生化学反应。

图 8-6　吸附管

③滤料阻留法

原理：该方法是将过滤材料（滤筒、滤膜等）放在采样装置内，用抽气装置抽气，则废气中的待测物质被阻留在过滤材料上，根据相应分析方法测定出待测物质的含量。

常用过滤材料：玻璃纤维滤筒、石英滤筒、刚玉滤筒、玻璃纤维滤膜、过氯乙烯滤膜、聚苯乙烯滤膜、微孔滤膜、核孔滤膜等，见图 8-7。

图 8-7　滤筒

8.1.2.2　现场采样技术要点

有组织废气排放监测时，采样点位布设、采样频次、时间、监测分析方法以及质量保证等均应符合《固定污染源排气中颗粒物测定与气态污染物采样方法》（GB 16157—1996）和《固定源废气监测技术规范》（HJ/T 397—2007）的规定。

（1）采样位置和采样点

①采样位置应避开对测试人员操作有危险的场所。

②采样位置应优先选择垂直管段，应避开烟道弯头和断面急剧变化的部位。采样位置应设置在距弯头、阀门、变径管下游方向不小于 6 倍直径、距上述部件上游方向不小于 3 倍直径处。采样断面的气流速度最好在 5 m/s 以上。采样孔内径应不小于 80 mm，宜选用 90～120 mm 内径的采样孔。

③测试现场空间位置有限，很难满足上述要求时，可选择比较适宜的管段采样，但采样断面与弯头等的距离至少是烟道直径的 1.5 倍，并应适当增加测点的数量和采样频次。

④对于气态污染物，由于混合得比较均匀，其采样位置可不受上述规定限制，但应避开涡流区。

⑤采样平台应有足够的工作面积供工作人员安全、方便地操作。监测平台长

度应≥2 m，宽度≥2 m 或不小于采样枪长度外延 1 m，周围设置 1.2 m 以上的安全护栏，有牢固并符合要求的安全措施；当采样平台设置在离地面高度≥2 m 的位置时，应有通往平台的斜梯（或"Z"字梯、旋梯），宽度应≥0.9 m；当采样平台设置在离地面高度≥20 m 的位置时，应有通往平台的升降梯。

⑥颗粒物和废气流量测量时，根据采样位置尺寸进行多点分布采样测量；排气参数（温度、含湿量、氧含量）和气态污染物一般在管道中心位置测定。

（2）排气参数的测定

①温度的测定：常用测定方法为热电偶法或电阻温度计法。一般情况下可在靠近烟道中心的一点测定，封闭测孔，待温度计读数稳定后读取数据。

②含湿量的测定：常用测定方法为干湿球法。在靠近烟道中心的一点测定，封闭测孔，使气体在一定的速度下流经干、湿球温度计，根据干、湿球温度计的读数和测点处排气的压力，计算出排气的水分含量。

③氧含量的测定：常用测定方法为电化学法或氧化锆氧分仪法。在靠近烟道中心的一点测定，封闭测孔，待氧含量读数稳定后读取数据。

④流速、流量的测定：常用测定方法为皮托管法。根据测得的某点处的动压、静压及温度、断面截面积等参数计算出排气流速和流量。

（3）采样频次和采样时间

采样频次和采样时间确定的主要依据为：相关标准和规范的规定和要求；实施监测的目的和要求；被测污染源污染物排放特点、排放方式及排放规律，生产设施和治理设施的运行状况；被测污染源污染物排放浓度的高低和所采用的监测分析方法的检出限。

具体要求如下：

①相关标准中对采样频次和采样时间有规定的，按相关标准的规定执行。

②相关标准中没有明确规定的，排气筒中废气的采样以连续 1 h 的采样获取平均值，或在 1 h 内，以等时间间隔采集 3～4 个样品，并计算平均值。

③特殊情况下，若某排气筒的排放为间断性排放，排放时间小于 1 h，应在排

放时段内实行连续采样，或在排放时段内等间隔采集 2～4 个样品，并计算平均值；若某排气筒的排放为间断性排放，排放时间大于 1 h，则应在排放时段内按②的要求采样。

（4）监测分析方法选择

监测分析方法选择时，应遵循以下原则：

①监测分析方法的选用应充分考虑相关排放标准的规定、被测污染源排放特点、污染物排放浓度的高低、所采用监测分析方法的检出限和干扰等因素；

②相关排放标准中有监测分析方法的规定时，应采用标准中规定的方法；

③对相关排放标准未规定监测分析方法的污染物项目，应选用国家环境保护标准、环境保护行业标准规定的方法；

④在某些项目的监测中，尚无方法标准的，可采用国际标准化组织（ISO）或其他国家的等效方法标准，但应经过验证合格，其检出限、准确度和精密度应能达到质控要求。

（5）质量保证要求

①属于国家强制检定目录内的工作计量器具，必须按期送计量部门检定，检定合格，取得检定证书后方可用于监测工作。

②排气温度、氧含量、含湿量、流速测定、烟气、烟尘测定等仪器应根据要求定期校准，对一些仪器使用的电化学传感器应根据使用情况及时更换。

③采样系统采样前应进行气密性检查，防止系统漏气。检查采样嘴、皮托管等是否变形或损坏。

④滤筒、滤料等外观无裂纹、空隙或破损，无挂毛或碎屑，能耐受一定的高温和机械强度。采样管、连接管、滤筒、滤料等不被腐蚀、不与待测组分发生化学反应。

⑤样品采集后注意样品的保存要求，尽快送实验室分析。

8.1.3　具体指标的监测

各监测指标除遵循本章 8.1.1 监测方式和本章 8.1.2 现场采样的相关要求外，还应遵循各自的具体要求。

8.1.3.1　二氧化硫（SO_2）的监测

（1）常用方法

二氧化硫（SO_2）是有组织废气排放的主要常规污染物之一，目前主要的监测方法有定电位电解法和非分散红外吸收法、紫外吸收法三种现场测试方法，标准监测方法见表 8-1。

表 8-1　常用二氧化硫监测标准方法

序号	标准方法	原理及特点
1	《固定污染源废气　二氧化硫的测定　定电位电解法》（HJ 57—2017）	（1）废气被抽入主要由电解槽、电解液和电极组成的传感器中，二氧化硫通过渗透膜扩散到电极表面，发生氧化反应，产生的极限电流大小与二氧化硫浓度成正比； （2）需要配备除湿性能好的预处理器，以排出水分对监测的影响； （3）测定时，易受一氧化碳干扰
2	《固定污染源废气　二氧化硫的测定　非分散红外吸收法》（HJ 629—2011）	（1）二氧化硫气体在 6.82～9 μm 红外光谱波长具有选择性吸收。一束恒定波长为 7.3 μm 的红外光通过二氧化硫气体时，其光通量的衰减与二氧化硫的浓度符合朗伯-比尔定律定量； （2）需要配备除湿性能好的预处理器，以排出水分对监测的影响； （3）受甲烷干扰影响较大
3	《固定污染源废气　二氧化硫的测定　便携式紫外吸收法》（HJ 1131—2020）	（1）二氧化硫对紫外光区内 190～230 nm 或 280～320 nm 特征波长光具有选择性吸收，根据朗伯-比尔定律定量测定废气中二氧化硫的浓度； （2）通过加热采样管和导气管、冷却装置快速除湿或测定热湿废气样品等方法，以去除水分对监测的影响； （3）干扰因素较少

（2）注意事项

①水分对二氧化硫测定影响较大。废气中的高含水量和水蒸气会对测定结果造成负干扰，还会对仪器检测器/检测室造成损坏和污染，因此监测时，特别是在废气含湿量较高的情况下，应使用除湿性能较好的预处理设备，及时排空除湿装置的冷凝水，防止影响测定结果。

②对于定电位电解法而言，一氧化碳对二氧化硫的监测会存在一定程度的干扰。监测仪器应具有一氧化碳测试功能，当一氧化碳浓度高于 50 μmol/mol 时，应根据《固定污染源废气　二氧化硫的测定　定电位电解法》（HJ 57—2017）中的附录 A 进行一氧化碳干扰试验，确定仪器的适用范围，根据一氧化碳、二氧化硫浓度是否超出了干扰试验允许的范围，从而对二氧化硫数据是否有效进行判定。

③监测结果一般应在校准量程的 20%～100%，特别是应注意不能超过校准量程，因此在监测活动正式开展前，应根据历史监测资料，预判二氧化硫可能的浓度范围，从而选择合适的标准气体进行校准，确定校准量程。

④开展监测活动全过程中，仪器不得关机。

⑤定电位电解法仪器测定二氧化硫的传感器更换后，应重新开展干扰试验。对于未开展一氧化碳干扰试验的定电位电解法仪器，有组织废气监测过程中，一氧化碳浓度高于 50 μmol/mol 时同步测得的二氧化硫数据，应作为无效数据予以剔除。

8.1.3.2　氮氧化物（NO_x）的监测

（1）常用方法

有组织废气中的氮氧化物（NO_x）包括以一氧化氮（NO）和二氧化氮（NO_2）两种形式存在的氮的氧化物，因此对有组织废气中 NO_x 的监测实际上是通过对 NO 和 NO_2 的监测实现的。

表 8-2 中给出了有组织废气中氮氧化物监测标准方法的原理及特点。

表 8-2　常用氮氧化物监测标准方法

序号	标准方法	原理及特点
1	《固定污染源废气　氮氧化物的测定　定电位电解法》（HJ 693—2014）	（1）废气被抽入主要由电解槽、电解液和电极组成的传感器中，一氧化氮或二氧化氮通过渗透膜扩散到电极表面，发生氧化还原反应，产生的极限电流大小与一氧化氮或二氧化氮浓度成正比； （2）两个不同的传感器分别测定一氧化氮（结果以 NO_2 计）和二氧化氮，两者测定之和为氮氧化物（以 NO_2 计）
2	《固定污染源废气　氮氧化物的测定　非分散红外吸收法》（HJ 692—2014）	（1）利用 NO 对红外光谱区，特别是 5.3 μm 波长光的选择性吸收，由朗伯-比尔定律定量 NO 和废气中 NO_2 通过转换器还原为 NO 后的浓度； （2）一般先将废气通入转换器，将废气中的二氧化氮还原为一氧化氮，再将废气通入非分散红外吸收法仪器进行监测，此时，由二氧化氮转化而来的一氧化氮，将和废气中原有的一氧化氮一起经过分析测试，测得结果为总的氮氧化物（以 NO_2 计）
3	《固定污染源废气　氮氧化物的测定　便携式紫外吸收法》（HJ 1132—2020）	（1）一氧化氮对紫外光区内 200～235 nm 特征波长光，二氧化氮对紫外光区内 220～250 nm 或 350～500 nm 特征波长光具有选择性吸收，根据朗伯-比尔定律定量测定废气中一氧化氮和二氧化氮的浓度； （2）通过加热采样管和导气管、冷却装置快速除湿或测定热湿废气样品等方法，去除水分对监测的影响； （3）可同时对一氧化氮、二氧化氮进行监测

从表 8-2 中可以看出，常用的有组织废气中 NO_x 监测方法主要包括定电位电解法、非分散红外吸收法、紫外吸收法三种现场测试方法，这三种方法实现 NO_x 测定的过程方式是有所不同的，但最终监测结果均以 NO_2 计。

（2）注意事项

①测定结果一般应在校准量程的 20%～100%，特别是应注意不能超过校准量程。

②开展监测活动全过程中，仪器不得关机。

③非分散红外吸收法测定氮氧化物时，应注意至少每半年做一次 NO_2 的转化效率测定，转化效率不能低于 85%，否则应更换还原剂；监测活动中，进入转换

器的 NO_2 浓度不得大于 200 μmol/mol。

8.1.3.3 颗粒物的监测

（1）常用方法

颗粒物的监测一般使用重量法，采用现场采样+实验室分析的监测方式，利用等速采样原理，抽取一定量的含颗粒物的废气，根据所捕集到的颗粒物质量和同时抽取的废气体积，计算出废气中颗粒物的浓度。

目前颗粒物监测方法标准主要有《固定污染源排气中颗粒物测定与气态污染物采样方法》和《固定污染源废气 低浓度颗粒物的测定 重量法》（HJ 836—2017）。根据原环境保护部的相关规定，在测定有组织废气中颗粒物浓度时，应遵循表 8-3 中的规定选择合适的监测方法标准。

表 8-3 常用颗粒物监测标准方法的适用范围

序号	废气中颗粒物浓度范围	适用的标准方法
1	≤20 mg/m³	《固定污染源废气 低浓度颗粒物的测定 重量法》（HJ 836—2017）
2	>20 mg/m³，且≤50 mg/m³	《固定污染源废气 低浓度颗粒物的测定 重量法》（HJ 836—2017）、《固定污染源排气中颗粒物测定与气态污染物采样方法》（GB/T 16157—1996），均适用
3	>50 mg/m³	《固定污染源排气中颗粒物测定与气态污染物采样方法》（GB/T 16157—1996）

依据《固定污染源排气中颗粒物测定与气态污染物采样方法》进行颗粒物监测时，仅将滤筒作为样品，进行采样前后的分析称量，依据《固定污染源废气 低浓度颗粒物的测定 重量法》进行低浓度颗粒物监测时，需要将装有滤膜的采样头作为样品，进行采样前后的整体称量。

（2）注意事项

①样品采集时，采样嘴应对准气流方向，与气流方向的偏差不得大于 10°；不同于气态污染物，颗粒物在排气筒监测断面（横截面）上的分布是不均匀的，

须多点等速、等时长采样，每个点采样时间不少于 3 min。

②应选择气流平稳的工况进行采样。采样前后，排气筒内气流流速变化不应大于 10%，否则应重新测量。

③每次开展低浓度颗粒物监测时，每批次应采集全程序空白样品。实际监测样品的增重若低于全程序空白样品的增重，则认定该实际监测样品无效，低浓度颗粒物样品采样体积为 1 m³ 时，方法检出限为 1.0 mg/m³；废气中颗粒物浓度低于方法检出限时，全程序空白样品采样前后重量之差的绝对值不得超过 0.5 mg。

④采样前后样品称重环境条件应保持一致。低浓度颗粒物样品称重使用的恒温恒湿设备的温度控制在 15～30℃任意一点，控温精度±1℃；相对湿度应保持在（50±5）% RH 范围内。

8.1.3.4　汞排放监测

（1）常用方法

废气中汞排放监测时，主要依据《固定污染源废气　汞的测定　冷原子吸收分光光度法（暂行）》（HJ 543—2009）。采用气泡吸收管+烟气采样器进行现场吸收液采集，之后送实验室采用冷原子吸收分光光度法进行分析测定。

（2）注意事项

①由于橡皮管对汞有吸附，采样管与吸收管之间应采用聚乙烯管连接，接口处用聚四氟乙烯生料带密封。

②当汞浓度较高时，可采用大型冲击式吸收采样瓶。所有玻璃器皿在使用前要用 10%硝酸溶液浸泡或用（1+1）硝酸溶液浸泡 40 min，以除去器壁上吸附的汞。

③测定样品前必须做试剂空白试验，空白值不超过 0.005 μg 汞。

④采样结束后，封闭吸收管进出气口，置于样品箱内运输，并注意避光，样品采集后应尽快分析。若不能及时测定，应置于冰箱内 0～4℃保存，5 d 内测定。

8.1.3.5 重金属（除汞）的监测

（1）监测方法标准

废气中重金属监测时，主要依据的方法标准见表 8-4。不同的重金属物质有不同的方法，排污单位可以根据实际情况选择合适的方法开展监测。监测时主要的采样方式为富集采样法，采用滤筒+颗粒物采样器进行现场滤筒捕集或者使用气泡吸收管+小流量采样器进行现场吸收液采集，妥善保存后带回实验室进行分析，主要的分析方法包括光谱法、质谱法和分光光度法。

表 8-4 重金属监测方法对照

监测项目	监测方法标准
砷、镉、铬、铜、锰、镍、铅、锑、锡	《空气和废气　颗粒物中金属元素的测定　电感耦合等离子体发射光谱法》（HJ 777—2015）
	《空气和废气　颗粒物中铅等金属元素的测定　电感耦合等离子体质谱法》（HJ 657—2013）
镍	《大气固定污染源　镍的测定　火焰原子吸收分光光度法》（HJ/T 63.1—2001）
	《大气固定污染源　镍的测定　原子吸收分光光度法》（HJ/T 63.2—2001）
	《大气固定污染源　镍的测定　丁二酮肟-正丁醇萃取分光光度法》（HJ/T 63.3—2001）
镉	《大气固定污染源　镉的测定　火焰原子吸收分光光度法》（HJ/T 64.1—2001）
	《大气固定污染源　镉的测定　石墨炉原子吸收分光光度法》（HJ/T 64.2—2001）
	《大气固定污染源　镉的测定　对-偶氮苯重氮氨基偶氮苯磺酸分光光度法》（HJ/T 64.3—2001）
铅	《固定污染源废气　铅的测定　火焰原子吸收分光光度法（暂时）》（HJ 538—2009）
	《固定污染源废气　铅的测定　石墨炉原子吸收分光光度法》（HJ 539—2015）
锡	《大气固定污染源　锡的测定　石墨炉原子吸收分光光度法》（HJ/T 65—2001）
砷	《固定污染源废气　砷的测定　二乙基二硫代氨基甲酸银分光光度法》（HJ 540—2016）

（2）注意事项

①采集颗粒物中的重金属时，应使用颗粒物采样器采样，采样材料应使用玻

璃纤维滤筒或石英滤筒,要求其对粒径大于 0.3 μm 颗粒物的阻留效率不低于 99.9%。空白滤筒中目标金属元素含量应小于等于排放标准限值的 1/10,不符合要求则不能使用。

②采样前要彻底清洗采样管的采样嘴和弯管并吹干。将玻璃纤维滤筒或石英滤筒装入采样管头部的滤筒夹内,根据所选择的等速采样方法,再连接好采样系统,连接管要尽可能短,并检查系统的气密性和可靠性。

③当重金属质量浓度较低时可适当增加采样体积。如管道内烟气温度高于需采集的相关金属元素熔点,应采取降温措施,使进入滤筒前的烟气温度低于相关金属元素的熔点。使用滤筒采样时,每次采样至少取同批号滤筒两个,带到采样现场作为现场空白样品。

④所采集的颗粒物中的重金属样品在采样结束后,滤筒样品应将封口向内折叠,编号后,竖直放回原采样盒中,放入干燥器中保存。样品在干燥、通风、避光、室温环境下保存。同时按照采样要求做好记录。

⑤砷、铅、镍等金属元素具有一定的毒性,试验过程中应做好安全防护工作。

8.1.3.6　挥发性有机物的监测

挥发性有机物(VOCs)监测已经成为"十三五"期间重点监测的重要内容,这里简要介绍一下监测的技术要求。

(1)监测方法标准

固定污染源废气 VOCs 监测时,主要依据原环境保护部《关于加强固定污染源废气挥发性有机物监测工作的通知》(环办监测函〔2018〕123 号)中附件 2 的《固定污染源废气挥发性有机物监测技术规定(试行)》,本规定涉及的主要监测方法标准有:

《固定污染源排气中颗粒物测定与气态污染物采样方法》(GB 16157—1996)

《固定源废气监测技术规范》(HJ/T 397—2007)

《固定污染源废气　挥发性有机物的采样　气袋法》(HJ 732—2014)

《固定污染源废气　挥发性有机物的测定　固定相吸附-热脱附/气相色谱-质谱法》（HJ 734—2014）

《固定污染源排气中酚类化合物的测定　4-氨基安替比林分光光度法》（HJ/T 32—1999）

《固定污染源排气中甲醇的测定　气相色谱法》（HJ/T 33—1999）

《固定污染源排气中氯乙烯的测定　气相色谱法》（HJ/T 34—1999）

《固定污染源排气中乙醛的测定　气相色谱法》（HJ/T 35—1999）

《固定污染源排气中丙烯醛的测定　气相色谱法》（HJ/T 36—1999）

《固定污染源排气中丙烯腈的测定　气相色谱法》（HJ/T 37—1999）

《固定污染源排气中非甲烷总烃的测定　气相色谱法》（HJ/T 38—2017）

《固定污染源排气中氯苯类的测定　气相色谱法》（HJ/T 39—1999）

《固定污染源监测质量保证与质量控制技术规范（试行）》（HJ/T 373—2007）

（2）监测技术要求

①分析方法选择

挥发性有机物测定项目的分析方法选择次序及原则如下：

——标准方法：按环境质量标准或污染物排放标准中选配的分析方法、新发布的国家标准、行业标准或地方标准方法。国家或地方再行发布的分析方法同等选用。

——其他方法：经证实或确认后，检测机构同等采用由 ISO 或其他国家环保行业规定或推荐的标准方法。

②采样技术要求

a. 采样点位布设

有组织废气排放源的采样点位布设，符合《固定污染源排气中颗粒物测定与气态污染物采样方法》和《固定源废气监测技术规范》的规定。应选取靠近排气筒的中心作为采样点，采样管线应为不锈钢、石英玻璃、聚四氟乙烯等低吸附材料，并尽可能短。

对固定污染源挥发性有机物废气排放进行监测时，应优先选择排放浓度高、废气排放量大的排放口及其排放时段进行监测。

b. 采样口及采样平台

有组织废气排气筒的采样口（监测孔）和采样平台设置应符合《固定污染源排气中颗粒物测定与气态污染物采样方法》和《固定源废气监测技术规范》的规定要求。

c. 采样频次及时段

连续有组织排放源，其排放时间大于 1 h 的，应在生产工况、排放状况比较稳定的情况下进行采样，连续采样时间不少于 20 min，气袋采气量应不小于 10 L；或 1 h 内以等时间间隔采集 3～4 个样品，其测试平均值作为小时浓度。

间歇有组织排放源，其排放时间小于 1 h 的，应在排放时间段内恒流采样；当排放时间不足 20 min 时，采样时间与间歇生产启停时间相同，可增加采样流量或连续采集 2～4 个排放过程，采气量不小于 10 L；或在排放时段内采集 3～4 个样品，计算其平均值作为小时浓度。

采样时应核查并记录工况。对于储罐类排放采样，应在其加注、输送操作时段内采样；在测试挥发性有机物处理效率时，应避免在装置或设备启动等不稳定工况条件下采样。

当对污染事故排放进行监测时，应按需要设置采样频次及时段，不受上述要求限制。

d. 采样器具

使用气袋采样应按照《固定污染源废气　挥发性有机物的采样　气袋法》中的技术规定执行。

使用吸附管采样应按照测定方法标准规定的采样方法执行，并符合《固定源废气监测技术规范》中的质量控制要求。

使用采样罐、真空瓶或注射器采样时，应按照测定方法规定的采样方法执行，并符合《固定源废气监测技术规范》中对真空瓶或注射器采样的质量控制要求。

采样枪、过滤器、采样管、气袋、采样罐和注射器等可重复利用的器材，在使用后应尽快充分净化，先用空气吹扫 2～3 次，再用高纯氮气吹扫 2～3 次，净化后的采样管、气袋、采样罐和注射器等器具应保存在密封袋或箱内避免污染。在使用前抽检 10% 的气袋、采样罐等可重复利用器材，其待测组分含量应不大于分析方法测定下限，抽检合格方可使用。

e. 样气采集

若排放废气温度与车间或环境温度差不超过 10℃，为常温排放，采样枪可不用加热，否则为非常温排放。为防止高沸点有机物在采样枪内凝结，采样枪需加热（有防爆安全要求除外），采样枪前端的颗粒物过滤器应为陶瓷或不锈钢材质等低挥发性有机物吸附材料，过滤器、采样枪、采样管线加热温度应比废气温度高 10℃，但最高不超过 120℃。

使用气袋法采样操作应按照《固定污染源废气　挥发性有机物的采样　气袋法》中的规定执行，采集样气量应不大于气袋容量的 80%。使用气袋在高温、高湿、高浓度排放口采集样品时，为减轻挥发性有机物在气袋内凝结、吸附对测试结果的影响，分析测试前应将样品气袋避光加热并保持 5 min，待样品混合均匀后再快速取样分析，气袋加热温度应比废气排放温度或露点温度高 10℃，但最高不超过 120℃。分析方法或标准中另有规定的，按相关要求执行。

当废气中湿度较大时，应按《固定污染源排气中颗粒物测定与气态污染物采样方法》中的要求执行，在采样枪后增加一个脱水装置，然后再连接采样袋，脱水装置中的冷凝水应与样品气同步分析，冷凝水中的有机物含量可作为修正值计入样品中，以减少水气对测定值干扰所产生的误差。

排气筒中挥发性有机物质量浓度较高时，应优先用仪器在现场直接测试，使用吸附管采样时可适当减少吸附管的采样流量和采样时间，控制好采样体积，第二级吸附管吸附率应小于总吸附率的 10%，否则应重新采样。

特征有机污染物的采样方法、采气量应按照其标准方法的规定执行，方法中未明确规定的，验证后可用气袋、吸附管等采样后分析，验证方法按 HJ 732—2014

中的规定执行。

③安全防护要求

a. 在挥发性有机物监测点位周边环境中可能存在爆炸性或有毒有害有机气体，现场监测或采样方法及设备的选用，应以安全为第一原则。

采样或监测现场区域为非危险场所，宜优先选择现场监测方法。

采样或监测现场区域为有防爆保护安全要求的危险场所，根据危险场所分类选择现场采样、监测用电气设备的类型，选用防爆电气设备的级别和组别应按照《爆炸性气体环境用电气设备 第1部分：通用要求》（GB 3836.1—2010）中的规定执行；不具备现场测试条件的，现场采样后送回实验室分析。

采样或监测现场区域的危险分类或防爆保护要求未明确的，应按照 GB 3836.1—2010 中的规定尽量使用本质安全型（ia 或 ib 类）监测设备开展采样或监测工作。

b. 污染源单位应向现场监测或采样人员详细说明处理设施及采样点位附近所有可能的安全生产问题，必要时应进行现场安全生产培训。

c. 现场监测或采样时应严格执行现场作业的有关安全生产规定，若监测点位区域为有防爆要求的危险场所，污染源企业应为监测人员提供相关报警仪，并安排安全员现场指导安全工作，确保采样操作和仪器使用符合相关安全要求。

d. 采样或监测人员应正确使用各类个人劳动保护用品，做好安全防护工作。尽量在监测点位或采样口的上风向进行采样或监测。

④样品运输和保存

a. 现场采样样品必须逐件与样品登记表、样品标签和采样记录进行核对，核对无误后分类装箱。运输过程中严防样品的损失、受热、混淆和沾污。

b. 用气袋法采集好的样品，应低温或常温避光保存。样品应尽快送到实验室，样品分析应在采样后 8 h 内完成。

c. 用吸附管采样后，立即用密封帽将采样管两端密封，4℃避光保存，7 d 内分析。

d. 用采样罐采集的样品，在常温下保存，采样后尽快分析，20 d 内分析完毕。

e. 用注射器采集的样品，立即用内衬聚四氟乙烯的橡皮帽密封，避光保存，应在当天完成分析测试。

f. 冷链运输的样品应在实验室恢复至常温或加热后再进行测定。

⑤质量保证与质量控制

a. 挥发性有机物监测的质量保证与质量控制应按照《固定污染源监测质量保证与质量控制技术规范（试行）》《固定源废气监测技术规范》及其他相关标准规定执行。

b. 采样前应严格检查采样系统的密封性，泄漏检查方法和标准按照《固定污染源废气 挥发性有机物的采样 气袋法》的要求执行，或者系统漏气量不大于 600 ml/2 min，则视为采样系统不漏气。

c. 现场监测时，应对仪器校准情况进行记录。

d. 采样前应对采样流量计进行校验，其相对误差应不大于 5%；采样流量波动应不大于 10%。

e. 使用吸附管采样时，可用快速检测仪等方法预估样品浓度，估算并控制好采样体积，第二级吸附管目标化合物的吸附率应小于总吸附率的 10%，否则应重新采样。方法标准中另有规定的，按相关要求执行。

f. 每批样品均需建立标准或工作曲线，标准或工作曲线的相关系数应大于 0.995，校准曲线应选择 3～5 个点（不包括空白）。每 24 h 分析一次校准曲线中间浓度点或者次高点，其测定结果与初始浓度值相对偏差应小于等于 30%，否则应查找原因或重新绘制标准曲线。

g. 测定挥发性有机物的特征污染物时，每 10 个样品或每批次（少于 10 个样品）至少分析一个平行样品，平行样品的相对偏差应小于 30%，分析方法另有规定的，按相关要求执行。

h. 每批样品至少有一个全程序空白样品，其平均浓度应小于样品浓度的 10%，否则应重新采样；每批样品分析前至少分析一次实验室空白，空白分析结果应小于方法检出限。分析方法另有规定的，按相关要求执行。

i. 送实验室的样品应及时分析，应在规定的期限内完成；留样样品应按测定项目标准监测方法规定的要求保存。

8.1.3.7 总烃、甲烷和非甲烷总烃的监测

（1）常用方法

对废气中总烃、甲烷和非甲烷总烃进行排放监测时，主要参考《农药制造工业大气污染物排放标准》（GB 39727—2020）中规定的监测方法。采用气袋或玻璃注射器现场采集样品，之后送实验室将气体样品直接注入具氢火焰离子化检测器的气相色谱仪，分别在总烃柱和甲烷柱上测定总烃和甲烷的含量，两者之差即为非甲烷总烃的含量。同时用除烃空气代替样品，测定氧在总烃柱上的响应值，以扣除样品中的氧对总烃测定的干扰。

（2）注意事项

①用气袋采样时，连接采样装置，开启加热采样管电源，将采样管加热并保持在 120℃±5℃（有防爆安全要求的除外），气袋须用样品气清洗至少 3 次，结束采样后样品应立即放入样品保存箱保存，直至样品分析时取出。用玻璃注射器采样时，除遵循上述规定外，采集样品的玻璃注射器用惰性密封头密封。

②样品采集时应全程序空白，将注入除烃空气的采样容器带至采样现场，与同批次采集的样品一并送回实验室分析。

③采集样品的玻璃注射器应小心轻放，防止破损，保持针头端向下状态，放入样品保存箱内保存和运送。样品常温避光保存，采样后尽快完成分析。玻璃注射器保存的样品，放置时间不超过 8 h；气袋保存的样品，放置时间不超过 48 h，如仅测定甲烷，应在 7 d 内完成。

④分析高沸点组分样品后，可通过提高柱温等方式去除分析系统残留的影响，并通过分析除烃空气予以确认。

8.1.3.8　挥发性有机物特征污染物的监测

8.1.3.8.1　苯、苯乙烯、二甲苯、甲苯、丙酮、乙苯、乙酸乙酯、正己烷的监测

（1）常用方法

废气中苯、苯乙烯、二甲苯、甲苯、丙酮、乙苯、乙酸乙酯、正己烷排放监测时，主要依据《固定污染源废气　挥发性有机物的测定　固体吸附-热脱附/气相色谱-质谱法》（HJ 734—2014）。使用填充了合适吸附剂的吸附管直接采集固定污染源废气中的挥发性有机物（或先用气袋采集然后再将气袋中的气体采集到固体吸附管中），将吸附管置于热脱附仪中进行二级热脱附，脱附气体经气相色谱分离后用质谱检测，根据保留时间、质谱图或特征离子定性，内标法或外标法定量。

（2）注意事项

①采样前，将老化的吸附采样管两端立即用密封帽密封，放在气密性好的密封袋或密封盒中保存。密封袋或密封盒存放于装有活性炭的盒子或干燥器中，4℃保存。必要时，在老化的吸附管中加入一定量（一般为校准曲线中间浓度）的替代物标准。

②对于使用多层吸附剂的吸附采样管，吸附采样管气体入口端应为弱吸附剂（比表面积小），出口端为强吸附剂（比表面积大）。每个样品至少采气 300 ml，当废气温度较高，含湿量大于 2%，目标化合物的安全采样体积不能满足样品采气 300 ml，影响吸附采样管的吸附效率时，应将吸附采样管冷却 0～5℃采样。当用气袋-吸附管采样时，8 h 内将气袋与吸附采样管连接，用样品采集装置以 50 ml/min 流量，至少采气 150 ml。

③每批样品应至少做一个全程序空白样品，全程序空白样品中目标化合物的含量过大可疑时，应对本批数据进行核实和检查。将密封保存的吸附采样管带到采样现场，同样品吸附管同时打开封帽，接触现场空气，采样时全程序空白吸附管关闭封帽，采样结束时，同样品吸附管接触空气同时关闭封帽，按与样品相同的操作步骤进行处理和测定，用于检查从样品采集到分析全过程是否受到污染。

④每批样品应至少采集一根串联吸附采样管，同时采样。用于监视采样是否穿透。在吸附采样管后串联一根吸附采样管，如果在后一支吸附采样管中检出目标化合物的量大于总量的 10%，则认为吸附采样管发生穿透，本次采集样品无效，应重新采样，并确保目标化合物的采气量小于吸附采样管安全采样体积。

⑤采样前后流量变化大于 5%，但不大于 10%，应进行修正；流量变化大于 10%，应重新采样。

⑥吸附采样管采样后，立即用密封帽将采样管两端密封，在采样现场应存放在密闭的样品保存箱中，以避免污染。4℃避光保存，7 d 内分析。

8.1.3.8.2　苯胺类的监测

（1）常用方法

废气中苯胺类排放监测时，主要依据《大气固定污染源　苯胺类的测定　气相色谱法》（HJ/T 68—2001）。采用填充了合适吸附剂的硅胶吸附管+小流量烟气采样器进行现场采集，之后送实验室采用气相色谱仪进行分析测定。

（2）注意事项

①采样前，老化的吸附采样管两端立即用密封帽密封，放在气密性较好的密封袋或密封盒中保存。

②采样后，用聚四氟乙烯塑料帽或内衬聚四氟乙烯薄膜的橡皮帽将硅橡胶管两端套封，速送实验室分析。若不能及时测定，样品应于 2～5℃以下避光保存，6 d 内有效。

③硅胶吸附管被石英玻璃棉固定分隔成 A、B 两段，在测定时，当 B 段解析溶液中苯胺类化合物的含量大于 A、B 两段含量之和的 5%时，说明样品已经穿透吸附剂，需要重新采样测定。

8.1.3.8.3　二甲基甲酰胺、丙烯酰胺排放监测

（1）常用方法

废气中二甲基甲酰胺、丙烯酰胺排放监测时，主要依据《环境空气和废气　酰胺类化合物的测定　液相色谱法》（HJ 801—2016）。采用多孔波板吸收瓶+小流量

烟气采样器进行现场吸收液采集样品，之后送实验室采用配备紫外检测器的高效液相色谱仪分离检测，以保留时间定性，外标法定量。

（2）注意事项

①应选择气密性好、阻力和吸收效率合格的多孔波板吸收瓶清洗干净并烘干备用。在采样前装入吸收液并密封避光保存。采样前，应对采样器进行气密性检查和流量校准，并打开抽气泵以 1.0 L/min 抽气约 5 min，置换采样系统的空气。

②采样时，将装有 50 ml 实验用水的多孔波板吸收瓶，用聚四氟乙烯软管或内衬聚四氟乙烯薄膜的硅橡胶管连接至烟气采样器，将采样枪加热至 120℃以上，以 1.0 L/min 流量采集固定污染源废气样品 30 min。可根据实际浓度，适当延长或缩短采样时间，记录采样温度和压力等参数（当采样气体温度较高时，可用冰水浴冷却多孔波板吸收瓶）。

③每次采样时至少带一个全程序空白样品，将同批次内装 50 ml 实验用水的多孔波板吸收瓶带至采样现场，打开其两端，不与采样器连接，1 min 后封闭。用于检查样品在采集、运输、贮存过程中是否受到污染。如果采样全程序空白明显高于同批配置的吸收液空白，则同批次采集的样品作废。

④采样后，用聚四氟乙烯软管或内衬聚四氟乙烯薄膜的硅胶管封闭多孔波板吸收瓶的进气口与出气口，直立于冷藏箱内运输和保存。若不能及时测定，样品应于 4℃以下冷藏、避光和密封保存，7 d 内完成分析测定。

8.1.3.8.4 甲醇的监测

（1）常用方法

废气中甲醇排放监测时，主要依据《固定污染源排气中甲醇的测定　气相色谱法》（HJ/T 33—1999）。采用玻璃注射器现场采集样品，之后送实验室将气体样品直接注入具氢火焰离子化检测器的气相色谱仪进行分析测定。

（2）注意事项

①采用适当尺寸的不锈钢、硬质玻璃或聚四氟乙烯材质的管料，并附有可加温至 120℃以上的保温夹套的采样管。

②样品采集前要检查密封性和可靠性。在采样管口塞适量玻璃棉，然后将其伸至排气筒内的采样点位置，启动抽气泵，首先将采样系统管路中排气筒内的气体充分清洗，然后抽动注射器，反复抽洗 5～6 次后，抽满所需体积的气体，迅速用橡皮帽（内衬聚四氟乙烯薄膜）密封，带回实验室分析。为便于运输和存放，可将注射器内的样品充入贮气袋中存放。

③样品采集时应全程序空白，与同批次采集的样品一并送回实验室分析。

④采样后应尽快分析。若不能及时分析，可于冰箱中 3～5℃冷藏，1 周内分析完毕。采集样品的玻璃注射器应小心轻放，防止破损，保持针头端向下状态，放入样品保存箱内保存和运送。

⑤如发现样品浓度过高，应于测定前用高纯氮或干净空气稀释。乙醛浓度应在 250 mg/m³ 以下，以保证能与甲醇完全分离而不干扰测定。

8.1.3.8.5　氯苯类化合物的监测

（1）常用方法

废气中氯苯类化合物排放监测时，主要依据《大气固定污染源　氯苯类化合物的测定　气相色谱法》（HJ/T 66—2001）和《固定污染源排气中氯苯类的测定　气相色谱法》（HJ/T 39—1999）。两个方法标准均采用填充了合适吸附剂的吸附管富集采集样品，之后送实验室将气体样品用气相色谱仪进行分析测定。

（2）注意事项

①按照《大气固定污染源　氯苯类化合物的测定　气相色谱法》进行监测时，用乳胶管以最短距离串联两支吸附管，安装在采样系统内，以 0.5～1 L/min 的流量采气 10～20 L，记录采样流量、采样时间及采样系统内气体的温度、压力和流量，采样后用衬有氟塑料薄膜的胶帽密封吸附管，常温下避光保存。已经采样的吸附管可在常温下避光保存 10 d，经解析后，解析液应及时分析。分别检测两支串联吸附管，当后吸附管中氯苯类化合物的含量达到或超过前吸附管的 5%时，认为吸附管已经被穿透，该样品作废，重新采样。

②按照《固定污染源排气中氯苯类的测定　气相色谱法》进行监测时，采样

管采用不锈钢、硬质玻璃或聚四氟乙烯材质的管料，头部塞少量玻璃纤维，并附有可加温至 120℃以上的保温夹套。采样时，将富集柱连接于空气采样器内。若样品气体的含湿量大，应在采样管和富集柱之间接入除湿装置，以 1.0 L/min 的流速采集气体，采气量视气体中待测物的含量而定，一般取有组织排气 10～20 L。采好样的富集柱迅速用衬有氟塑料薄膜的橡胶帽密封，带回实验室分析。采集好的样品于富集柱内可保存 2 d（室温），脱附后的洗脱液应及时分析。

8.1.3.8.6 酰胺类化合物的监测

（1）常用方法

酰胺类化合物的监测，主要依据《环境空气和废气 酰胺类化合物的测定 液相色谱法》（HJ 801—2016）。采样时，将装有 10.0 ml 实验用水的多孔玻板吸收管，用聚四氟乙烯软管或内衬聚四氟乙烯薄膜的硅胶管连接至大气采样器，采集后的样品置于冷藏箱，应用液相色谱仪进行测定。

（2）注意事项

①在本方法规定的条件下，其他有机物可能会产生干扰，可采用不同辅助波长下的吸光度比值、紫外光谱图或质谱图定性。根据干扰物的性质，采用合适的方法去除干扰。

②配制的酰胺类化合物混合标准使用液须放在棕色玻璃试剂瓶中，于 4℃以下冷藏、避光和密封，可保存 6 d。使用时应恢复至室温，并摇匀。

③采集的样品应于 4℃以下冷藏、避光和密封保存，5 d 内完成分析测定。

8.1.3.9 二噁英类的监测

（1）常用方法

对废气中二噁英类进行排放监测时，主要依据《环境空气和废气 二噁英类的测定 同位素稀释高分辨气相色谱-高分辨质谱法》（HJ 77.2—2008）和《环境二噁英类监测技术规范》（HJ 916—2017）。采用滤筒（或滤膜）进行现场样品采集，之后送实验室采用同位素稀释高分辨气相色谱-高分辨质谱法进行分析测定。

（2）注意事项

①采样管材料应为硼硅酸盐玻璃、石英玻璃或钛合金属合金，采样管内表面应光滑流畅，采样管应带有加热装置，加热温度应在 105～125℃。滤筒或滤膜应用硼硅酸盐玻璃或石英玻璃制成，尺寸与滤筒或滤膜相适应，方便滤筒或滤膜的取放，接口处应密封良好。冷凝装置用于分离、储存废气中冷凝下来的水，容积应不小于 1 L。

②根据样品采样量和等速采样流量，确定总采样时间及各点采样时间。由于废气采样的特殊性，采样需在一段较长的时间内进行，以避免短时间的不稳定工况对采样结果造成影响，一般总采样时间应不少于 2 h。样品采样量还应同时满足方法检出限的要求。采样前加入采样内标，要求采样内标物质的回收率为 70%～130%，超过此范围需重新采样。

③将采样管插入烟道第一采样点处，封闭采样孔，使采样嘴对准气流方向（其与气流方向偏差不得大于 10°），启动采样泵，迅速调节采样流量到第一采样点所需的等速流量值，采样流量与计算的等速流量之间的相对误差应在±10%的范围内。第一点采样后，立即将采样管移至第二采样点，迅速调整采样流量到第二采样点所需的等速流量值，继续进行采样。依此类推，顺序在各点采样。

④采样期间当压力、温度有较大变化时，需随时将有关参数输入仪器，重新计算等速采样流量。若滤筒阻力增大到无法保持等速采样，则应更换滤筒后继续采样。采样过程中，气相吸附柱应注意避光，并保持在 30℃以下。

⑤采样过程按照标准规定准备采样材料带至现场，但不进行实际采样操作，采样结束后带回实验室完成分析步骤，所得结果为运输空白。运输空白试验的频度约为采样总数的 10%。运输空白值较高时，如果样品实测值远大于运输空白值（如规定两者相差 2 个数量级以上），则可以从样品实测值中扣除运输空白值。而如果运输空白值接近甚至大于样品实测值，应查找污染原因，消除污染后重新采样分析。

⑥拆卸采样装置时应尽量避免阳光直接照射。取出滤筒保存在专用容器中，

用水冲洗采样管和连接管，冲洗液与冷凝水一并保存在棕色试剂瓶中。气相吸附柱两端密封后避光保存。样品应冷藏贮存，尽快送至实验室分析。

8.1.3.10　一氧化碳的监测

（1）常用方法

对废气中一氧化碳进行排放监测时，主要依据《固定污染源排气中一氧化碳的测定　非色散红外吸收法》（HJ/T 44—1999）和《固定污染源废气　一氧化碳的测定　定电位电解法》（HJ 973—2018）。采用非色散红外气体分析仪现场直接测试或现场利用气袋采集样品后再用非色散红外气体分析仪进行分析。利用定电位电解法时直接用分析仪进行测定。

（2）注意事项

①按照《固定污染源排气中一氧化碳的测定　非色散红外吸收法》进行监测时，采样时如遇负压锅炉，需接大功率泵，仪器本身泵关闭；采样时应注意安全，对一氧化碳浓度较高的采样点，采样开孔应安装防喷装置，采样人员要站在上风口，防止一氧化碳中毒；室温下的饱和水蒸气对测定无干扰，但更高的含湿量对测定有正干扰，需采取适当的除湿措施（如在气体吸收瓶中填装玻璃棉，依靠烟气冷却凝结水分除湿；若烟气温度高，含湿量大，需采用冷凝器除湿）。

②按照《固定污染源废气　一氧化碳的测定　定电位电解法》进行监测时，采样时要采用滤尘装置、除湿装置等进行滤除，消除颗粒物、水分等对传感器滤膜的影响；测定时注意氢气、酸性气体和乙烯对测定结果的干扰，当乙烯浓度超过 100 μmol/mol 时，应慎用此标准；采样时要堵严采样孔，使之不漏气，待测定仪稳定后，按分钟保存测定数据，连续 5～15 min 测定数据的平均值作为一次测量值；每次测量结束后，按照仪器说明书规定用零气进行清洗，最后结束时，示值回到零点附近后再关机断电。

8.1.3.11　臭气浓度监测

（1）常用方法

废气中臭气浓度监测时，主要依据《恶臭污染源环境监测技术规范》（HJ 905—2017）和《空气质量　恶臭的测定　三点比较式臭袋法》（GB/T 14675—1993）。利用真空瓶（管）或气袋用抽气泵采集恶臭气体样品后，送回实验室利用三点比较式臭袋法进行分析。

（2）注意事项

①真空瓶采样

a. 真空瓶的准备：采样前应采用空气吹洗，再抽真空使用，使用后的真空瓶应及时用空气吹洗。当使用后的真空瓶污染较严重时，应采用蒸沸或重铬酸钾洗液清洗的方法处理。当有组织排放源样品浓度过高，需对样品进行预稀释时，在采样前应对真空瓶进行定容，可采用注水计量法对真空瓶定容，定容后的真空瓶应经除湿处理后再抽气采样。对新购置的真空瓶或新配置的胶塞，应进行漏气检查。用带有真空表的胶塞塞紧真空瓶的大口端，抽气减压到绝对压力 1.33 kPa 以下，放置 1 h 后，如果瓶内绝对压力不超过 2.66 kPa，则视为不漏气。

b. 系统漏气检查：采样前将除湿定容后的真空瓶抽真空至 1.0×10^5 Pa，放置 2 h 后，观察并记录真空瓶压力变化不能超过规定负压的 20%。连接采样系统，打开抽气泵抽气，使真空压力表负压上升至 13 kPa，关闭抽气泵一侧阀门，压力在 1 min 之内下降不超过 0.15 kPa，则视为系统不漏气。

c. 样品采集：采样前，打开气泵以 1 L/min 的流量抽气约 5 min，置换采样系统中的空气。接通采样管路，打开真空瓶旋塞，使气体进入真空瓶，然后关闭旋塞，将真空瓶取下。必要时记录采样的工况、环境温度、大气压力及真空瓶采样前瓶内压力。

d. 采样频次：连续有组织排放源按生产周期确定采样频次，样品采集次数不小于 3 次，取其最大测定值。生产周期在 8 h 以内的，采样间隔不小于 2 h；生产周期大于 8 h 的，采样间隔不小于 4 h。间歇有组织排放源应在恶臭污染浓度最高时段采样，样品采集次数不少于 3 次，取其最大测定值。

e. 样品保存：真空瓶存放的样品应有相应的包装箱，防止光照和碰撞，所有样品均应在 17～25℃条件下进行保存，样品应在采样后 24 h 内测定。

f. 采集样品时，应注意：采样位置应选择在排气压力为正压或常压点位处；真空瓶应尽量靠近排放管道处，并应采用惰性管材（如聚四氟乙烯管等）作为采样管；如采集排放源强酸或强碱性气体时，应使用洗涤瓶。取 100 ml 洗涤瓶，内装 5 mol/L 的氢氧化钠溶液或 3 mol/L 的硫酸溶液洗涤气体。

②气袋采样

a. 连接好采样系统，在抽气泵前加装一个真空压力表，按照真空瓶采样系统进行系统漏气检查。

b. 打开采样气体导管与采样袋之间的阀门，启动抽气泵，抽取气袋采样箱呈负压，气体进入采样袋，采样袋充满气体后，关闭采样袋阀门。采样前按上述操作，用被测气体冲洗采样袋三次。

c. 采样结束，从气袋采样箱取出充满样气的采样袋，送回实验室分析。气袋样品应避光保存，所有样品均应在 17～25℃条件下进行保存，样品应在采样后 24 h 内测定。

d. 采集排气温度较高样品时，应注意气袋的适用温度。必要时记录采样的工况、环境温度及大气压力。

8.1.3.12　氟化氢的监测

（1）常用方法

废气中氟化氢排放监测时，主要依据《固定污染源废气　氟化氢的测定　离子色谱法》（HJ 688—2019）。测定废气中气态氟化物时也可用此监测方法标准。采用加热的采样管经加热过滤器滤除颗粒物后，用冷却的碱性吸收液连续吸收气态样品，之后送实验室用离子色谱仪进行分析测定。

（2）注意事项

①采样管、过滤装置的温度控制在 185℃±5℃。采样管内衬管材质为 PTFE、硼硅酸盐玻璃、石英玻璃或钛合金，内表面光滑流畅。抽气泵应保证足够的抽气量，当采样系统负载阻力为 20 kPa 时，抽气流量应不低于 2.0 L/min。

②若采用恒流采样，在采样装置的主路和旁路上分别串联 2 支各装 30 ml 吸收液的小型多孔玻板吸收瓶。用连接管将采样管和吸收瓶及吸收瓶和干燥器连接，以 2.0 L/min 的流量，每个样品采样时间 20～60 min。采样后将连接管和吸收瓶一起拆下，用连接管密封吸收瓶。

③若采用等速采样，在采样装置上串联 3 支大型冲击吸收瓶，采样管和吸收瓶之间用连接管连接。前两支吸收瓶各装有 75 ml 吸收液，第 3 支为空瓶，并与干燥器连接，以 90%～110%等速率采集废气样品，每个样品采样时间原则上不低于 20 min。采样后将连接管和吸收瓶一起拆下，用连接管密封吸收瓶。不分析过滤器收集的颗粒物。

④准备 2 支密封的各装有与实际采样所需等量吸收液的吸收瓶，带至采样地点，不与采样器连接，采样结束后，作为全程序空白样品带回实验室与实际样品一起分析测定。每批样品至少做一个全程序空白，空白值不得超过方法检出限。

⑤样品保存：将吸收瓶垂直放置于清洁的容器内运输。实验室内室温保存，时间不超过 1 周。

⑥样品溶液浓度与淋洗液浓度相近，减少测定误差；根据废气中氟化氢浓度的高低相应调整采样体积和（或）试样稀释体积；试样中含有粒径超过 0.45 μm 的颗粒物时，试样溶液进入离子色谱仪前预先过滤处理，消除对离子色谱柱的影响；气泡对离子色谱柱分离效果有影响，进样时不能带入气泡。

8.1.3.13　氯化氢、氯化物（以 HCl 计）的监测

（1）常用方法

废气中氯化氢、氯化物（以 HCl 计）排放监测时，主要依据《固定污染源排

气中氯化氢的测定 硫氰酸汞分光光度法》（HJ/T 27—1999）、《固定污染源废气氯化氢的测定 硝酸银容量法》（HJ 548—2016）和《环境空气和废气 氯化氢的测定 离子色谱法》（HJ 549—2016）。采用多孔玻板吸收瓶（或冲击式吸收瓶）+小流量采样器进行现场吸收液采集，之后送实验室按照相应分析方法进行分析测定。

（2）注意事项

①按照《固定污染源排气中氯化氢的测定 硫氰酸汞分光光度法》（HJ/T 27—1999）进行监测。

a. 采样管用硬质玻璃或氟树脂材质，具有适当尺寸的管料，并应附有可加热至 120℃以上的保温夹套。样品吸收装置采用 50 ml 多孔玻板吸收瓶。

b. 串联两支各装 25 ml 氢氧化钠吸收液的多孔玻板吸收瓶，以 0.5 L/min 的流量，采样 5～30 min。在采样过程中，根据排气温度和湿度调节采样管保温夹套温度，避免水汽于吸收瓶之前凝结。

c. 如果样品采集后不能当天测定，应将试样密封后置于冰箱 3～5℃保存，保存期不超过 48 h。

d. 若排气中含有氯化物颗粒性物质，应在吸收瓶之前接装滤膜夹，否则可不装滤膜夹。采样管、吸收瓶之间连接时不可用乳胶管连接，应用聚乙烯管或聚四氟乙烯管内接外套法连接。用过的吸收瓶、具塞比色管、连接管等，将溶液倒出后，直接用去离子水洗涤，不能用自来水洗涤，操作过程注意防尘，避免用手指触摸连接管口，防止氯化物沾污。采样分析时，样品溶液、标准溶液和空白对照必须用同一批试剂同时操作。

②按照《固定污染源废气 氯化氢的测定 硝酸银容量法》（HJ 548—2016）进行监测。

a. 75 ml 多孔玻板吸收瓶或大型气泡吸收瓶，吸收瓶应严密不漏气，多孔玻板吸收瓶发泡要均匀，当流量为 0.5 L/min 时，其阻力应在 5 kPa±0.7 kPa。

b. 采样时，串联两支内装 50 ml 氢氧化钠吸收液的吸收瓶，按照气态污染物采集方法，以 0.5～1.0 L/min 的流量，连续 1 h 采样，或在 1 h 内以等时间间隔采集 3～4 个样品。在采样过程中，应保持采样保温夹套温度为 120℃，避免水汽在采样管路中凝结。采样完毕后，用连接管密封吸收瓶，待测。

c. 当废气中湿度较大，氯化氢吸湿并主要以颗粒态存在时，其采样点位布设及采样应按照 GB/T 16157 中颗粒物采集的相关规定执行。在烟尘采样器后连接加热装置（内含分流阀及内含乙酸纤维微孔滤膜的滤膜夹），之后通过分流阀再按照气态采样方法进行采集，采样过程中，烟气采样器和加热装置温度保持在 120℃。

d. 采集的样品及全程序空白，应当天尽快测定，若不能及时测定，应于 4℃以下冷藏、密封保存，48 h 内完成分析测定。

e. 排气中含有颗粒态氯化物，应在采样枪与吸收瓶之间接装有乙酸纤维微孔滤膜的滤膜夹；采样枪与吸收瓶之间的连接管应尽可能短并检查系统的气密性和可靠性；采样器应在使用前进行气密性检查和流量校准；每批样品至少要带两个实验室空白和两个全程序空白，空白测定值应小于方法检出限。

③按照《环境空气和废气　氯化氢的测定　离子色谱法》（HJ 549—2016）进行监测。

a. 25 ml 或 75 ml 的冲击式吸收瓶。用水预先清洗冲击式吸收瓶至洗液电导率小于 1.0 μS/cm，置于清洁的环境中晾干备用。采样前，装入吸收液并用连接管密封保存运输。

b. 串联两支各装 50 ml 吸收液的 75 ml 冲击式吸收瓶，按照气态污染物采集方法，以 0.5～1.0 L/min 的流量，连续 1 h 采样，或在 1 h 内以等时间间隔采集 3～4 个样品，采样前后流量偏差应≤5%。在采样过程中，应保持采样管保温夹套温度为 120℃，避免水汽于吸收瓶之前凝结，若排气中含有颗粒态氯化物，应在吸收瓶之前接装放入滤膜的滤膜夹。

c. 当废气中氯化氢质量浓度高于 100 mg/m³ 时，吸收液质量浓度可适当增加，测定时应稀释至与淋洗液质量浓度相当。

d. 当废气中含有氯气时，串联 4 支吸收瓶，前两支为各装 50 ml 硫酸吸收液的 75 ml 冲击式吸收瓶，后两支为各装 50 ml 碱性吸收液的 75 ml 冲击式吸收瓶，前、后两组吸收瓶分别吸收氯化氢气体和氯气，以避免氯气干扰。

e. 当废气中湿度较大，氯化氢吸湿并主要以颗粒态存在时，其采样点位布设及采样应按照 GB/T 16157 中颗粒物采集的相关规定执行。在烟尘采样器后连接加热装置（内含分流阀及内含乙酸纤维微孔滤膜的滤膜夹），之后通过分流阀再按照气态采样方法进行采集，采样过程中，烟气采样器和加热装置温度保持在120℃。

f. 样品采集后用连接管密封吸收瓶，于 4℃下冷藏保存，48 h 内完成分析测定。如不能及时分析，应将样品转移至聚乙烯瓶中，于 4℃以下冷藏可保存 7 d。

g. 吸收瓶、连接管及各器皿均应用实验用水反复洗涤并防止被污染，操作中应防止自来水、空气微尘及手上氯化物干扰；采样器、滤膜夹、吸收瓶之间连接管应尽可能短，并检查系统的气密性和可靠性；每次分析样品结束后，用淋洗液清洗仪器管路，实验结束后用实验室用水清洗仪器泵及抑制器，以免受到淋洗液腐蚀；如出现仪器分析精度下降，应检查柱效及抑制器工作状态，必要时进行更换。

8.1.3.14　烟气黑度的监测

（1）常用方法

废气烟气黑度的监测，主要依据《固定污染源排放烟气黑度的测定　林格曼烟气黑度图法》（HJ/T 398—2007）。现场对照林格曼烟气黑度图观测比对。

（2）注意事项

①观测者与烟囱的距离应足以保证对烟气排放情况清晰地观察。观察者的视线应尽量与烟气飘动的方向垂直，观察排气的仰视角尽可能低，应尽量避免在过于陡峭的角度下观察，观察烟气宜在比较均匀的天空照明下进行。

②应使用符合规范要求的林格曼烟气黑度图，并注意保持图面的整洁、不被污损或褪色。

③图片面向观测者，尽可能使图位于观测者至烟囱顶部的连线上，并使图与

烟气有相似的天空背景。图距观测者应有足够的距离，以使图上的线条看起来融合在一起，从而使每个方块有均匀的黑度。

④观察烟气的部位应选择在烟气黑度最大的地方，该部位应没有冷凝水蒸气存在。

8.2　无组织废气监测

8.2.1　监测方式

无组织废气监测是指排污单位对没有经过排气筒无规则排放的废气或者废气虽经排气筒排放但排气筒高度没有达到有组织排放要求的低矮排气筒排放的废气污染物浓度进行监测。

无组织废气排放监测的主要方式为现场采样+实验室分析，与有组织废气的这种方式相同，采用特定仪器采集一定量的无组织废气并妥善保存带回实验室进行分析。主要采样方式包括现场直接采样法（注射器、气袋、采样管、真空瓶等）和富集（浓缩）采样法（活性炭吸附、滤筒、滤膜捕集、吸收液吸收等），主要分析方法包括重量法、色谱法、质谱法、分光光度法等。

8.2.2　现场采样

8.2.2.1　现场采样技术要点

无组织废气排放监测的主要参考标准为《大气污染物无组织排放监测技术导则》（HJ/T 55—2000）、《大气污染物综合排放标准》（GB 16297—1996）和排污单位具体执行的行业标准。

（1）控制无组织排放的基本方式

按照 GB 16297—1996 所做的规定，我国以控制无组织排放所造成的后果来对无组织排放实行监督和限制。采用的基本方式是规定设立监控点（监测点）和规定监控点的污染物浓度限值。在设置监测点时，有的污染物除要求在下风向设置监控点外，还要在上风向设置对照点，监控浓度限值为监控点与参照点的浓度差值。有的污染物要求只在周界外浓度最高点设置监控点。

（2）设置监控点的位置和数目

根据 GB 16297—1996 的规定，二氧化硫、氮氧化物、颗粒物和氟化物的监控点设在无组织排放源下风向 2～50 m 范围内的浓度最高点，相对应的参照点设在排放源上风向 2～50 m 范围内；其余物质的监控点设在单位周界外 10 m 范围内的浓度最高点。按规定监控点最多可设 4 个，参照点只设 1 个。

（3）采样频次的要求

《大气污染物无组织排放监测技术导则》（HJ/T 55—2000）中规定，对无组织排放实行监测时，实行连续 1 h 的采样，或者实行在 1 h 内以等时间间隔采集 4 个样品计平均值。在进行实际监测时，为了捕捉到监控点最高浓度的时段，实际安排的采样时间可超过 1 h。

（4）工况的要求

由于大气污染物排放标准对无组织排放实行限制的原则是，在最大负荷下生产和排放，以及在最不利于污染物扩散稀释的条件下，无组织排放监控值不应超过排放标准所规定的限制，因此，监测人员应在不违反上述原则的前提下，选择尽可能高的生产负荷及不利于污染物扩散稀释的条件进行监测。

针对以上基本要求，如果排污单位执行的行业排放标准中对无组织有明确要求，按照行业标准执行。

8.2.2.2 监测前准备工作

（1）单位基本情况调查

①主要原、辅材料和主、副产品，相应用量和产量、来源及运输方式等，重点了解用量大和可产生大气污染的材料和产品，列表说明并予以必要的注释。

②注意车间和其他主要建筑物的位置和尺寸，有组织和无组织排放口位置及其主要参数，排放污染物的种类和排放速率；单位周界围墙的高度和性质（封闭式或通风式）；单位区域内的主要地形变化等。对单位周界外的主要环境敏感点，包括影响气流运动的建筑物和地形分布、有无排放被测污染物的源存在等进行调查，并标于单位平面布置图中。

③了解环境保护影响评价、工程建设设计、实际建设的污染治理设施的种类、原理、设计参数、数量以及目前的运行情况等。

（2）无组织排放源基本情况调查

除调查排放污染物的种类和排放速率（估计值）之外，还应重点调查被监测无组织排放源的形状、尺寸、高度及其处于建筑群的具体位置等。

（3）仪器设备准备

按照被测物质的对应标准分析方法中有关无组织排放监测的采样部分所规定仪器设备和试剂做好准备。所用仪器应通过计量监督部门的性能检定，并在使用前做必要调试和检查。采样时应注意检查电路系统、气路部分，校正流量计。

（4）监测条件

监测时，被测无组织排放源的排放负荷应处于相对较高或者处于正常生产和排放状态。主导风向（平均风速）利于监控点的设置，并可使监控点和被测无组织排放源之间的距离尽可能缩小。通常情况下，选择冬季微风的日期，避开阳光辐射较强烈的中午时段进行监测是比较适宜的。

8.2.3　监测指标测试

各监测指标除遵循本章 8.2.1 监测方式和本章 8.2.2 现场采样的相关要求外，还应遵循各自的具体要求。对于农药制造工业排污单位的无组织废气监测指标按照《农药制造工业大气污染物排放标准》（GB 39727—2020）中规定的监测方法，特征污染物排污单位可根据排污许可证、所执行的污染物排放（控制）标准、环境影响评价文件及其批复等相关环境管理规定，以及其生产工艺、原辅用料、中间及最终产品，按照《恶臭污染物排放标准》（GB 14554—93）和《大气污染物综合排放标准》（GB 16297—1996）所列污染物视具体情况而定。

8.2.3.1 臭气浓度的监测

（1）常用方法

无组织废气监测时，臭气浓度监测主要依据的方法标准有《恶臭污染物排放标准》（GB 14554—93）、《大气污染物无组织排放监测技术导则》（HJ/T 55—2000）和《恶臭污染环境监测技术规范》（HJ 905—2017）。臭气浓度的分析方法采用《空气质量 恶臭的测定 三点比较式臭袋法》（GB/T 14675—1993）。

（2）监测点位

恶臭的无组织排放采样点一般设置在厂界，在工厂厂界的下风向或有臭气方位的边界线上。在实际监测过程中，可以参照《大气污染物无组织排放监测技术导则》（HJ/T 55—2000）的规定，在厂界（距离臭气无组织排放源较近处）下风向设置，一般设置 3 个点位，根据风向变化情况可适当增加或减少监测点位。当围墙通透性很好时，可紧靠围墙外侧设置监控点；当围墙的通透性不好时，也可紧靠围墙设置监控点，但采气口要高出围墙 20～30 cm；当围墙通透性不好，又不便于把采气口抬高时，为避开围墙造成的涡流区，应将监控点设于距离围墙 1.5～2.0 倍围墙高度，且距地面 1.5 m 的地方。具体设置时，应避免周边环境的影响，包括花丛树木、污水沟渠、垃圾收集点等。

现场监测时，无组织排放源与下风向周界之间存在若干阻挡气流运动的建筑、树木等物质，使气流形成涡流，污染物迁移变化比较复杂，因此，监测人员要根据具体的地形、气象条件研究和分析，发挥创造性，综合确定采样点位，以保证获取污染物最大排放浓度值。

（3）注意事项

①连续无组织排放源每 2 h 采集一次，共采集 4 次，取其最大测定值。间歇无组织排放源应在恶臭污染浓度最高时段采样，样品采集次数不少于 3 次，取其

最大测定值。

②采样时同步监测气象参数，应包括环境温度、大气压力、主导风向和风速的测量。当风向发生变化，风向变化标准发生明显偏离时，应及时调整监测点位。

③用真空瓶采样时，将除湿定容后的真空瓶，在采样前抽真空至负压 $1.0×10^5$Pa，观测并记录真空瓶内压力，至少放置 2 h，真空瓶压力变化不能超过规定负压 $1.0×10^5$Pa 的 20%，否则不能使用，需更换真空瓶。在恶臭气味最大时段进行采样。采样时打开真空瓶进气端胶管的止气夹（或进气阀），使瓶内充入样品气体至常压，随即用止气夹封住进气口。

④用气袋采样时，检查并确保采样袋完好无损。在气袋采样箱中先装上经排空后的采样袋。在恶臭气味最大时段进行采样。采样时打开进气截止阀，使恶臭气体迅速充满采气袋。

⑤样品采集后应对样品进行密封，与污染源样品在运输和保持过程中分隔放置，并防止异味污染。真空瓶存放的样品应有相应的包装箱，防止光照和碰撞，气袋样品应避光保存。所有的样品均应在 17～25℃条件下保存。采集完的样品要在 24 h 内测定。

如果农药制造工业排污单位根据排污许可、生产工艺、原辅用料、环境影响评价及其批复或其他环境管理的需要，对氨、三甲胺、硫化氢、甲硫醇、甲硫醚、二甲二硫、二硫化碳和苯乙烯这 8 种恶臭污染物和总臭气浓度中的 1 种或几种特征污染物进行监测分析时，按照相应的方法进行采样。具体的分析方法见表 8-5。

表 8-5　臭气浓度特征污染物的分析方法

序号	控制项目	测定方法
1	氨	《空气和废气　氨的测定　纳氏试剂分光光度法》（HJ 533—2009）
		《环境空气　氨的测定　次氯酸钠-水杨酸分光光度法》（HJ 534—2009）
2	三甲胺	《空气质量　三甲胺的测定　气相色谱法》（GB/T 14676—1993）
3	硫化氢	《空气质量　硫化氢、甲硫醇、甲硫醚和二甲二硫的测定　气相色谱法》（GB/T 14678—1993）

序号	控制项目	测定方法
4	甲硫醇	《环境空气 挥发性有机物的测定 罐采样/气相色谱-质谱法》（HJ 759—2015） 《空气质量 硫化氢、甲硫醇、甲硫醚和二甲二硫的测定 气相色谱法》（GB/T 14678—1993）
5	甲硫醚	《环境空气 挥发性有机物的测定 罐采样/气相色谱-质谱法》（HJ 759—2015） 《空气质量 硫化氢、甲硫醇、甲硫醚和二甲二硫的测定 气相色谱法》（GB/T 14678—1993）
6	二甲二硫	《空气质量 硫化氢、甲硫醇、甲硫醚和二甲二硫的测定 气相色谱法》（GB/T 14678—1993）
7	二硫化碳	《环境空气 挥发性有机物的测定 罐采样/气相色谱-质谱法》（HJ 759—2015） 《空气质量 二硫化碳的测定 二乙胺分光光度法》（GB/T 14680—1993）
8	苯乙烯	《环境空气 挥发性有机物的测定 罐采样/气相色谱-质谱法》（HJ 759—2015） 《环境空气 苯系物的测定 固体吸附/热脱附-气相色谱法》（HJ 583—2010）（代替 GB/T 14677—1993）
9	臭气浓度	《空气质量 恶臭的测定 三点比较式臭袋法》（GB/T 14675—1993）

8.2.3.2 挥发性有机物的监测

挥发性有机物的监测按照《农药制造工业大气污染物排放标准》（GB 39727 — 2020）的要求进行监测。

（1）常用方法

无组织废气监测时，非甲烷总烃监测主要依据的方法标准有《大气污染物无组织排放监测技术导则》（HJ/T 55—2000）和《环境空气 总烃、甲烷和非甲烷总烃的测定 直接进样-气相色谱法》（HJ 604—2017）。

（2）监测点位

非甲烷总烃的无组织排放采样点可参照本章 8.2.3.1 中的臭气浓度采样时的点位布设。

（3）注意事项

①采样容器经现场空气清洗至少 3 次后采样。以玻璃注射器满刻度采集空气样品的，用惰性密封头密封；以气袋采集样品的，用真空气体采样箱将空气样品

引入气袋，至最大体积的 80%左右，立即密封。将注入除烃空气的采样容器带至采样现场，与同批次采集的样品一起送回实验室分析。

②采集样品的玻璃注射器应小心轻放，防止破损，保持针头端向下状态，放入样品箱内保存和运送。样品应常温避光保存，采样后尽快分析。玻璃注射器保存的样品，放置时间不超过 8 h；气袋保存的样品，放置时间不超过 48 h。

③采样容器使用前应充分洗净，经气密性检查合格，置于密闭采样箱中以避免污染。样品返回实验室时，应平衡至环境温度后再进行测定。测定复杂样品后，如发现分析系统内有残留，可通过提高柱温等方式去除，以分析除烃空气。

8.2.3.3　其他特征污染物的监测

农药制造工业排污单位根据排污许可、环境影响评价及其批复、生产工艺、原辅材料等方面综合考虑，如果需要监测特征污染物的，除根据本章 8.2.1 的监测方式和本章 8.2.2 的现场采样要求外，主要从以下方面进行考虑。

（1）监控点布设方法

根据《大气污染物综合排放标准》（GB 16297—1996）规定，监控点布设方法有两种：

①在排放源上、下风向分别设置参照点和监控点的方法：对于 1997 年 1 月 1 日之前设立的污染源，监测二氧化硫、氮氧化物、颗粒物和氟化物污染物无组织排放时，在排放源的上风向设参照点，下风向设监控点，监控点设于排放源下风向的浓度最高点，不受单位周界的限制。

②在单位周界外设置监控点的方法：对于 1997 年 1 月 1 日之后设立的污染源，监测其污染物无组织排放时，监控点设置在单位周界外污染物浓度最高点，监控点设置方法参照《大气污染物无组织排放监测技术导则》（HJ/T 55—2000）中条目 9.1。对于 1997 年 1 月 1 日之前设立的污染源，监测除二氧化硫、氮氧化物、颗粒物和氟化物之外的污染物无组织排放时，也用此方法布设监控点。

设置参照点的原则要求：参照点应不受或尽可能少受被测无组织排放源的影

响，参照点要力求规避其近处的其他无组织排放源和有组织排放源的影响，尤其要注意避开那些可能对参照点造成明显影响而同时对监控点无明显影响的排放源；参照点的设置，要以能够代表监控点的污染物本底浓度为原则。具体设置方法参见《大气污染物无组织排放监测技术导则》（HJ/T 55—2000）中条目 9.2.1。

设置监控点的原则要求：监控点应设置在无组织排放下风向，距排放源 2～50 m 范围内的浓度最高点。设置监控点不需要回避其他源的影响。具体设置方法参见《大气污染物无组织排放监测技术导则》（HJ/T 55—2000）标准文本中条目 9.2.2。

③复杂情况下的监控点设置：在特别复杂的情况下，不可能单独运用上述各点的内容来设置监控点，需对情况做仔细分析，综合运用《大气污染物综合排放标准》（GB 16297—1996）和《大气污染物无组织排放监测技术导则》（HJ/T 55—2000）的有关条款设置监控点。同时，也不大可能对污染物的运动和分布做确切的描述、得出确切的结论，此时监测人员应尽可能利用现场可利用的条件，如利用无组织排放废气的颜色、嗅味、烟雾分布、地形特点等，甚至采用人造烟源或其他情况，借以分析污染物的运动和可能的浓度最高点，并据此设置监控点。

（2）样品采集

①有与大气污染物排放标准相配套的国家标准分析方法的污染物项目，应按照配套标准分析方法中适用于无组织排放采样的方法执行；

②尚缺少配套标准分析方法的污染物项目，应按照环境空气监测方法中的采样要求进行采样；

③无组织排放监测的采样频次，参见本章 8.2.2.1（3）。

（3）分析方法

①有与大气污染物排放标准相配套的国家标准分析方法的污染物项目，应按照配套标准分析方法（其中适用于无组织排放部分）执行；

②个别没有配套标准分析方法的污染物项目，应按照适用于环境空气监测的标准分析方法执行。

（4）计值方法

①在污染源单位周界外设监控点的监测结果，以最多 4 个监控点中的测定浓度最高点的测值作为无组织排放监控浓度值。注意：浓度最高点的测值应是 1 h 连续采样或由等时间间隔采集的 4 个样品所得的 1 h 平均值。

②在无组织排放源上、下风向分别设置参照点和监控点的监测结果，以最多 4 个监控点中的浓度最高点测值扣除参照点测值所得之差值，作为无组织排放监控浓度值。注意：监控点和参照点测值是指 1 h 连续采样或由等时间间隔采集的 4 个样品所得的 1 h 平均值。

第9章　废气自动监测管理技术要点

废气自动监测系统因其实时、自动等功能，在环境管理中发挥着越来越重要的作用。如何确保废气自动监测数据能够有效应用？这就要求排污单位加强废气自动监测系统的运维和管理，使其能够稳定、良好地运行。本章基于《固定污染源烟气（SO_2、NO_x、颗粒物）排放连续监测技术规范》《固定污染源烟气（SO_2、NO_x、颗粒物）排放连续监测系统技术要求及检测方法》，对废气自动监测系统的建设、验收、运行维护应注意的技术要点进行了梳理。

9.1　系统组成及性能要求

废气自动监测系统通常是指烟气排放连续监测系统（Continuous Emission Monitoring System，CEMS），能够对固定污染源排放的颗粒物和（或）气态污染物的排放浓度和排放量进行连续、实时的自动监测。连续监测固定污染源烟气参数所需要的全部设备组成连续监测系统（Continuous Monitoring System，CMS）。

一套完整的 CEMS 主要包括颗粒物监测单元、气态污染物监测单元、烟气参数监测单元、数据采集与传输单元以及相应的建筑设施等。

颗粒物监测单元：主要对排放烟气中的烟尘浓度进行测量。

气态污染物监测单元：主要对排放烟气中 SO_2、NO_x、CO、HCl 等气态形式存在的污染物进行监测。

烟气参数监测单元：主要对排放烟气的温度、压力、湿度、含氧量等参数进行监测，用于污染物排放量的计算以及将污染物的浓度转化成标准干烟气状态和排放标准中规定的过剩空气系数下的浓度。

数据采集与传输单元：主要完成测量数据的采集、存储、统计功能，并按相关标准要求的格式将数据传输到环境监管部门。

对于配有锅炉或危险废物焚烧炉的农药制造排污单位，废气自动监测时主要包括烟尘、SO_2、NO_x，还有 CO、HCl 等主要污染物的自动监测。在选择 CEMS 时，应选择能测量烟气中烟尘、SO_2、NO_x，以及 CO、HCl 浓度，同时还要测量烟气参数（温度、压力、流速或流量、湿度、含氧量等），能够计算出烟气中污染物的排放速率和排放量，显示（可支持打印）和记录各种数据和参数，形成相关图表，并通过数据、图文等方式传输至管理部门等功能。

对于氮氧化物监测单元，NO_2 可以直接测量，也可通过转化炉转化为 NO 后一并测量，但不允许只监测烟气中的 NO，NO_2 转换为 NO 的效率不低于 95%。

排污单位在进行自动监控系统安装选型时，应当根据国家对每个监测设备的具体技术要求进行选型安装。选型安装在线监测仪器时，应根据污染物浓度和排放标准，选择检测范围与之匹配的在线监测仪器，监测仪器满足国家对应仪器的技术要求。如二氧化硫、氮氧化物、颗粒物应符合《固定污染源烟气（SO_2、NO_x、颗粒物）排放连续监测技术规范》（HJ 75—2017）和《固定污染源烟气（SO_2、NO_x、颗粒物）排放连续监测系统技术要求及检测方法》（HJ 76—2017）等相关规范要求。选型安装数据传输设备时，应按照《污染物在线监控（监测）系统数据传输标准》（HJ 212—2017）和《污染源在线自动监控（监测）数据采集传输仪技术要求》（HJ 477—2009）规范要求设置，不得添加其他可能干扰监测数据存储、处理、传输的软件或设备。

在污染源自动监测设备建设、联网和管理过程中，如果当地管理部门有相关规定的，应同时参考地方的规定要求。如上海市环保局于 2017 年发布的《上海市固定污染源自动监测建设、联网、运维和管理有关规定》。

9.2　现场安装要求

CEMS 的现场安装主要涉及现场监测站房、废气排放口、自动监控点位设置及监测断面等内容。现场监测站房必须能满足仪器设备功能需求且专室专用，保障供电、给排水、温湿度控制、网络传输等必需的运行条件，配备安装必要的电源、通信网络、温湿度控制、视频监视和安全防护设施；排放口应设置符合《环境保护图形标志排放口（源）》（GB 15562.1—1995）要求的环境保护图形标志牌。排放口的设置应按照环境保护部和地方生态环境主管部门的相关要求，进行规范化设置；自动监控点位应尽可能选取固定污染源烟气排放状况有代表性的地点。具体要求见第 5 章第 5.3 节的相关内容。

9.3　调试检测

CEMS 在现场安装运行以后，在接受验收前，应对其进行技术性能指标和联网情况的调试检测。

9.3.1　技术指标调试检测

CEMS 在进行调试检测工作时，需认真记录调试过程中出现的自动监测数据，同时编制调试报告并加盖公章存档。具体要求如下：

在现场完成 CEMS 安装、初调之后，CEMS 连续运行时间不少于 168 h。连续运行 168 h 后可开展调试检测，调试检测周期为 72 h。需要注意的是，调试检测期间不允许出现计划外的检修和调节仪器，一旦因不可预期的故障（如 CEMS 故障、固定污染源故障或断电等）造成调试中断，排污单位应在恢复正常后重新开始为期 72 h 的调试检测。

调试检测的技术指标包括：

（1）颗粒物 CEMS：零点漂移、量程漂移、线性相关系数、置信区间、允许区间。

（2）气态污染物 CEMS 和氧气 CMS：零点漂移、量程漂移、示值误差、系统响应时间、准确度。

（3）流速 CMS：速度场系数、速度场系数精密度。

（4）温度 CMS：准确度。

（5）湿度 CMS：准确度。

9.3.2　联网调试检测

完成 CEMS 设备安装、调试后，15 d 内按照 HJ 212—2017 技术要求，将在线监测仪器输出的监测数据通过数据采集传输仪上传至生态环境部门自动监测平台，数据采集传输仪要求至少稳定运行 1 个月，且向上位机发送数据准确、及时。

9.4　验收要求

同废水自动监测设备一样，CEMS 在完成安装、调试检测并与生态环境主管部门联网，同时符合下列要求后，建设方组织仪器供应商、管理部门等相关方实施技术验收，并编制在线验收报告。验收主要内容应包括在线监测仪器的技术指标验收和联网验收。验收前废气自动监测系统应满足如下条件：

（1）CEMS 的安装位置及手工采样位置应符合本章第 9.2 节的要求；

（2）数据采集和传输以及通信协议均应符合 HJ 212—2017 的要求，并提供 1 个月内数据采集和传输自检报告，报告应对数据传输标准的各项内容做出响应；

（3）根据本章 9.3.1 的要求进行 72 h 的调试检测，并提供调试检测合格报告及调试检测结果数据；

（4）调试检测后至少稳定运行 7 d。

9.4.1　技术指标验收

9.4.1.1　验收要求

CEMS 技术指标验收包括颗粒物 CEMS、气态污染物 CEMS、烟气参数 CMS 技术指标。符合下列要求后，即可进行技术指标验收：

（1）现场验收期间，生产设备应正常且稳定运行，可通过调节固定污染源烟气净化设备达到某一排放状况，该状况在测试期间应保持稳定。

（2）日常运行中更换 CEMS 分析仪表或变动 CEMS 取样点位时，应进行再次验收。

（3）现场验收时必须采用有证标准物质或标准样品，较低浓度的标准气体可以使用高浓度的标准气体采用等比例稀释方法获得，等比例稀释装置的精密度在 1% 以内。标准气体要求贮存在铝或不锈钢瓶中，不确定度不超过 ±2%。

（4）对于光学法颗粒物 CEMS，校准时需对实际测量光路进行全光路校准，确保发射光先经过出射镜片，再经过实际测量光路，到校准镜片后，再经过入射镜片到达接收单元，不得只对激光发射器和接收器进行校准。对于抽取式气态污染物 CEMS，当对全系统进行零点校准和量程校准、示值误差和系统响应时间的检测时，零气和标准气体应通过预设管线输送至采样探头处，经由样品传输管线回到站房，经过全套预处理设施后进入气体分析仪。

（5）验收前检查直接抽取式气态污染物采样伴热管的设置，从探头到分析仪的整条采样管线的铺设应采用桥架或穿管等方式，保证整条管线具有良好的支撑。管线倾斜度 ≥5°，防止管线内积水，每隔 4～5 m 处装线卡箍。使用的伴热管线应具备稳定、均匀加热和保温的功能，其设置加热温度 ≥120℃，且应高于烟气露点温度 10℃ 以上，实际温度值应能够在机柜或系统软件中显示和查询。冷干法 CEMS 冷凝器的设置和实际控制温度应保持在 2～6℃。

9.4.1.2　验收内容

颗粒物 CEMS 技术指标验收包括颗粒物的零点漂移、量程漂移和准确度验收。气态污染物 CEMS 和氧气 CMS 技术指标验收包括零点漂移、量程漂移、示值误差、系统响应时间和准确度验收。

现场验收时，先做示值误差和系统响应时间的验收测试，不符合技术要求的，可不再继续开展其余项目验收。

通入零气和标气时，均应通过 CEMS 系统，不得直接通入气体分析仪。

示值误差、系统响应时间、零点漂移和量程漂移验收技术需满足表 9-1 要求。

表 9-1　示值误差、系统响应时间、零点漂移和量程漂移验收技术要求

检测项目			技术要求
气态污染物 CEMS	二氧化硫	示值误差	当满量程≥100 μmol/mol（286 mg/m³）时，示值误差不超过±5%（相对于标准气体标称值）；当满量程＜100 μmol/mol（286 mg/m³）时，示值误差不超过±2.5%（相对于仪表满量程值）
		系统响应时间	≤200 s
		零点漂移、量程漂移	不超过±2.5%
	氮氧化物	示值误差	当满量程≥200 μmol/mol（410 mg/m³）时，示值误差不超过±5%（相对于标准气体标称值）；当满量程＜200 μmol/mol（410 mg/m³）时，示值误差不超过±2.5%（相对于仪表满量程值）
		系统响应时间	≤200 s
		零点漂移、量程漂移	不超过±2.5%
氧气 CMS	氧气	示值误差	±5%（相对于标准气体标称值）
		系统响应时间	≤200 s
		零点漂移、量程漂移	不超过±2.5%
颗粒物 CEMS	颗粒物	零点漂移、量程漂移	不超过±2.0%

注：氮氧化物以 NO_2 计。

准确度验收技术需满足表 9-2 中的要求。

表 9-2 准确度验收技术要求

检测项目			技术要求
气态污染物 CEMS	二氧化硫	准确度	排放浓度≥250 μmol/mol（715 mg/m³）时，相对准确度≤15%
			50 μmol/mol（143 mg/m³）≤排放浓度<250 μmol/mol（715 mg/m³）时，绝对误差不超过±20 μmol/mol（57 mg/m³）
			20 μmol/mol（57 mg/m³）≤排放浓度<50 μmol/mol（143 mg/m³）时，相对误差不超过±30%
			排放浓度<20 μmol/mol（57 mg/m³）时，绝对误差不超过±6 μmol/mol（17 mg/m³）
	氮氧化物	准确度	排放浓度≥250 μmol/mol（513 mg/m³）时，相对准确度≤15%
			50 μmol/mol（103 mg/m³）≤排放浓度<250 μmol/mol（513 mg/m³）时，绝对误差不超过±20 μmol/mol（41 mg/m³）
			20 μmol/mol（41 mg/m³）≤排放浓度<50 μmol/mol（103 mg/m³）时，相对误差不超过±30%
			排放浓度<20 μmol/mol（41 mg/m³）时，绝对误差不超过±6 μmol/mol（12 mg/m³）
	其他气态污染物	准确度	相对准确度≤15%
氧气 CMS	氧气	准确度	准确度>5.0%时，相对准确度≤15%
			准确度≤5.0%时，绝对误差不超过±1.0%
颗粒物 CEMS	颗粒物	准确度	排放浓度>200 mg/m³时，相对误差不超过±15%
			100 mg/m³<排放浓度≤200 mg/m³时，相对误差不超过±20%
			50 mg/m³<排放浓度≤100 mg/m³时，相对误差不超过±25%
			20 mg/m³<排放浓度≤50 mg/m³时，相对误差不超过±30%
			10 mg/m³<排放浓度≤20 mg/m³时，绝对误差不超过±6 mg/m³
			排放浓度≤10 mg/m³，绝对误差不超过±5 mg/m³
流速 CMS	流速	准确度	流速>10 m/s时，相对误差不超过±10%
			流速≤10 m/s时，相对误差不超过±12%
温度 CMS	温度	准确度	绝对误差不超过±3℃
湿度 CMS	湿度	准确度	烟气湿度>5.0%时，相对误差不超过±25%
			烟气湿度≤5.0%时，绝对误差不超过±1.5%

注：氮氧化物以 NO_2 计，以上各参数区间划分以参比方法测量结果为准。

9.4.2　联网验收

联网验收由通信及数据传输验收、现场数据比对验收和联网稳定性验收 3 部分组成。

9.4.2.1　通信及数据传输验收

按照 HJ 212—2017 的规定检查通信协议的正确性。数据采集和处理子系统与监控中心之间的通信应稳定，不出现经常性的通信连接中断、报文丢失、报文不完整等通信问题。为保证监测数据在公共数据网上传输的安全性，所采用的数据采集和处理子系统应进行加密传输。监测数据在向监控系统传输的过程中，应由数据采集和处理子系统直接传输。

9.4.2.2　现场数据比对验收

数据采集和处理子系统稳定运行 1 周后，对数据进行抽样检查，对比上位机接收到的数据和现场机存储的数据是否一致，精确至 1 位小数。

9.4.2.3　联网稳定性验收

在连续 1 个月内，子系统能稳定运行，不出现除通信稳定性、通信协议正确性、数据传输正确性以外的其他联网问题。

9.4.2.4　联网验收技术指标要求

表 9-3　联网验收技术指标要求

验收检测项目	考核指标
通信稳定性	1. 现场机在线率为 95% 以上； 2. 正常情况下，掉线后，应在 5 min 之内重新上线； 3. 单台数据采集传输仪每日掉线次数在 3 次以内； 4. 报文传输稳定性在 99% 以上，当出现报文错误或丢失时，启动纠错逻辑，要求数据采集传输仪重新发送报文

验收检测项目	考核指标
数据传输安全性	1. 对所传输的数据应按照 HJ 212 中规定的加密方法进行加密处理传输，保证数据传输的安全性； 2. 服务器端对请求连接的客户端进行身份验证
通信协议正确性	现场机和上位机的通信协议应符合 HJ 212 的规定，正确率为 100%
数据传输正确性	系统稳定运行 1 周后，对 1 周的数据进行检查，对比接收的数据和现场的数据一致，精确至一位小数，抽查数据正确率为 100%
联网稳定性	系统稳定运行 1 个月，不出现除通信稳定性、通信协议正确性、数据传输正确性以外的其他联网问题

9.5 运行管理要求

9.5.1 总体要求

CEMS 运维单位应根据 CEMS 使用说明书和本章节要求编制仪器运行管理规程，确定系统运行操作人员和管理维护人员的工作职责。运维人员应当熟练掌握烟气排放连续监测仪器设备的原理、使用和维护方法。CEMS 日常运行管理应包括日常巡检、日常维护保养和 CEMS 的校准和检验。

9.5.2 管理制度

运维单位应建立 CEMS 运行维护管理制度，主要包括：设备操作、使用和维护保养制度；运行、巡检和定期校准、校验制度；标准物质和易耗品的定期更换制度；设备故障及应急处理制度；自动监测数据分析记录、统计制度等一系列管理制度。

9.5.3 日常巡检

CEMS 运维单位应根据本章节要求和仪器使用说明中的相关要求制定巡检规程，并严格按照规程开展日常巡检工作并做好记录。日常巡检记录应包括检查项目、检查日期、被检项目的运行状态等内容，每次巡检应记录并归档。CEMS 日常巡检时间间隔不超过 7 d。

日常巡检可参照 HJ 75—2017 附录 G 中的表 G.1～表 G.3 表格形式记录。

9.5.4 日常维护保养

运维单位应根据 CEMS 说明书的要求对 CEMS 系统保养内容、保养周期和耗材更换周期等做出明确规定，每次保养情况应记录并归档。每次进行备件或材料更换时，更换的备件或材料的品名、规格、数量等应记录并归档。如更换有证标准物质或标准样品，还需记录新标准物质或标准样品的来源、有效期和浓度等信息。对日常巡检或维护保养中发现的故障或问题，运维人员应及时处理并记录。

CEMS 日常运行管理参照 HJ 75—2017 附录 G 中的格式记录。

9.5.5 校准和检验

运维单位应根据本章第 9.6 节规定的方法和质量保证规定的周期制定 CEMS 系统的日常校准和校验操作规程。校准和校验记录应及时归档。

9.6 质量保证要求

9.6.1 总体要求

CEMS 日常运行质量保证是保障 CEMS 正常稳定运行、持续提供有质量保证监测数据的必要手段。当 CEMS 因不能满足技术指标而失控时，应及时采取纠正措施，并应缩短下一次校准、维护和校验的间隔时间。

9.6.2 定期校准

CEMS 运行过程中的定期校准是质量保证中的一项重要工作，定期校准应做到：

（1）具有自动校准功能的颗粒物 CEMS 和气态污染物 CEMS 每 24 h 至少自

动校准一次仪器零点和量程，同时测试并记录零点漂移和量程漂移；

（2）无自动校准功能的颗粒物CEMS每15 d至少校准一次仪器的零点和量程，同时测试并记录零点漂移和量程漂移；

（3）无自动校准功能的直接测量法气态污染物CEMS每15 d至少校准一次仪器的零点和量程，同时测试并记录零点漂移和量程漂移；

（4）无自动校准功能的抽取式气态污染物CEMS每7 d至少校准一次仪器零点和量程，同时测试并记录零点漂移和量程漂移；

（5）抽取式气态污染物CEMS每3个月至少进行一次全系统的校准，要求零气和标准气体从监测站房发出，经采样探头末端与样品气体通过的路径（应包括采样管路、过滤器、洗涤器、调节器、分析仪表等）一致，进行零点和量程漂移、示值误差和系统响应时间的检测；

（6）具有自动校准功能的流速CMS每24 h至少进行一次零点校准，无自动校准功能的流速CMS每30 d至少进行一次零点校准；

（7）校准技术指标应满足表9-4中的要求。定期校准记录按HJ 75—2017附录G中的表9-4表格形式记录。

表9-4　CEMS定期校准校验技术指标要求及数据失控时段的判别

项目	CEMS 类型		校准功能	校准周期	技术指标	技术指标要求	失控指标	最少样品数/对
定期校准	颗粒物 CEMS		自动	24 h	零点漂移	不超过±2.0%	超过±8.0%	—
					量程漂移	不超过±2.0%	超过±8.0%	
			手动	15 d	零点漂移	不超过±2.0%	超过±8.0%	
					量程漂移	不超过±2.0%	超过±8.0%	
	气态污染物 CEMS	抽取测量或直接测量	自动	24 h	零点漂移	不超过±2.5%	超过±5.0%	
					量程漂移	不超过±2.5%	超过±10.0%	
		抽取测量	手动	7 d	零点漂移	不超过±2.5%	超过±5.0%	
					量程漂移	不超过±2.5%	超过±10.0%	
		直接测量	手动	15 d	零点漂移	不超过±2.5%	超过±5.0%	
					量程漂移	不超过±2.5%	超过±10.0%	

项目	CEMS 类型	校准功能	校准周期	技术指标	技术指标要求	失控指标	最少样品数/对
定期校准	流速 CMS	自动	24 h	零点漂移或绝对误差	零点漂移不超过±3.0%或绝对误差不超过±0.9 m/s	零点漂移超过±8.0%且绝对误差超过±1.8 m/s	—
		手动	30 d	零点漂移或绝对误差	零点漂移不超过±3.0%或绝对误差不超过±0.9 m/s	零点漂移超过±8.0%且绝对误差超过±1.8 m/s	—
	颗粒物 CEMS	3 个月或 6 个月		准确度	满足本标准 9.3.8	超过本标准9.3.8 规定范围	5
	气态污染物 CEMS						9
	流速 CMS						5

9.6.3　定期维护

CEMS 运行过程中的定期维护是日常巡检的一项重要工作，维护频次按照 HJ 75—2017 中附表 G.1～表 G.3 的说明进行，定期维护应做到：

（1）污染源停运到开始生产前应及时到现场清洁光学镜面；

（2）定期清洗隔离烟气与光学探头的玻璃视窗，检查仪器光路的准直情况，定期对清吹空气保护装置进行维护，检查空气压缩机或鼓风机、软管、过滤器等部件；

（3）定期检查气态污染物 CEMS 的过滤器、采样探头和管路的结灰和冷凝水情况、气体冷却部件、转换器、泵膜老化状态；

（4）定期检查流速探头的积灰和腐蚀情况、反吹泵和管路的工作状态；

（5）定期维护记录按 HJ 75—2017 附录 G 中的表 G.1～表 G.3 表格形式记录。

9.6.4　定期校验

CEMS 投入使用后，燃料、除尘效率的变化、水分的影响、安装点的振动等都会对测量结果的准确性产生影响。定期校验应做到：

（1）有自动校准功能的测试单元每 6 个月至少做一次校验，没有自动校准功能的测试单元每 3 个月至少做一次校验；校验用参比方法和 CEMS 同时段数据进行比对，按 HJ 75—2017 进行。

（2）校验结果应符合表 9-4 中的要求，不符合时，则应扩展为对颗粒物 CEMS 的相关系数的校正和（或）评估气态污染物 CEMS 的准确度和（或）流速 CMS 的速度场系数（或相关性）的校正，直到 CEMS 达到表 9-2 中的要求，方法见 HJ 75—2017 附录 A。

（3）定期校验记录按 HJ 75—2017 附录 G 中的表 G.5 表格形式记录。

9.6.5　常见故障分析及排除

当 CEMS 发生故障时，系统管理维护人员应及时处理并记录。设备维修记录见 HJ 75—2017 附录 G 中的表 G.6。维修处理过程中，要注意以下几点：

（1）CEMS 需要停用、拆除或者更换的，应当事先报主管部门批准。

（2）运维单位发现故障或接到故障通知，应在 4 h 内赶到现场进行处理。

（3）对于一些容易诊断的故障，如电磁阀控制失灵、膜裂损、气路堵塞、数据采集仪死机等，可携带工具或者备件到现场进行针对性维修，此类故障维修时间不应超过 8 h。

（4）仪器经过维修后，在正常使用和运行之前应确保维修内容全部完成，性能通过检测程序，按 9.6.2 对仪器进行校准检查。若监测仪器进行了更换，在正常使用和运行之前应对系统进行重新调试和验收。

（5）若数据存储/控制仪发生故障，应在 12 h 内修复或更换，并保证已采集的数据不丢失。

（6）监测设备因故障不能正常采集、传输数据时，应及时向主管部门报告，缺失数据按 9.7.2（2）处理。

9.6.6　定期校准校验技术指标要求及数据失控时段的判别与修约

（1）CEMS 在定期校准、校验期间的技术指标要求及数据失控时段的判别标准见表 9-4。

（2）当发现任一参数不满足技术指标要求时，应及时按照规范及仪器说明书等的相关要求，采取校准、调试乃至更换设备重新验收等纠正措施直至满足技术指标要求为止。当发现任一参数数据失控时，应记录失控时段（从发现失控数据起到满足技术指标要求后止的时间段）及失控参数，并进行数据修约。

9.7　数据审核和处理

9.7.1　数据审核

固定污染源生产状况下，经验收合格的 CEMS 正常运行时段为 CEMS 数据有效时间段。CEMS 非正常运行时段（如 CEMS 故障期间、维修期间、超过 9.6.2 节规定的期限未校准时段、失控时段以及有计划的维护保养、校准等时段）均为 CEMS 数据无效时间段。

污染源计划停运一个季度以内的，不得停运 CEMS，日常巡检和维护要求仍按照本章第 9.5 节和第 9.6 节规定执行；计划停运超过一个季度的，可停运 CEMS，但应报当地环保部门备案。污染源启运前，应提前启运 CEMS 系统，并进行校准，在污染源启运后的两周内进行校验，满足表 9-4 技术指标要求的，视为启运期间自动监测数据有效。

9.7.2　数据无效时间段数据处理

（1）CEMS 故障期间、维修时段数据按照 9.7.2（2）处理，超期未校准、失控时段数据按照 9.7.2（3）处理，有计划（质量保证/质量控制）的维护保养、校准等时段数据按照 9.7.2（4）处理。

（2）CEMS 因发生故障需停机进行维修时，其维修期间的数据替代按本章 9.7.2（4）处理；也可以用参比方法监测的数据替代，频次不低于一天一次，直至 CEMS 技术指标调试到符合表 9-1 和表 9-2 时为止。如使用参比方法监测的数据替代，则监测过程应按照 GB/T 16157—1996 和 HJ/T 397—2007 要求进行，替代数据包括污染物浓度、烟气参数和污染物排放量。

（3）CEMS 系统数据失控时段污染物排放量按照表 9-5 进行修约，污染物浓度和烟气参数不修约。CEMS 系统超期未校准的时段视为数据失控时段，污染物排放量按照表 9-5 进行修约，污染物浓度和烟气参数不修约。

表 9-5 失控时段的数据处理方法

季度有效数据捕集率（α）	连续失控小时数（N）/h	修约参数	选取值
α≥90%	N≤24	二氧化硫、氮氧化物、颗粒物的排放量	上次校准前 180 个有效小时排放量最大值
	N>24		上次校准前 720 个有效小时排放量最大值
75%≤α<90%	—		上次校准前 2 160 个有效小时排放量最大值

（4）CEMS 系统有计划（质量保证/质量控制）的维护保养、校准及其他异常导致的数据无效时段，该时段污染物排放量按照表 9-6 处理，污染物浓度和烟气参数不修约。

表 9-6　维护期间和其他异常导致的数据无效时段的处理方法

季度有效数据捕集率（α）	连续无效小时数（N）/h	修约参数	选取值
α≥90%	N≤24	二氧化硫、氮氧化物、颗粒物的排放量	失效前 180 个有效小时排放量最大值
	N>24		失效前 720 个有效小时排放量最大值
75%≤α<90%	—		失效前 2 160 个有效小时排放量最大值

9.7.3　数据记录与报表

9.7.3.1　记录

按 HJ 75—2017 附录 D 的表格形式记录监测结果。

9.7.3.2　报表

按 HJ 75—2017 附录 D（表 D.9～表 D.12）的表格形式定期将 CEMS 监测数据上报，报表中应给出最大值、最小值、平均值、累计排放量以及参与统计的样本数。

第 10 章　厂界环境噪声及周边环境影响监测

　　厂界环境噪声和周边环境质量监测应按照相关的标准和规范开展。对于厂界噪声而言，重点是监测点位的布设，应能够反映厂内噪声源对厂外，尤其是对厂外居民等敏感点的影响。对于农药制造来说，周边环境质量监测主要考虑对地表水环境的影响，确保监测点的代表性和监测采样的规范性是地表水环境影响监测的重要考虑因素。本章围绕厂界环境噪声和地表水、近岸海域海水监测的关键点进行介绍和说明。

10.1　厂界环境噪声监测

10.1.1　环境噪声的含义

　　《噪声污染防治法》第二条规定：本法所称环境噪声污染，是指所产生的环境噪声超过国家规定的环境噪声排放标准，并干扰他人正常生活、工作和学习的现象。所以在测量厂界环境噪声时应重点关注：一是噪声排放是否超过标准规定的排放限值；二是是否干扰他人正常生活、工作和学习。

10.1.2　厂界环境噪声布点原则

　　《工业企业厂界环境噪声排放标准》（GB 12348—2008）中规定厂界环境噪声

监测点的选择应根据工业企业声源、周围噪声敏感建筑物的布局以及毗邻的区域类别，在工业企业厂界布设多个点位，包括距噪声敏感建筑物较近的以及受被测声源影响大的位置。《总则》则更具体地指出了厂界环境噪声监测点位设置应遵循的原则：①根据厂内主要噪声源距厂界位置布点；②根据厂界周围敏感目标布点；③"厂中厂"是否需要监测根据内部和外围排污单位协商确定；④面临海洋、大江、大河的厂界原则上不布点；⑤厂界紧邻交通干线不布点；⑥厂界紧邻另一排污单位的，在临近另一排污单位侧是否布点由排污单位协商确定。

厂界一侧长度在 100 m 以下，原则上可布设 1 个监测点位；300 m 以下的可布设点位 2～3 个；300 m 以上的可布设点位 4～6 个。通常所说的厂界，是指由法律文书（如土地使用证、土地所有证、租赁合同等）中所确定的业主拥有使用权（或所有权）的场所或建筑边界，各种产生噪声的固定设备的厂界为其实际占地边界。

设置测量点时，一般情况下，应选在工业企业厂界外 1 m，高度 1.2 m 以上；当厂界有围墙且周围有受影响的噪声敏感建筑物时，测点应选在厂界外 1 m、高于围墙 0.5 m 以上的位置；当厂界无法测量到声源的实际排放状况时（如声源位于高空、厂界设有声屏障等），应在厂界外高于围墙 0.5 m 处设置测点，同时在受影响的噪声敏感建筑物的户外 1 m 处另设测点，建筑物高于 3 层时，可考虑分层布点；当厂界与噪声敏感建物距离小于 1 m 时，厂界环境噪声应在噪声敏感建筑物室内测量，室内测量点位设在距任何反射面至少 0.5 m 以上、距地面 1.2 m 高度处，在受噪声影响方向的窗户开启状态下测量；固定设备结构传声至噪声敏感建筑物室内，在噪声敏感建筑物室内测量时，测点应距任何反射面至少 0.5 m 以上、距地面 1.2 m、距外窗 1 m 以上，窗户关闭状态下测量，具体要求参照《环境噪声监测技术规范　结构传播固定设备室内噪声》（HJ 707—2014）。

10.1.3　环境噪声测量仪器

测量厂界环境噪声使用的测量仪器为积分平均声级计或环境噪声自动监测仪，其性能应不低于《电声学　声级计　第 1 部分：规范》（GB 3785—2010）和《积分平均声级计》（GB/T 1718—1997）对 2 型仪器的要求。测量 35 dB 以下的噪声时应使用 1 型声级计，且测量范围应满足所测量噪声的需要。校准所用仪器应符合《电声学　声校准器》（GB/T 15173—2010）对 1 级或 2 级声校准器的要求。当需要进行噪声的频谱分析时，仪器性能应符合《电声学　倍频程和分数倍频程滤波器》（GB/T 3241—2010）中对滤波器的要求。

测量仪器和校准仪器应定期检定合格，并在有效使用期限内使用；每次测量前、后必须在测量现场进行声学校准，其前、后校准示值偏差不得大于 0.5 dB，否则测量结果无效。测量时传声器加防风罩。测量仪器时间计权特性设为"F"档，采样时间间隔不大于 1 s。

10.1.4　环境噪声监测注意事项

测量应在无雨雪、无雷电天气，风速为 5 m/s 以下时进行。不得不在特殊气象条件下测量时，应采取必要措施保证测量准确，同时注明当时所采取的措施及气象情况，测量应在被测声源正常工作时间进行，并注明当时的工况。

分别在昼间、夜间两个时段测量。夜间有频发、偶发噪声影响时同时测量最大声级。被测声源是稳态噪声，采用 1 min 的等效声级。被测声源是非稳态噪声，测量被测声源有代表性时段的等效声级，必要时测量被测声源整个正常工作时段的等效声级。噪声超标时，必须测量背景值，背景噪声的测量及修正按照《环境噪声监测技术规范　噪声测量值修正》（HJ 706—2014）进行。

10.1.5　监测结果评价

各个测点的测量结果应单独评价。同一测点每天的测量结果按昼间、夜间进行评价。最大声级直接评价。当厂界与噪声敏感建筑物距离小于 1 m，厂界环境噪声在噪声敏感建筑物室内测量时，应将相应的噪声标准限值减 10 dB 作为评价依据。

10.2　地表水监测

本节仅针对监测断面设置和现场采样进行介绍，样品保存、运输以及实验室分析部分参考第 6 章内容。

10.2.1　监测断面设置

排污单位厂界周边的地表水环境质量影响监测点位参照排污单位环境影响评价文件及其批复和其他环境管理要求设置。

如环境影响评价文件及其批复及其他文件中均未做出要求，排污单位需要开展周边环境质量影响监测的，环境质量影响监测点位设置的原则和方法参照《环境影响评价技术导则　总纲》（HJ 2.1—2016）、《环境影响评价技术导则　地表水环境》（HJ 2.3—2018）、《地表水和污水监测技术规范》（HJ/T 91—2002）等执行。

《环境影响评价技术导则　地表水环境》（HJ 2.3—2018）规定环境影响评价中，应提出地表水环境质量监测计划，包括监测断面或点位位置（经纬度）、监测因子、监测频次、监测数据采集与处理、分析方法等。地表水环境质量监测断面或点位设置需与水环境现状监测、水环境影响预测的断面或点位相协调，并应强化其代表性、合理性。

10.2.1.1　河流监测断面设置

根据《环境影响评价技术导则　地表水环境》（HJ 2.3—2018）对补充调查监测布点的规定，应布设对照断面、控制断面。对照断面宜布置在排放口上游 500 m 以内。控制断面应根据受纳水域水环境质量控制管理要求设置。控制断面可结合水环境功能区或水功能区、水环境控制单元区划情况，直接采用国家及地方确定的水质控制断面。评价范围内不同水质类别区、水环境功能区或水功能区、水环境敏感区及需要进行水质预测的水域，应布设水质监测断面。评价范围以外的调查或预测范围，可以根据预测工作需要增设相应的水质监测断面。水质取样断面上取样垂线的布设按照《地表水和污水监测技术规范》（HJ/T 91—2002）的规定执行。

10.2.1.2　湖库监测点位设置

根据《环境影响评价技术导则　地表水环境》（HJ 2.3—2018），水质取样垂线的设置可采用以排放口为中心，沿放射线布设或网格布设的方法，按照下列原则及方法设置：一级评价[1]在评价范围内布设的水质取样垂线数宜不少于 20 条；二级评价[2]在评价范围内布设的水质取样线宜不少于 16 条。评价范围内不同水质类别区、水环境功能区或水功能区、水环境敏感区、排放口和需要进行水质预测的水域，应布设取样垂线。水质取样垂线上取样点的布设按照《地表水和污水监测技术规范》（HJ/T 91—2002）的规定执行。

10.2.2　水样采集

10.2.2.1　基本要求

（1）河流

在对开阔河流采样时，应包括下列几个基本点：用水地点的采样；污水流入河流后，对充分混合的地点及流入前的地点采样；直流合流后，对充分混合的地点及混合前的主流与支流地点的采样；主流分流后地点的选择；根据其他需要设定的采样地点。各采样点原则上应在河流横向及垂向的不同位置采集样品。采样时间一般选择在采样前至少连续两天晴天，水质较稳定的时间。

---

① 参见《环境影响评价技术导则　地表水环境》（HJ 2.3—2018）。
② 参见《环境影响评价技术导则　地表水环境》（HJ 2.3—2018）。

（2）水库和湖泊

水库和湖泊的采样，由于采样地点和温度的分层现象可引起很大的水质差异。在调查水质状况时，应考虑成层期与循环期的水质明显不同。了解循环期水质，可布设和采集表层水样；了解成层期水质，应按照深度布设及分层采样。

10.2.2.2　水样采集要点内容

（1）采样器材

采样器材主要有采样器和水样容器。采样器包括聚乙烯塑料桶、单层采水瓶、直立式采水器、自动采样器。水样容器包括聚乙烯瓶（桶）、硬质玻璃瓶和聚四氟乙烯瓶。聚乙烯瓶一般用于大多数无机物的样品，硬质玻璃瓶用于有机物和生物样品，玻璃或聚四氟乙烯瓶用于微量有机污染物（挥发性有机物）样品。

（2）采样量

在地表水质监测中通常采集瞬时水样。采样量参照规范要求，即考虑重复测定和质量控制需要的量，并留有余地。

（3）采样方法

在可以直接汲水的场合，可用适当的容器采样，如在桥上等地方将系着绳子的水桶投入水中汲水，要注意不能混入漂浮于水面上的物质；在采集一定深度的水时，可用直立式或有机玻璃采水器。

（4）水样保存

在水样采入或装入容器中后，应按规范要求加入保存剂。

（5）油类采样

采样前先破坏可能存在的油膜，用直立式采水器把玻璃容器安装在采水器的支架中，将其放到 300 mm 深度，边采水边向上提升，在到达水面时剩余适当空间（避开油膜）。

10.2.2.3　注意事项

《地表水环境质量标准》（GB 3838—2002）中规定的项目标准值，要求水样采集后自然沉降 30 min，取上层非沉降部分按规定方法进行分析。对于某些湖库河道等地表水体一般不存在可沉降物的情况，建议在采样比对验证无显著影响后，可省略自然沉降步骤。规定补充说明：由于地表水水质包括水相、颗粒相、生物相和沉积相，且水质的这 4 种相态在我国地表水体之间差别较大，如黄河的泥沙等，造成监测分析结果和数据的可比性差异很大，因此规定所有地表水水样均采集后自然沉降 30 min，取上清液按规定方法进行分析，以尽可能地消除监测分析结果的差异。

水样采集过程中应注意以下几个方面：

（1）采样时不可搅动水底的沉积物。

（2）采样时应保证采样点的位置准确，必要时用定位仪（GPS）定位。

（3）认真填写采样记录表。

（4）采样结束前，核对采样方案、记录和水样是否正确，否则补采。

（5）测定油类水样，应在水面至 300 mm 范围内采集柱状水样，并单独采集，全部用于测定，采样瓶不得用采集水样冲洗。

（6）测定溶解氧、生化需氧量和有机污染物等项目时，水样必须注满容器，不留空间，并用水封口。

（7）如果水样中含沉降性固体，如泥沙（黄河）等，应分离除去，分离方法为：将所采水样摇匀后倒入筒形玻璃容器，静置 30 min，将不含降尘性固体但含有悬浮性固体的水样移入盛样容器，并加入保存剂。测定总悬浮物和油类除外。

（8）测定湖库水的化学需氧量、高锰酸盐指数、叶绿素 a、总氮、总磷时的水样，静置 30 min 后，用吸管一次或几次移取水样，吸管进水尖嘴应插至水样表层 50 mm 以下位置，再加保护剂保存。

（9）测定油类、BOD $_5$、DO（溶解氧）、硫化物、余氯、粪大肠菌群、悬浮物、挥发性有机物、放射性等项目要单独采样。

（10）降雨与融雪期间地表径流的变化，也是影响水质的因素，在采样时应予以注意并做好采样记录。

10.3　近岸海域海水影响监测

10.3.1　监测点位设置

排污单位厂界周边的海水环境质量影响监测点位参照排污单位环境影响评价文件及其批复和其他环境管理要求设置。

如环境影响评价文件及其批复和其他文件中均未做出要求，排污单位需要开展周边环境质量影响监测的，环境质量影响监测点位设置的原则和方法参照《环境影响评价技术导则　总纲》（HJ 2.1—2016）、《环境影响评价技术导则　地表水环境》（HJ 2.3—2018）、《近岸海域环境监测技术规范　第八部分　直排海污染源及对近岸海域水环境影响监测》（HJ 442.8—2020）、《近岸海域环境监测点位布设技术规范》（HJ 730—2014）等执行。

根据《环境影响评价技术导则　地表水环境》（HJ 2.3—2018），一级评价可布设 5～7 个取样断面，二级评价可布设 3～5 个取样断面。根据垂向水质各自特点，参照《海洋调查规范》（GB/T 12763—2007）、《近岸海域环境监测规范》（HJ 442.1～HJ 442.10—2020）、《近岸海域环境监测点位布设技术规范》（HJ 730—2014）执行。排放口位于感潮河段内的，其上游设置的水质取样断面，应根据时间情况参照河流决定，其下游断面的布设与近岸海域相同。

10.3.2　水样采集基本要求

（1）采样前环境情况检查

每次采样前均应仔细检查装置的性能及采样点周围的状况。

岸上采样：如果水是流动的，采样人员站在岸边，必须面对水的流动方向操作。若底部沉积物受到扰动，则不能继续取样。

船上采样：由于船体本身就是一个重要污染源，船上采样要始终采取适当措施抵制船上各种污染源可能带来的影响。采痕量金属水样应尽量避免使用铁质或其他金属制成的小船，采用逆风逆流采样，一般应在船头取样，将来自船体的各种沾污控制在一个尽量低的水平上。当船体到达采样点位后，应该根据风向和流向，立即将采样船周围海面划分成船体沾污区、风成沾污区和采样区三部分，然后在采样区采样。或者待发动机关闭后，当船体仍在缓慢前进时，将抛浮式采水器从船头部位尽力向前方抛出，或者在小船离开大船一定距离后采样；采样人员应坚持向风操作，采样器不能直接接触船体任何部位，裸手不能接触采样器排水口，采样器内的水样先放掉一部分后，然后再取样；采样深度的选择是采样的重要部分，通常要特别注意避开微表层采集表层水样，也不要在被悬浮沉积物富集的底层水附近采集底层水样；采样时应避免剧烈搅动水体，如发现底层水浑浊，应停止采样；当水体表面漂浮杂质时，应防止其进入采样器，否则重新采样；采集多层次深水水域的样品，按从浅到深的顺序采集；采水器容积有限不能一次完成时，可进行多次采样，将各次采集的水样集装在大容器中，分样前应充分摇匀。混匀样品的方法不适于溶解氧、BOD_5、油类、细菌学指标、硫化物及其他有特殊要求的项目；测溶解氧、BOD_5、pH 等项目的水样，采样时需充满，避免残留空气对测项的干扰；其他测项装水样至少留出容器体积 10%的空间，以便样品分析前充分摇匀；取样时，应沿样品瓶内壁注入，除溶解氧等特殊要求外，放水管不要插入液面下装样；除现场测定项目外，样品采集后应按要求现场加保存剂，颠倒数次使保存剂在样品中均匀分散；水样取好后，仔细塞好瓶塞，不能有漏水现象。如将水样转送他处或不能立刻分析时，应用石蜡或水漆封口。对不同水深，采样层次按照《近岸海域环境监测规范》（HJ 442.1～HJ 442.10—2020）中的要求确定。

（2）现场采样注意事项

①项目负责人或技术负责人同船长协调海上作业与船舶航行的关系，在保证

安全的前提下，航行应满足监测作业的需要。

②按监测方案要求，获取样品和资料。

③水样分装顺序的基本原则是：不过滤的样品先分装，需过滤的样品后分装；一般按悬浮物和溶解氧（生化需氧量）→pH→营养盐→重金属→COD_{Cr}（其他有机物测定项目）→叶绿素 a→浮游植物（水采样）的顺序进行；如化学需氧量和重金属汞需测试非过滤态，则按悬浮物和溶解氧（生化需氧量）→COD_{Cr}（其他有机物测定项目）→汞→pH→盐度→营养盐→其他重金属→叶绿素 a→浮游植物（水采样）的顺序进行。

④在规定时间内完成应在海上现场测试的样品，同时做好非现场检测样品的预处理。

⑤采样事项：船到达点位前 20 min，停止排污和冲洗甲板，关闭厕所通海管路，直至监测作业结束；严禁用手沾污所采样品，防止样品瓶塞（盖）沾污；观测和采样结束，应立即检查有无遗漏，然后方可通知船方启航；在大雨等特殊气象条件下应停止海上采样工作；遇有赤潮和溢油等情况，应按应急监测规定要求进行跟踪监测。

10.4　地下水监测

10.4.1　监测点位布设

农药制造工业排污单位厂界周边的地下水环境质量影响监测点位参照排污单位环境影响评价文件及其批复和其他环境管理要求设置。如环境影响评价文件及其批复和其他文件中均未做出要求，排污单位需要开展周边环境质量影响监测的，地下水环境质量影响监测点位设置的原则和方法参照《环境影响评价技术导则 地下水环境》、《地下水环境监测技术规范》等执行。

参考《环境影响评价技术导则 地下水环境》，根据排污单位类别及地下水环境敏感程度，划分排污单位对地下水环境影响的等级见表 10-1，进而确定地下水监测点（井）的数量及分布。

表 10-1　排污单位周边地下水环境影响等级分级表

敏感程度[2]	Ⅰ类项目[1]	Ⅱ类项目[1]	Ⅲ类项目[1]
敏感	一级	一级	二级
较敏感	一级	二级	三级
不敏感	二级	三级	三级

注：①参见《环境影响评价技术导则　地下水环境》（HJ 610—2016）附录 A；
　　②参见《环境影响评价技术导则　地下水环境》（HJ 610—2016）表 1。

地下水环境质量影响监测点位（井）数量及设置要求：影响等级为一级、二级的排污单位，点位一般不少于 3 个，应至少在排污单位上下游各布设 1 个。一级排污单位还应在重点污染风险源处增设监测点。影响等级为三级的排污单位，点位一般不少于 1 个，应至少在排污单位下游布置 1 个。

10.4.2　监测井的建设与管理

开展周边地下水环境质量影响监测的排污单位可选择符合点位布设要求、常年使用的现有井（如经常使用的民用井）作为监测井；在无合适现有井时，可设置专门的监测井。多数情况下，地下水可能存在污染的部分集中在接近地表的浅水中，排污单位应根据所在地及周边水文地质条件确定地下水埋藏深度，进而确定地下水监测井井深或取水层位置。

地下水的监测井建设与管理的其他具体要求，应符合《地下水环境监测技术规范》中第 2 章、第 4 章的规定。

地下水样品的现场采集、保存、实验室分析及质量控制的具体操作过程，应符合《地下水环境监测技术规范》（HJ 164—2020）中第 3 章、第 4 章、第 6 章的规定。

10.5　土壤监测

农药制造工业排污单位周边土壤环境质量监测主要针对农药制造企业；排污单位厂界周边的土壤环境质量影响监测点位参照排污单位环境影响评价文件及其批复和其他环境管理要求设置。

如环境影响评价文件及其批复和其他文件中均未做出要求，排污单位需要开展周边环境质量影响监测的，土壤环境质量影响监测点位设置的原则和方法参照《环境影响评价技术导则　土壤环境（试行）》（HJ 964—2018）、《土壤环境监测技术规范》（HJ/T 166—2004）等执行。

参考《环境影响评价技术导则　土壤环境（试行）》（HJ 964—2018）中有关污染影响型建设项目的要求，根据排污单位类别、占地面积大小及土壤环境的敏感程度，确定监测点位布设的范围、数量及采样深度。

首先，根据表 10-2 的规定，确定排污单位对周边土壤环境影响的等级。

表 10-2　排污单位周边土壤环境影响等级分级表

敏感程度[3]	I 类项目[1]			II 类项目[1]			III 类项目[1]		
	大型[2]	中型[2]	小型[2]	大型[2]	中型[2]	小型[2]	大型[2]	中型[2]	小型[2]
敏感	一级	一级	一级	二级	一级	二级	三级	三级	三级
较敏感	一级	一级	二级	二级	二级	三级	三级	三级	—
不敏感	一级	二级	二级	二级	三级	三级	三级	—	—

注：①参见《环境影响评价技术导则　土壤环境（试行）》（HJ 964—2018）中附录 A；
　　②排污单位占地面积分为大型（≥50 hm²）、中型（5～50 hm²）、小型（≤5 hm²）；
　　③参见《环境影响评价技术导则　土壤环境（试行）》（HJ 964—2018）中表 3。

其次，在确定排污单位土壤环境影响的等级后，可根据表 10-3 的规定确定监测点布设的范围及点位数量。

表 10-3　排污单位周边土壤环境质量影响监测点位布设范围及数量

土壤环境影响等级	周边土壤环境监测点的布设范围[①]	点位数量
一级	1 km²	4 个表层点[②]
二级	0.2 km²	2 个表层点[②]
三级	0.02 km²	—[③]

注：①涉及大气沉降途径影响的，可根据主导风向下风向最大浓度落地点适当调整监测点位布设范围；

　　②影响等级为三级的排污单位，除有特殊要求的，一般可不考虑布设周边土壤环境监测点；

　　③表层点一般在 0～0.2 m 采样。

　　土壤样品的现场采集、样品流转、制备、保存、实验室分析及质量控制的具体过程应符合《土壤环境监测技术规范》（HJ/T 166—2004）中的相关技术规定。

第 11 章　监测质量保证与质量控制体系

11.1　基本概念

监测质量保证和质量控制是环境监测过程中的两个重要概念。《环境监测质量管理技术导则》（HJ 630—2011）中这样定义：质量保证是指为了提供足够的信任表明实体能够满足质量要求，而在质量体系中实施并根据需要证实的全部有计划和有系统的活动。质量控制是指为达到质量要求所采取的作业技术或活动。

采取质量保证的目的是获取他人对质量的信任，是为使他人确信某实体提供的数据、产品或者服务等能满足质量要求而实施的并根据需要进行证实的全部有计划、有系统的活动。质量控制则是通过监视质量形成过程，消除生产数据、产品或者提供服务的所有阶段中可能引起不合格或不满意效果的因素，使其达到质量要求而采用的各种作业技术和活动。

环境监测的质量保证与质量控制，是依靠系统的文件规定来实施的内部技术和管理手段。它们既是生产出符合国家质量要求的检测数据的技术管理制度和活动，也是一种"证据"，即向任务委托方、环境管理机构和公众等表明该检测数据是在严格的质量管理下得出的，具有足够的管理和技术上的保证手段，数据是准确可信的。

11.2　质量体系

证明数据质量可靠性的技术管理制度与活动可以千差万别，但是也有其共同点。为了达到质量保证和质量控制的目的，往往需要建立一套行之有效的质量体系。它应覆盖环境检测活动所涉及的全部场所、所有环节，以使检测机构的质量管理工作程序化、文件化、制度化和规范化。

建立一个良好运行的质量体系，对于专业向政府、企事业单位或者个人提供排污情况监测数据的社会化检测机构，按照国家的《检验检测机构资质认定管理办法》（质检总局令第 163 号）、《检验检测机构资质认定评审准则》和《检验检测机构资质认定评审准则及释义》的要求建立并运行质量体系是必要的。若检测实验室仅为排污单位内部提供数据，质量管理活动的目的则是为本单位管理层、环境管理机构和公众提供证据，证明数据准确可信，质量手册不是必需的，但有利于检测实验室数据质量得到保证的一些程序性规定和记录是必要的（如实验室具体分析工作的实施流程、数据质量相关的管理流程等详细规定，具体方法或设备使用的指导性详细说明，数据生产过程和监督数据生产需使用的各种记录表格等）。

建立质量体系不等于需要通过资质认定。质量体系的繁简程度与检测实验室的规模、业务范围、服务对象等密切相关，有时还需要根据业务委托方的要求修改完善质量体系。质量体系一般包括质量手册、程序文件、作业指导书和记录。有效的质量控制体系应满足"对检测工作进行全面规范，且保证全过程留痕"的基本要求。

11.2.1　质量手册

质量手册是检测实验室质量体系运行的纲领性文件，阐明检测实验室的质量目标，描述检测实验室全部检测质量活动的要素，规定检测质量活动相关人员的责任、权限和相互关系，明确质量手册的使用、修改和控制的规定等。质量手册至少应包括批准页、自我声明、授权书、检测实验室概述、检测质量目标、组织机构、检测人员、设施和环境、仪器设备和标准物质，以及检测实验室为保证数据质量所做的一系列规定等。

（1）批准页：批准页的主要内容是说明编制质量体系的目的以及质量手册的内容，并由最高管理者批准实施。

（2）自我声明：检测实验室关于独立承担法律责任、遵守《中华人民共和国计量法》和监测技术标准规范等相关法律法规、客观出具数据等承诺。

（3）授权书：检测实验室有多种情形需要授权，包括但不仅限于：在最高管理者外出期间，授权给其他人员替其行使职权；最高管理者授权人员担任质量负责人、技术负责人等关键岗位；授权检测实验室的大型贵重仪器的人员使用等。

（4）检测实验室概述：简要介绍检测实验室的地理位置、人员构成、设备配置概况、隶属关系等基本信息。

（5）检测质量目标：检测质量目标即定量描述检测工作所达到的质量。

（6）组织机构：即明确检测实验室与检测工作相关的外部管理机构的关系，与本单位中其他部门的关系，完成检测任务相关部门之间的工作关系等，通常以组织机构框图的方式表明。与检测任务相关的各部门的职责应予以明确和细化。例如，可规定检测质量管理部具有下列职责：①牵头制订检测质量管理年度计划、监督实施，并编制质量管理年度总结；②负责组织质量管理体系建设、运行管理，包括质量体系文件编制、宣贯、修订、内部审核、管理评审、质量督察、检测报告抽查、实验室和现场监督检查、质量保证和质量控制等工作；③负责组织人员开展内部持证上岗考核相关工作；④负责组织参加外部机构组织的能力验证、能力考核、比对抽测等各项考核工作；⑤负责组织仪器设备检定/校准工作，包括编制检定/校准计划、组织实施和确认；⑥负责标准物质管理工作，包括建立标准物质清册，管理标准物质样品库，标准样品的验收、入库、建档及期间核查等。

（7）检测人员：包括检测岗位划分和检测人员管理两部分内容。

检测岗位划分指检测实验室将检测相关工作分为若干具体的检测工序，并明确各检测工序的职责。以检测实验室为例，岗位划分可描述为：质量负责人，技术负责人，报告签发人，采样岗位、分析岗位、质量监督人，档案管理人等。可以由同一个人兼任不同的岗位，也可以专职从事某一个岗位。但报告编制、审核和签发应由三个不同的人员承担，不能由一个人兼任其中的两个职责。

检测人员管理部分则规定从事采样、分析等检测相关工作的人员应接受的教育、培训，应掌握的技能，应履行的职责等。以分析岗位为例，人员管理可描述为：①分析人员必须经过培训，熟练掌握与所承担分析项目有关的标准监测方法或技术规范及有关法规，且具备对检验检测结果做出评价的判断能力，经内部考核合格后持证上岗。②熟练掌握所用分析仪器设备的基本原理、技术性能，以及仪器校准、调试、维护和常见故障的排除技术。③熟悉并遵守质量手册的规定，严格按监测标准、规范或作业指导书开展监测分析工作，熟悉记录的控制与管理程序，按时完成任务，保证监测数据准确可靠。④认真做好样品分析前的各项准备工作，分析样品的交接工作以及样品分析工作，确保按业务通知单或监测方案要求完成样品分析。⑤分析人员必须确保分析选用的分析方法现行有效，分析依据正确。⑥负责所使用仪器设备日常维护、使用和期间核查，编制/修订其操作规程、维护规程、期间核查规程和自校规程，并在计量检定/校准有效期内使用。负责做好使用、维护和期间核查记录。⑦确保分析质控措施和质控结果符合有关监测标准或技术规范及相关规定要求。⑧当分析仪器设备、分析环境条件或被测样品不符合监测技术标准或技术规范要求时，监测分析人员有权暂停工作，并及时向上级报告。⑨认真做好原始记录分析并签字，要求字迹清楚、内容完整、编号无误。⑩分析人员对分析数据的准确性和真实性负责。⑪校对上级安排的其他检测人员的分析原始记录。

检测实验室建立人员配备情况一览表（表 11-1），有助于提高人员管理效率。

表 11-1　检测人员一览表（样表）

序号	姓名	性别	出生年月	文化程度	职务/职称	所学专业	从事本技术领域年限	所在岗位	持证项目情况	备注
1	张三	男	1988年8月	本科	工程师	分析化学	5	分析岗	水和废水：化学需氧量、氨氮	质量负责人
……										

（8）设施和环境：检测实验室的设施和环境条件指检测实验室配备必要的设施硬件并建立制度，保证监测工作环境适应监测工作需求。检测实验室的设施通常包括空调、除湿机、干湿度温度计、通风橱、纯水机、冷藏柜、超声波清洗仪、电子恒温恒湿箱、灭火器等检测辅助设备。至少应明确以下规定：

①防止交叉污染的规定。例如，规定监测区域应有明显标识；严格控制进入和使用影响检测质量的实验区域；对相互有影响的活动区域进行有效隔离，防止交叉污染。比较典型的交叉污染例子：挥发酚项目的检测分析会对在同一实验室进行的氨氮检测分析造成交叉污染；在分析总砷、总铅、总汞、总镉等项目时，如果不同的样品间浓度差异较大，规定高、低浓度的采样瓶和分析器皿分别用专用酸槽浸泡洗涤，以免交叉污染。必要时，用优级纯酸稀释后浸泡超低浓度样品所用器皿等。

②对可能影响检测结果质量的环境条件，规定检测人员进行监控和记录，保证其符合相关技术要求。例如，万分之一以上精度的电子天平正常工作对环境温度、湿度有控制要求，检测实验室应有监控设施，并有表格记录环境条件。

③规定有效控制危害人员安全和人体健康的潜在因素。例如配备通风橱、消防器材等必要的防护和处置措施。

④对化学品、废弃物、火、电、气和高空作业等安全相关因素做出规定等。

（9）仪器设备和标准物质：检测用仪器设备和标准物质是保障检测数据量值溯源的关键载体。检测实验室应配备满足检测方法规定的原理、技术性能要求的设备，应对仪器设备的购置、使用、标识、维护、停用、租借等管理做出明确规定，保证仪器设备得到合理配置、正确使用和妥善维护，提高检测数据的准确性。例如，对于设备的配备可规定：

①根据检测项目和工作量的需要及相关技术规范的要求，合理配备采样、样品制备、样品测试、数据处理和维持环境条件所要求的所有仪器设备种类和数量，并对仪器技术性能进行科学的分析评价和确认。

②如果需要借用外单位的仪器设备，必须严格按照本单位仪器设备的管理规定。建立仪器设备配备情况一览表，有助于提高设备管理效率。仪器设备配备情况参考样表见表 11-2。

表 11-2　仪器设备配备情况一览表（样表）

序号	设备名称	设备型号	出厂编号	检定/校准方式	检定/校准周期	仪器摆放位置
1	电子天平	TE212L	####	检定	一年	205 室
……						

此外，应根据检测项目开展情况配备标准物质，并做好标准物质管理。配备的标准物质应该是有证标准物质，保证标准物质在其证书规定的保存条件下贮存，建立标准物质台账，记录标准物质名称、购买时间、购买数量、领用人、领用时间和领用量等信息。

（10）其他：为保证建立的质量管理体系覆盖检测的各个方面、环节，所有场所，且能持续有效地指导实施质量管理活动，还应对以下质量管理活动做出原则性的规定：

①质量体系在哪些情形下，由谁提出、谁批准同意修改等；

②如何正确使用管理质量体系各类管理和技术文件，即如何编制、审批、发放、修改、收回、标识、存档或销毁等；

③如何购买对监测质量有影响的服务（如委托有资质的机构检定仪器），以及如何购买、验收和存储设备、试剂、消耗材料等；

④检测工作中出现的与相关规定不符合的事项，应如何采取措施；

⑤质量管理、实际样品检测等工作中相关记录的格式模板应如何编制，以及实际工作过程中如何填写、更改、收集、存档和处置记录；

⑥如何定期组织单位内部熟悉检测质量管理相关规定的人员，对相关规定的执行情况进行内部审核；

⑦管理层如何就内部审核或者日常检测工作中发现的相关问题，定期研究解决；

⑧检测工作中，如何选用、证实/确认检测方法；

⑨如何对现场检测、样品采集、运输、贮存、接收、流转、分析、监测报告编制与签发等检测工作全过程的各个环节都采取有效的质量控制措施，以保证监测工作质量；

⑩如何编制监测报告格式模板，实际检测工作中如何编写、校核、审核、修改和签发检测报告等。

11.2.2　程序文件

程序文件是规定质量活动方法和要求的文件，是质量手册的支持性文件，主要目的是对产生检测数据的各个环节、各个影响因素和各项工作进行全面规范。包括人员、设备、试剂、耗材、标准物质、检测方法、设施和环境、记录和数据录入发布等关键因素，明确详细地规定某一项与检测相关的工作，执行人员是谁、经过什么环节、留下哪些记录，以实现在高时效完成工作的同时，保证数据质量。

编写程序文件时，应明确每个程序的控制目的、适用范围、职责分配、活动过程规定和相关质量技术要求，从而使程序文件具有可操作性。例如，制定检测工作程序，对检测任务的下达、检测方案的制定、采样器皿和试剂的准备，样品采集和现场检测，实验室内样品分析，以及测试原始积累的填写等诸多环节，规定分别由谁来实施，以及实施过程中应该填写哪些记录，以保证工作有序开展。

档案管理也是一项涉及较多环节的工作，涉及档案产生后的暂存、收集、交接、保管和借阅查询使用等一系列环节，各个细节又需要保证档案的完整性，制定一个档案管理程序就显得比较重要了。这个程序可以规定档案产生人员如何暂存档案，暂存的时限是多长，档案收集由谁来负责，交给档案收集人员时应履行的手续，档案集中后由谁来负责建立编号，如何保存，借阅查阅时应履行的手续等。

又如，检测方案的制定，方案制定人员需要弄清楚的文件包括环评报告中的监测章节内容、环保部门做出的环评批复、执行的排放标准，许可证管理的相关要求，行业涉及的自行监测指南等。在明确管理要求后所制定的检测方案，宜请熟悉环境管理、环境监测、生产工艺和治理工艺的专业人员对方案进行审核把关，既有利于保证检测内容和频次等满足管理要求，又可避免不必要的人力、物力浪费。

一般来说，检测实验室需制定的程序性规定应包括人员培训程序、检测工作程序、设备管理程序、标准物质管理程序、档案管理程序、质量管理程序、服务和供应品的采购和管理程序、内务和安全管理程序、记录控制与管理程序等。

11.2.3　作业指导书

作业指导书是指特定岗位工作或活动应达到的要求和遵循的方法。对于下列情形往往需要检测机构编写作业指导书：①标准检测方法中规定可采取等效措施，而检测机构又的确采取了等效措施；②使用非母语的检测方法；③操作步骤复杂的设备。作业指导书应写得尽可能具体，且语言简洁不产生歧义，以保证各项操作的可重复。

11.2.4　记录

记录包括质量记录和技术记录。质量记录是质量体系活动产生的记录，如内审记录、质量监督记录等；技术记录是各项监测工作所产生的记录，如《pH值分析原始记录表》《废水流量监测记录（流速仪法）》。记录是保证从检测方案的制定，到样品采集，样品运输和保存，样品分析，数据计算，报告编制，数据发布的各个环节留下关键信息的凭证，证明数据生产过程满足技术标准和规范要求的基础。检测实验室的记录既要简洁易懂，也需信息量足够让检测工作重现。这就要求认真学习国家的法律法规等管理规定和技术标准规范，把握必须记录备查的关键信息，在设计记录表格样式的时候予以考虑。比如对于样品采集，除采样时间、地点、人员等基础信息外，还应包括检测项目、样品表观（定性描述颜色，悬浮物含量）、样品气味、保存剂的添加情况等信息。对于具体的某一项污染物的分析，需记录分析方法名称及代码、分析时间，分析仪器的名称型号，标准/校准曲线的信息，取样量，样品前处理情况，样品测试的信号值，计算公式、计算结果以及质控样品分析的结果等。

11.3　自行监测质控要点

自行监测的质量控制，既要抓住人员、设备、监测方法、试剂耗材等关键因素，也要重视设施环境等影响因素。每项检测任务都应有足够证据表明其数据质量可信，在制定该项检测任务实施方案的同时，制定一个质控方案，或者在实施方案中有质量控制的专门章节，明确该项工作应有针对性地采取哪些措施来保证数据质量。自行监测工作中，包含自行监测点位，项目和频次，采样、制样和分析应执行哪些技术规范，监测方案在许可证发放时通过了环保部门审查，日常监测工作中，需要落实负责现场监测和采样、制样和分析样品、报告编制工作的具体人员，以及应采取的质控措施。应采取的质控措施可以是一个专门的方案，规定承担采样、制样和分析样品的人员应具备的技能（如经过适当培训后持有上岗证），各环节的执行人员应该落实哪些措施来自证所开展工作的质量，质量控制人员如何去查证各任务执行人员工作的有效性等。通常来说，质控方案就是保证数据质量所需要满足的人员、设备、监测方法、试剂耗材和环境设施等的共性要求。

11.3.1　人员

人员技能水平是自行监测质量的决定性因素，因此在检测机构制定的规章制度性文件中，要明确规定不同岗位人员应具备的技术能力。例如应该具有的教育背景，工作经历，胜任该工作应接受的再教育培训，并以考核方式确认是否具有胜任岗位的技能。对于人员适岗的再教育培训，如行业相关的政策法规、标准方法、操作技能等，由检测机构内部组织或者参加外部培训均可。适岗技能考核确认的方式也是多样化的，如笔试或者提问、操作演示、实样测试、盲样考核等。无论采用哪种培训、考核方式，均应有记录来证实工作过程。例如内部培训，应至少有培训教材、培训签到表、外部培训有会议通知、培训考核结果证明材料等。需注意对于口头提问和操作演示等考核方式，也应有记录，例如口头提问、记录信息至少包括考核者姓名、提问内容、被考核者姓名、回答要点，以及对考核结果的评价；操作演示的考核记录至少包括考核者姓名、要求考核演示的内容、被考核者姓名、演示情况的概述以及评价结论。在具体执行过程中，切忌人员技能培训走过场，杜绝出现徒有各种培训考核记录但人员技能依然不高的窘境。例如某厂自行监测厂界噪声的原始记录中，背景值仅为 30 dB，暴露出监测人员对仪器性能和环境噪声缺乏基本的认知。

11.3.2　仪器设备

监测设备是决定数据质量的另一关键因素。2015 年 1 月 1 日起开始施行的《中华人民共和国环境保护法》第二章第十七条明确规定：监测机构应当使用符合国家标准的监测设备，遵守监测规范。所谓符合国家标准，首先，应根据排放标准规定的监测方法选用监测设备，也就是仪器的测定原理、检测范围，测定精密度、准确度以及稳定性等满足方法的要求；其次，设备应根据国家计量的相关要求和仪器性能情况确定检定/校准，列入《中华人民共和国强制检定的工作计量器具目录》或有检定规程的仪器应送有资质的单位进行检定，如烟尘监测仪、电子天平、砝码、烟气采样器、大气采样器、pH 计、分光光度计、声级计、压力表等。属于非强制检定的仪器与设备可以送有资质的计量检定机构进行校准，无法送去检定或者校准的仪器设备，应由仪器使用单位自行溯源，即自己制定校准规范，对部分计量性能或参数进行检测，以确认仪器性能可靠。

对于投入使用的仪器，要确保其得到规范使用。应明确规定如何使用、维护、维修和性能确认仪器设备。例如，编写仪器设备操作规程（仪器操作说明书）和维护规程（仪器维护说明书），以保证使用人员能够正确使用或者维护仪器。与采样和监测结果的准确性和有效性相关的仪器设备，在投入使用前，必须进行量值溯源，即用前述的检定、校准或者自校手段确认仪器性能。对于送到有资质的检定或者校准单位的仪器，收到设备的检定或者校准证书后，应查看检定/校准单位实施的检定/校准内容是否符合实际的检测工作要求。例如，配备有多个传感器的仪器，检测工作需要使用的传感器是否都得到了检定；对于有多个量程的仪器，其检定或者校准范围是否满足日常工作需求。对于仪器的检定、校准或者自校，并不是一劳永逸的，应根据国家的检定、校准规程或者使用说明书要求，周期性地实施检定、校准或者自校，保持仪器在检定、校准或者自校有效期内使用，且每次监测前，都要使用分析标准溶液、标准气体等方式确认仪器量值，在证实其量值持续符合相应技术要求后使用。如定电位电解法规定烟气中二氧化硫、氮氧化物，每次测量前必须用标气进行校准，示值误差≤±5%方可使用。此外，应规定仪器设备的唯一性标识、状态标识，避免误用。仪器设备的唯一性标识既可以是仪器的出厂编码，也可以是检测单位自行制定的规则编写的代码。

仪器的相关记录应妥善保存。建议检测仪器一仪一档。档案的目录包括仪器说明书、仪器验收技术报告、仪器的检定、校准证书或者自校原始记录和报告，仪器的使用日志，维护记录，维修记录等，建议这些档案一年归一次档，以免遗失。应特别注意及时如实填写仪器使用日志，切忌事后补记，否则不实的仪器使用记录会影响对数据的真实判断。比较常见的明显与事实不符的记录有：同一台现场检测仪器在同一时间，出现在相距几百千米的两个不同检测任务中；仪器使用日志中记录的分析样品量远大于该仪器最大日分析能力等，这种记录会让检查人员对数据的真实性打上巨大的问号。应该有制度来规范必须修改原始记录时如何修改，避免原始记录被误改。

11.3.3　记录

　　规范使用监测方法，优先使用被检测对象适用的污染物排放标准中规定的监测方法。若有新发布的标准方法替代排放标准中指定的监测方法，应采用新标准。若新发布的监测方法与排放标准指定的方法不同，但适用范围相同的，也可使用。例如《固定污染源废气　氮氧化物的测定　非分散红外吸收法》（HJ 692—2014）及《固定污染源废气　氮氧化物的测定　定电位电解法》（HJ 693—2014）的适用范围明确为"固定污染源废气"，因此两项方法均适用于火电厂废气中氮氧化物的监测。

　　正确使用监测方法。污染源排放情况监测所使用的方法包括国家标准方法和国务院行业部门以文件、技术规范等形式发布的标准方法，特殊情况下也会用等效分析方法。为此，检测机构或者实验室往往需要根据方法的来源确定应实施方法证实还是方法确认，其中方法证实适用于国家标准方法和国务院行业部门以文件、技术规范等形式发布的方法，方法确认适用于等效分析方法。为实现正确使用监测方法，仅仅是检测机构实施了方法证实是不够的，还需要检测机构要求使用该监测方法的每个人员，使用该方法获得的检出限、空白、回收率、精密度、准确度等各项指标均满足方法性能的要求，方可认为检测人员掌握了该方法，才算为正确使用监测方法奠定了基础。当然，并非每次检测工作中均需对方法进行证实。一般认为，初次使用标准方法前，应证实能够正确运用标准方法；标准方法发生了变化，应重新予以证实。

　　通常而言，方法证实至少应包括以下六个方面的内容：

　　（1）人员：人员的技能是否得到更新；是否能够适应方法的工作要求；人员

数量是否满足工作要求。

（2）设备：设备性能是否满足方法要求；是否需要添置前处理设备等辅助设备；设备数量是否满足要求。

（3）试剂耗材：方法对试剂种类、纯度等的要求如何；数量是否满足；是否建立了购买使用台账。

（4）环境设施条件：方法及其所用设备是否对温度、湿度有控制要求；环境条件是否得到监控。

（5）方法技术指标：使用日常工作所用的标准和试剂作为方法的技术指标，如校准曲线、检出限、空白、回收率、精密度、准确度等，是否均达到了方法要求。

（6）技术记录：日常检测工作须填写的原始记录格式是否包含了足够的关键信息。

11.3.4　试剂耗材

规范使用标准物质，包括以下注意事项：

（1）应优先考虑使用国家批准的有证标准样品，以保证量值的准确性、可比性与溯源性。

（2）选用的标准样品与预期检测分析的样品，尽可能在基体、形态、浓度水平等性状方面接近。其中基体匹配是需要重点考虑的因素，因为只有使用与被测样品基体相匹配的标准样品，在解释实验结果时才很少或没有困难。

（3）应特别注意标准样品证书中所规定的取样量与取样方法。证书中规定的固体最小取样量、液体稀释办法等是测量结果准确性和可信度的重要影响因素，宜严格遵守。

（4）应妥善贮存标准样品，并建立标准样品使用情况记录台账。有些标准样品有特殊的储存条件要求，应根据标准样品证书规定的储存条件保存标准样品，并在标准样品的有效期内使用，否则可能会影响标准样品量值的准确性。

严格按照方法要求购买和使用试剂/耗材。每种方法都规定了试剂的纯度，需要注意的是，市售的与方法要求的纯度一致的试剂，不一定能满足方法的使用要求，对数据结果有影响的试剂、新购品牌或者产品批次不一致时，在正式用于样品分析前应进行空白样品实验，以验证试剂质量是否满足工作需求。对于试剂纯度不满足方法需求的情形，应购买更高纯度的试剂或者由分析人员自行净化。比较典型的案例是分析水中苯系物的二硫化碳，市售分析纯二硫化碳往往需要实验室自行重蒸，或者购买优级纯的才能满足方法对空白样品的要求；与此类似的还有分析重金属的盐酸、硝酸等，采用分析纯的酸往往会导致较高的空白和背景值，建议筛选品质可靠的优级纯酸。

牢记试剂/耗材有使用寿命。对于试剂，尤其是已经配制好的试剂，应注意遵守检测方法中对试剂有效期的规定。若没有特殊规定，建议参考执行《化学试剂标准滴定溶液的制备》（GB/T 601—2002）中关于标准滴定溶液有效期的规定，即常温（15～25℃）下保存时间不超过 2 个月。特别应注意表观不被磨损类耗材的质保期，比如定电位电解法的传感器，pH 计的电极等，这些仪器的说明书中明确规定了传感器或者电极的使用次数或者最长使用寿命，应严格遵守，以保证量值的准确性。

11.3.5　数据处理

数据的计算和报出也可能会发生失误，应高度重视。以火电厂排放标准为例，排放标准根据热能转化设施类型的不同，规定了不同的基准氧含量，实测的火电厂烟尘、二氧化硫、氮氧化物和汞及其化合物排放浓度，须折算为基准氧含量下的排放浓度，若忽略了此要求，将现场测试所得结果直接报出，必然导致较大偏差。对于废水检测，须留意在发生样品稀释后检测时，稀释倍数是否纳入了计算。已经完成的测定结果，还应注意计量单位是否正确，最好有熟悉该项目的工作人员校核，各项目结果汇总后，由专人进行数据审核后发出。录入电脑或者信息平台时，注意检查是否有小数点输入的错误。

　　完备的质量控制体系运行离不开有效的质量监督。检测机构或者实验室应设置覆盖其检测能力范围的监督员，这些监督员可以是专职的，也可以是兼职的。但是无论是哪种情形，监督员应该熟悉检测程序、方法，并能够评价检测结果，发现可能的异常情况。为了使质量监督达到预期效果，最好在年初就制订监督计划，明确监督人、被监督对象、被监督的内容、被监督的频次等。通常情况下，新进上岗人员、使用新分析方法或者新设备，以及生产治理工艺发生变化的初期等实施的污染排放情况检测应受到有效监督。监督的情况应以记录的形式予以妥善保存。此外，检测机构或者实验室应定期总结监督情况，编写监督报告，以保证质量体系中的各标准、规范和质量措施等得到切实落实。

第 12 章　信息记录和报告

监测信息记录和报告是相关法律法规的要求，也是排污许可证制度实施的重要内容，是排污单位必须开展的工作。信息记录和报告的目的是将排污单位与监测相关的内容记录下来，供管理部门和排污单位使用，同时定期按要求进行信息报告，以说明环境守法状况，同时也为社会公众监督提供依据。本章围绕农药制造行业应开展的信息记录和报告的内容进行说明，为农药制造工业排污单位提供参考。

12.1　信息记录的目的与意义

说清污染物排放状况，自证是否正常运行污染治理设施、是否依法排污是法律赋予排污单位的权利和义务。自证守法，首先要有可以作为证据的相关资料，信息记录就是要将所有可以作为证据的信息保留下来，在需要的时候有据可查。具体来说，信息记录的目的和意义体现在以下几个方面。

首先，便于监测结果溯源。监测的环节很多，任何一个环节出现了问题，都可能造成监测结果的错误。通过信息记录，将监测过程中重要环节的原始信息记录下来，一旦发现监测结果存在可疑之处，就可以通过查阅相关记录，检查哪个环节出现了问题。对于不影响监测结果的问题，可以通过追溯监测过程进行校正，从而获得正确的结果。

其次，便于规范监测过程。认真记录各个监测环节的信息，便于规范监测活动，避免由于个别时候的疏忽而遗忘个别程序，从而影响监测结果。通过对记录信息的分析，也可以发现影响监测过程的一些关键因素，这也有利于监测过程的改进。

再次，可以实现信息间的相互校验。记录各种过程信息，可以更好地反映排污单位的生产、污染治理、排放状况，从而便于建立监测信息与生产、污染治理等相关信息的逻辑关系，从而为实现信息间的互相校验、加强数据间的质量控制提供基础。通过记录各类信息，可以形成排污单位生产、污染治理、排放等全链条的证据链，避免出现单方面的信息不足以说明排污状况的情形。

最后，丰富基础信息，利于科学研究。排污单位生产、污染治理、排放过程中一系列过程信息，对研究排污单位污染治理和排放特征具有重要意义。监测信息记录，极大地丰富了污染源排放和治理的基础信息，这为开展科学研究提供了大量基础信息。基于这些基础信息，利用大数据分析方法，可以更好地探索污染排放和治理的规律，为科学制定相关技术要求奠定良好基础。

12.2　信息记录要求和内容

12.2.1　信息记录要求

信息记录是一项具体而琐碎的工作，做好信息记录对于排污单位和管理部门都很重要，一般来说，信息记录应该符合以下要求。

首先，信息记录的目的在于真实反映排污单位生产、污染治理、排放、监测的实际情况，因此信息记录不需要专门针对需要记录的内容进行额外整理，只要保证所要求的记录内容便于查阅即可。为了便于查阅，排污单位应尽可能根据一般逻辑习惯整理成为台账保存。保存方式可以为电子台账，也可以为纸质台账，以便于查阅为原则。

其次，信息记录的内容不限于标准规范中要求的内容，其他排污单位认为有利于说清本单位排污状况的相关信息，也可以予以记录。考虑到排污单位污染排放的复杂性，影响排放的因素有很多，而排污单位最了解哪些因素会影响排污状况，因此，排污单位应根据本单位的实际情况，梳理本单位应记录的具体信息，丰富台账的内容，从而更好地建立生产、治理、排放的逻辑关系。

12.2.2　信息记录内容

12.2.2.1　手工监测的记录

采用手工监测的指标，至少应记录以下几方面的内容：

（1）采样相关记录，包括采样日期、采样时间、采样点位、混合取样的样品数量、采样器名称、采样人姓名等；

（2）样品保存和交接相关记录，包括样品保存方式、样品传输交接记录；

（3）样品分析相关记录，包括分析日期、样品处理方式、分析方法、质控措施、分析结果、分析人姓名等；

（4）质控相关记录，包括质控结果报告单等。

12.2.2.2　自动监测运维记录

自动监测的正确运行需要定期进行校准、校验和日常运行维护，校准、校验结果、日常运行维护开展情况直接决定了自动监测设备是否能够稳定运行，而通过检查运维公司对自动监测设备的运行维护记录，可以对自动监测设备日常运行状态进行初步判断。因此，排污单位或者负责运行维护的公司要如实记录对自动监测设备的运行维护情况，具体包括自动监测系统运行状况、系统辅助设备运行状况、系统校准、校验工作等，仪器说明书及相关标准规范中规定的其他检查项目，校准、维护保养、维修记录等。

12.2.2.3　生产和污染治理设施运行状况

首先，污染物排放状况与排污单位生产和污染治理设施运行状况密切相关，记录生产和污染治理设施运行状况，有利于更好地说清楚污染物排放状况。

其次，受监测能力的限制，无法做到全面连续监测，记录生产和污染治理设施运行状况可以辅助说明未监测时段的排放状况，同时也可以对监测数据是否具有代表性进行判断。

最后，由于监测结果可能受到仪器设备、监测方法等各种因素的影响，从而造成监测结果的不确定性，记录生产和污染治理设施运行状况，通过不同时段监测信息和其他信息的对比分析，可以对监测结果的准确性进行总体判断。

对于生产和污染治理设施运行状况，主要记录内容包括监测期间企业及各主要生产设施（至少涵盖废气主要污染源相关生产设施）运行状况（包括停机、启动情况）、产品产量、主要原辅料使用量、取水量、主要燃料消耗量、燃料主要成分、污染治理设施主要运行状态参数、污染治理主要药剂消耗情况等。日常生产中上述信息也需整理成台账保存备查。

12.2.2.4　固体废物（危险废物）产生与处理状况

固废作为重要的环境管理要素，排污单位应对固体废物和危险废物的产生、处理情况进行记录，同时固体废物和危险废物信息也可以作为废水、废气污染物产生和排放的辅助信息。关于固体废物和危险废物的记录内容包括各类固体废物和危险废物的产生量、综合利用量、处置量、贮存量、倾倒丢弃量，危险废物还应详细记录其具体去向。

12.3　生产和污染治理设施运行状况

应详细记录企业以下生产及污染治理设施运行状况，日常生产中也应参照以下内容记录相关信息，并整理成台账保存备查。

12.3.1　生产运行状况记录

根据厂区内生产布置和生产运行实际情况，记录厂内每条生产线的原辅材料用量和产量情况。若厂内不同生产线原辅材料交叉使用，且无法估算各生产线的原辅材料使用量或产量，也可以合起来进行记录，但要进行说明。

取水量（新鲜水）指调查年度从各种水源提取的并用于工业生产活动的水量总和，包括城市自来水用量、自备水（地表水、地下水和其他水）用量、水利工程供水量，以及企业从市场购得的其他水（如其他企业回用水量）。工业生产活动用水主要包括工业生产用水、辅助生产（包括机修、运输、空压站等）用水。厂区附属生活用水（厂内绿化、职工食堂、浴室、保健站、生活区居民家庭用水、企业附属幼儿园、学校、游泳池等的用水量）如果单独计量且生活污水不与工业废水混排的水量不计入取水量。

主要原辅料使用量，根据本厂实际从外购买的原辅材料进行整理记录，重点记录与污染物产生相关的原辅材料使用情况。

农药等产品产量。根据排污单位实际生产情况，记录中间产品及最终农药产品的产量，为了更好地掌握污染物产生与生产状况的关系，作为中间产品而非最终产品的农药中间产品，也应进行记录。

12.3.2　污水处理运行状况记录

为了佐证废水监测数据情况，按日记录废水处理量、废水回用量、废水排放量、污泥产生量（记录含水率）、废水处理使用的药剂名称及用量、鼓风机电量等；记录污水处理设施运行、故障及维护情况。

12.4　固体废物产生和处理情况

记录一般工业固体废物和危险废物的产生量、综合利用量、处置量、贮存量，危险废物还应详细记录其具体去向。原料或辅助工序中产生的其他危险废物的情况也应记录，危险废物应严格执行相关管理要求。

对于委托外单位处置利用一般工业固体废物或者危险废物的，以及接收外单位一般工业固体废物或者危险废物的，应详细记录这些情况。对于自行综合利用、自行处置一般工业固体废物和危险废物的，还应当对本单位所拥有的处置场、焚烧装置等综合利用和处置设施及运行情况进行记录。

12.5　信息报告及信息公开

12.5.1　信息报告要求

为了排污单位更好地掌握本单位实际排污状况，也便于更好地对公众说明本单位的排污状况和监测情况，排污单位应编写自行监测年度报告，年度报告至少应包含以下内容：

（1）监测方案的调整变化情况及变更原因；

（2）企业及各主要生产设施（至少涵盖废气主要污染源相关生产设施）全年运行天数，各监测点、各监测指标全年监测次数、超标情况、浓度分布情况；

（3）按要求开展的周边环境质量影响状况监测结果；

（4）自行监测开展的其他情况说明；

（5）排污单位实现达标排放所采取的主要措施。

自行监测年报不限于以上信息，任何有利于说明本单位自行监测情况和排放状况的信息，都可以写入自行监测年报中。另外，对于领取了排污许可证的排污单位，按照排污许可证管理要求，每年应提交年度执行报告，其中自行监测情况属于年度执行报告中的重要组成部分，排污单位可以将自行监测年报作为年度执行报告的一部分一并提交。

12.5.2　应急报告要求

由于排污单位非正常排放会对环境或者污水处理设施产生不良影响，因此对于监测结果出现超标的，排污单位应加密监测，并检查超标原因。短期内无法实现稳定达标排放的，应向生态环境主管部门提交事故分析报告，说明事故发生的原因，采取减轻或防止污染的措施，以及今后的预防及改进措施等；若因发生事故或者其他突发事件，排放的污水可能危及城镇排水与污水处理设施安全运行的，应当立即采取措施消除危害，并及时向城镇排水主管部门和生态环境主管部门等有关部门报告。

12.5.3　信息公开要求

排污单位应根据排污许可证及《企业事业单位环境信息公开办法》（环境保护部令 第 31 号）及《国家重点监控企业自行监测及信息公开办法（试行）》（环发〔2013〕81 号）进行信息公开，但不限于此，排污单位还可以采取其他便于公众获取的方式进行信息公开。

信息公开应重点考虑两类群体的信息需求。一是排污单位周围居民的信息需求，周边居民是污染排放的直接影响者，他们最关心污染物排放状况对自身及环境的影响，因此对污染物排放及周边环境质量状况有强烈的知情需求。二是排污单位同类行业或者其他相关者的信息需求，同一行业不同排污单位之间存在一定的竞争关系，都希望在污染治理上得到相对公平的待遇，因此会格外关心同行的排放状况，对同行业其他排污单位的排放状况信息有同行监督需求。

为了照顾这两类群体的信息需求，信息公开的方式应该便于这两大类群体获取。排污单位可以通过在厂区外或当地媒体上发布监测信息，使周边居民及时了解排污单位的排放状况，这类信息公开相对灵活，以便于周边居民获取信息。而为了实现同行监督和一些公益组织的监督，也为了便于政府监督，有组织的信息公开方式更有效率。目前，各级生态环境主管部门都在建设不同类型的信息公开平台，排污单位也应该根据相关要求在信息平台上发布信息，以便于各类群体间的相互监督。

第13章　自行监测数据报送

为了方便排污单位信息报送和管理部门采集相关信息，受生态环境部生态环境监测司委托，中国环境监测总站组织开发了"全国污染源监测信息管理与共享平台"，排污单位应通过该系统报送监测数据和相关信息。同时，发放了排污许可证的排污单位应通过"全国排污许可证管理信息平台"报送相关信息，为了便于填报，现已实现了"全国污染源监测信息管理与共享平台"和"全国排污许可证管理信息平台"的互联互通，排污单位可以通过两者其中之一登录系统填报监测数据。对于有地方监测数据管理平台的，可以通过数据交换的方式，实现数据的报送。

13.1　总体架构设计

根据《关于印发 2015 年中央本级环境监测能力建设项目建设方案的通知》（环办函〔2015〕1596 号），中国环境监测总站负责建设"全国污染源监测数据管理与信息共享系统"，面向企业用户、委托机构用户、环保用户、系统管理用户 4 类用户，针对各自不同业务需求，系统提供数据采集、监测体系建设运行考核、数据查询处理与分析、决策支持、数据采集移动终端版、自行监测知识库、排放标准管理、个人工作台、系统管理等功能。

另外，面向其他污染源监测信息采集系统（包括部级建设的固定污染源系统、全国排污许可证公开端、各省重点污染源监测系统），使用数据交换平台进行数据交换，减少企业重复填报。

系统整体架构见图 13-1。

图 13-1 系统总体架构

系统总体架构采用 SOA 面向服务的五层三体系的标准成熟电子政务框架设计，以总线为基础，依托公共组件、通用业务组件和开发工具实现应用系统快速开发和系统集成。系统由基础层、数据层、支撑层、应用层、展现层五层及贯穿项目始终且保障项目顺利实施和稳定、安全运行的系统运行保障体系以及安全保障体系和标准规范体系构成。

基础层：在利用监测总站现有的软硬件及网络环境基础上，配置相应的系统运行所需软硬件设备及安全保障设备。

数据层：建设项目的基础数据库、元数据库，并在此基础上建设主题数据库、空间数据库以提供数据挖掘和决策支持。数据库依据原环境保护部相关标准及能力建设项目的数据中心相关标准建设。

支撑层：在应用支撑平台企业总线及相关公共组件的基础上，建设本系统的组件，为系统提供足够的灵活性和扩展性，为应用集成提供灵活的框架，也为将来业务变化引起的系统变化提供快速调整的支撑。

应用层：通过 ESB、数据交换实现与包括部级建设的固定污染源系统、全国排污许可证管理信息平台、各省污染源监测系统在内的其他系统对接。

展现层：面向生态环境管理部门用户、企业用户及第三方机构用户提供互联网访问服务。

标准规范体系：制定全国污染源监测信息管理与共享平台数据交换标准规范，确保各应用系统按照统一的数据标准进行数据交换。

为保障系统安全稳定运行，同步配套设计、建设了安全保障体系和系统运行保障体系。

13.2 应用层设计

全国污染源监测数据管理与信息共享平台提供的业务应用包括数据采集、监测体系建设运行考核、数据查询处理与分析、决策支持、数据采集移动终端版、自行监测知识库、排放标准管理、个人工作台、系统管理及数据交换 10 个子系统。系统功能架构见图 13-2。

（1）数据采集：包括对企业自行监测数据和管理部门进行的监督性监测数据的采集；需要面向全国重点监控企业采集监测数据，对不同年份的企业建立不同的企业基础信息库，提供信息填报、审核、查询、发布功能，并形成关联，以持续监督。

图 13-2　系统功能架构

同时满足各级生态环境主管部门录入监督性监测数据、质控抽测数据、监督检查信息与结果、采集全国自动监控数据、自动监测数据有效性审核情况、监测站标准化建设情况、环境执法与监管情况等。企业的基础信息录入完成后需由属地生态环境主管部门确认。由于不同来源数据的采集频次和采集方式不同，所以系统提供不同的数据接入方式。

（2）监测体系建设运行考核：根据管理要求，汇总监测体系建设运行总体情况，生成表格。实现按时间、空间、行业、污染源类型等统计应该开展监测的企业数量、不具备监测条件的企业数量及原因、实际开展监测的企业数量以及监测点位数量、监测指标数量等各指标的具体情况。

（3）数据查询处理与分析：查询条件可以保存为查询方案，查询时可调用查询方案进行查询。

（4）决策支持：该发布系统除采用基本的数据分析方法外，需要支持 OLAP 等分析技术，对数据中心数据的快速分析访问，向用户显示重要的数据分类、数据集合、数据更新的通知以及用户自己的数据订阅等信息。

提供环保搜索功能，用户可按权限快速查询各类环境信息，也可以直接从系统进行汇总、平均或读取数据，实现多维数据结构的灵活表现。

（5）数据采集移动终端版：数据采集移动端帮助环保用户随时随地了解企业情况并上报检查信息，提高污染源数据采集信息的及时性、准确性。

（6）自行监测知识库：企业自行监测知识库系统对企业单位提供自行监测相关的法律法规、政策文件、排放标准、监测规范、方法、自行监测方案范例、相关处罚案例等查询服务，帮助和指导企业做好自行监测工作。

（7）排放标准管理：提供排放标准的维护管理和达标评价功能。管理用户可以对标准进行增删改查操作，以保持标准为最新版本。提供接口，数据录入编辑时、数据进行发布时均可调用该接口判定该数据是否超标，超标的给予提示并按超标比例不同给出不同的颜色提醒。

（8）个人工作台：包括信息提醒（邮件和短信）、通知管理、数据报送情况查询、数据校验规则设置与管理等。为不同用户提供针对性强、特定的用户体验，方便用户使用。

（9）系统管理：系统管理实现系统维护相关功能，系统维护人员和数据管理人员基于这些功能对数据采集和服务进行管理，综合信息管理主要包括系统管理、个人工作管理、数据管理等方面的功能。

（10）数据交换：建立数据交换共享平台，实现系统中各子系统间的内部数据交换，尤其是实现与外部系统的交换。

内部交换包括采集子系统与查询分析子系统，各子系统与信息发布子系统之间的数据交换。

外部交换主要是与其他信息系统的数据对接，将依据能力建设项目的相关标准制定监测数据标准、交换的工作流程标准、安全标准及交换运行保障标准等标准，制定统一的数据接口供各地现行污染源监测信息管理与共享数据。各相关系统按数据标准生成数据 XML 文件，通过接口传递到本系统解析入库，以实现与本系统的互联互通，减少企业重复录入，提高数据质量。

13.3　排污单位自行监测数据报送方式和内容

13.3.1　排污单位自行监测数据报送方式

排污单位自行监测数据采集方式有两种，一种是可直接登录使用本系统录入自行监测方案及数据，另一种是使用各省自建平台录入自行监测方案及数据，再向本系统传送。本系统与排污许可证管理信息系统互通，可从排污许可证管理信息系统获取已发证企业的基本信息，再将本系统采集的自行监测数据推送给排污许可证管理信息系统进行公开。

直接使用本系统采集和报送数据的企业，可先从排污许可证管理信息系统共享已发证企业基本信息，使用本系统录入完善企业自行监测方案、监测数据等信息，再将监测数据共享到排污许可证管理信息系统进行发布。企业自行监测数据报送流程见图 13-3。

图 13-3　排污单位自行监测数据报送流程

如果各省（自治区、直辖市）使用本地平台采集和发布信息，地方平台将发放许可证的企业信息和方案信息导入地方平台，再由企业在地方平台进行数据录入，然后由地方平台将数据导入国家平台。使用地方平台采集企业自行监测信息的报送流程见图 13-4。

图 13-4 使用地方平台采集自行监测数据的报送流程

13.3.2 方案与数据填报流程

自行监测方案的填报流程：企业用户登录系统，录入企业基本信息、监测信息，保存成方案后提交所属生态环境主管部门审核（审核功能并非强制性，是否需要审核由生态环境主管部门根据本地区管理需求进行设置）。发放了许可证的企业，这两部分信息会自动从许可证系统导入本系统中，企业仅需要完善即可。

自行监测数据填报流程。方案审核通过的企业按监测方案进行监测数据的填报，企业内部可以数据审核，审核通过的进行发布，不通过的退回填报用户修改。具有审核权限的填报用户也可以直接发布。

13.3.3　报送内容

（1）企业基本信息：包括企业名称、统一社会信用代码、组织机构代码（与统一社会信用代码二选一）、企业类别、企业规模、注册类型、行业类别、法定代表人或主要负责人、企业注册地址、企业生产地址、企业地理位置。

（2）监测方案信息：包括各排放设备、排放口、监测点位、点位编号、监测项目、执行的排放标准及限值、监测方法、监测频次、委托服务机构等信息。

（3）监测数据：填报各监测点开展监测的各项污染物的排放浓度、相关参数信息、未监测原因等信息。

13.4　监测信息录入

13.4.1　基础信息录入

企业用户在系统主界面进入"数据采集"→"企业信息填报"→"基本信息录入"。基本信息录入功能提供企业用户将自己的基本信息录入系统中，主要包括：

录入【企业名称】、【曾用名】等，选择【企业类别】、【企业规模】、【注册类型】等，上传【排污许可证】、【单位平面图】，点击【提交】按钮即可上传企业的基本信息。其中【企业名称】、【统一社会信用代码】和【组织机构代码】（二选一）、【企业类别】、【行业类别】、【方案审核单位】、【企业生产地址】、【企业地理位置】为必填项。企业没有完成自己基本信息填报前不能进行监测点位信息等录入，基本信息填写完成后，才能进行其他操作，如图 13-5 所示。

图 13-5　企业基础信息录入界面

13.4.2　监测方案信息维护

发放了许可证的企业，监测方案信息会自动从许可证系统导入本系统中，企业仅需要完善即可。本章以下内容以无排污许可证同步信息为主进行介绍，企业有排污许可证同步方案信息的不需要进行此操作，可参考此步骤编辑完善自行监测方案信息。

企业录入监测方案信息，选择排放类型，排放类型有废气、废水、无组织、周边环境、厂界噪声，根据排放类型的不同录入的信息流程如下：

废气：首先录入排放设备信息及治理设施信息，然后在排放设备下添加监测点信息，再录入监测点上应监测的项目信息，最后录入监测项目使用的设备和方法信息。

废水：首先录入监测点信息；然后根据监测点是排口还是进口，录入排口及治理设施信息或进口信息；再录入监测点上应监测的项目信息，最后录入监测项目使用的设备和方法信息。

无组织、周边环境和厂界噪声：首先录入监测点信息；然后录入监测点上应监测的项目信息，最后录入监测项目使用的设备和方法信息。

企业用户在系统主界面进入"数据采集"→"企业信息填报"→"监测方

案信息"。在【选择方案版本】中如果选择"版本号名称"即可查看相应版本号的监测信息。如果想修改监测信息，点击右侧【加载该版本】即可，然后在【选择方案版本】处选择【当前编辑】。修改的过程可参照下面介绍的录入过程。录入新的监测信息，应在【选择方案版本】处选择【当前编辑】，然后点击右侧的【编辑】按钮进行编辑，如图 13-6 所示。

图 13-6　企业监测方案信息加载界面

许可证导入企业，进入系统，在监测方案信息当前编辑中，会有从排污许可证系统同步过来的监测方案信息，包含相关排放设备、监测点、监测项目、排放标准、限值、监测频次等信息，如图 13-7 所示。

图 13-7　许可证系统导入企业的监测方案信息界面

非排污许可证导入企业，首次进入系统界面如图 13-8 所示。

图 13-8 非排污许可证系统导入企业监测方案信息界面

点击初始化方案之后，如图 13-9 所示。

图 13-9 非排污许可证系统导入企业监测方案信息编辑界面

13.4.2.1 废气监测信息录入

（1）添加废气排放设备

一家企业的废气监测信息可以有多个排放设备，每个排放设备可以新增多个治理设施。

在编辑状态下，点击废气右上方的【增加排放设备】，弹出排放设备增加页面，通用的填报项目有【排序序号】、【排放设备名称】、【排放设备编号】，点击【新增治理设施】，在下方会增加一行治理设施填报项目，内容包括【安装顺序】、【设施

类别】、【设施名称】、【处理工艺】、【处理效率】，每一条项目的右侧均有删除
按钮，可以对错误的添加进行删除操作，如图 13-10、图 13-11 所示。

图 13-10　新增废气排放设备

图 13-11　新增治理设施

在【排放设备类型】处选择【燃烧】，需在页面上选择【燃烧类型】、【燃烧技
术】、【低氮燃烧方式】等，输入【装机容量】，如图 13-12 所示。

图 13-12　完善排放设备信息—燃烧

在【排放设备类型】处选择【工艺过程】，需在页面上选择【产品名称】、【工艺技术】等，输入【产能单位】、【产能】，如图 13-13 所示。

图 13-13　完善排放设备信息—工艺过程

在【排放设备类型】处选择【溶剂使用】，需在页面上选择【溶剂使用过程】、【溶剂类型】、【是否分组】，如图 13-14 所示。

图 13-14　完善排放设备信息—溶剂使用

在【排放设备类型】处选择【储存运输】，需输入【运输产品】，如图 13-15 所示。

图 13-15　完善排放设备信息—储存运输

在【排放设备类型】处选择【废弃物处理】，需在页面上选择【废弃物类型】、【处理方式】，输入【处理量】，如图 13-16 所示。

图 13-16 完善排放设备信息—废弃物处理

根据上述不同条件填写完页面后，点击【提交】按钮即可。

（2）添加废气监测点

一个监测点可对应多个排放设备，一个排放设备只对应一个监测点。在添加完废气排放设备之后，点击【增加监测点】，弹出监测点新增页面。

①选择已存在监测点

在【选择已存在监测点】处选择"是"，在【请选择监测点】处选择对应的监测点，点击【提交】按钮即可，如图 13-17 所示。

图 13-17 选择已存在监测点

②新建监测点

在【选择已存在监测点】处选择"否"，依次输入【排序序号】、【监测点名称】、【监测点编号】、【监测点位置】，选择【点位属性】，如果为【外排】，该检测点即为外排监测点，如果为【内部】，即需选择【关联外排监测点】，如图 13-18 所示。

图 13-18　新建监测点

输入【经度】、【纬度】、【监测断面面积】等，点击 ⊕ 按钮可以新增监测点，点击按钮后在弹出的排气筒新增页面，输入【排气筒名称】、【排气筒编号】等并点击提交。如图 13-19 所示，即可新增一个监测点。

图 13-19　完善新增监测点信息

　　点击【新增标准】按钮可以新增一条标准，在弹出的标准新增页面中，选择需要添加的标准。选择一个标准后，打开下方的标准条目，选择要监测的项目，选择完毕后点击提交按钮，即可新增一条标准，如图 13-20、图 13-21 所示。

图 13-20　新增执行标准

图 13-21　完善标准信息

填写完监测点信息后，点击【提交】按钮，即可新增一条监测点信息。如图 13-22 所示。

图 13-22　完成监测点新建

（3）添加废气监测项目

一个监测点可能有多个监测项目，添加完【监测点】之后，点击【增加项目】，弹出监测项目新增页面。如图 13-23 所示。

图 13-23　新增废气监测项目

输入【排序序号】、【上限】、【下限】等，选择【监测项目】、【依据类型】、【监测方式】等。依据类型有【排放标准】、【排污许可证】、【环评】、【其他文件】，不同的依据类型有不同的选择项。选择【排放标准】时，需选择依据的排放标准和标准下的条目，如图 13-24 所示。

图 13-24　完善废气监测项目信息

选择【排污许可证】、【环评】、【其他文件】时，需上传依据文件，如图 13-25 所示。

图 13-25　上传依据文件

监测方式有【手工】、【自动】两种。当监测方式为"手工"时还需录入监测方法、监测设备、设备型号、生产厂商、单次采样个数。当监测方式为"自动"时还需录入监测频次、设备型号、集成商、设备编号、是否委托运营。填写完整信息后，点击【提交】上传监测项目信息，如图 13-26 所示。

图 13-26　填写手工监测项目信息

（4）修改废气监测项目信息

修改废气排放设备、监测点、监测项目时，点击相应的名称，即可进入修改页面，修改过程可参照本小节的第 1、2、3 部分的新增过程，如图 13-27 所示。

图 13-27　完善废气手工监测项目信息

（5）删除废气监测项目信息

需要删除废气排放设备、监测点、监测项目时，点击相应废气排放设备、监测点、监测项目一栏的【删除】按钮即可，如图 13-28 所示。

图 13-28　删除废气监测项目信息

13.4.2.2　废水监测信息录入

（1）添加废水监测点

在编辑页面下，点击废水右上方的【增加监测点】按钮，弹出监测点新增页面。

①选择已有排口或进口添加监测点

在【监测点类型】处选择【排口】，在【是否选择已有排口】处选择"是"，在【选择排口】处选择对应的排口。输入【监测点排序序号】、【监测点名称】、【监测点编号】，点击【提交】按钮即可，如图 13-29 所示。

图 13-29　选择已有排口

在【监测点类型】处选择【进口】，在【是否选择已有进口】处选择"是"，在【选择进口】处选择对应的进口。输入【监测点排序序号】、【监测点名称】、【监测点编号】，点击【提交】按钮即可，如图 13-30 所示。

图 13-30　选择已有进口

②新建排口或进口新建监测点

在【是否选择已有排口】处选择"否"，在【监测点排序序号】、【监测点名称】、【监测点编号】处选择【排放形式】、【测流装置】，点击【新增标准】弹出新增标准页面，新增标准成功后，点击【提交】按钮回到新增监测点页面，在此页面确定填写完全部信息后，点击【提交】按钮即可，如图 13-31、图 13-32 所示。

图 13-31　新建排口信息

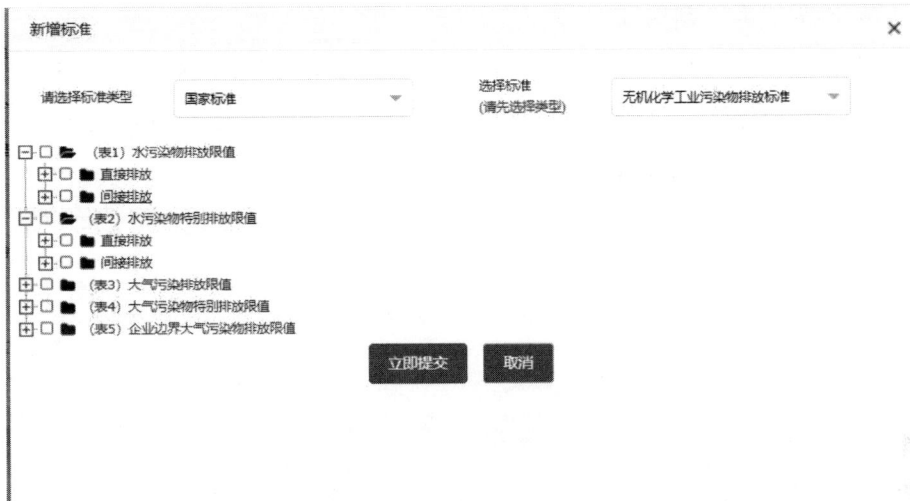

图 13-32　新增执行标准

在【监测点类型】处选择【进口】，在【是否选择已有进口】处选择"否"，输入【监测点排序序号】、【监测点名称】、【监测点编号】、【进口排序序号】、【进口名称】、【进口编号】，选择【进水口类型】、【排放去向】、【经度】、【纬度】等，如图 13-33 所示。

图 13-33　新增进口信息

（2）添加废水监测项目

一个监测点可能有多个监测项目，在添加完【监测点】之后，点击【增加监测项目】，弹出监测项目新增页面。可参照"废气监测信息录入"第 3 部分"添加废气监测项目"，如图 13-34 所示。

图 13-34　新增废水监测项目信息

（3）修改废水监测项目信息

修改废水监测点、监测项目时，点击相应的名称，即可进入修改页面，修改过程可参照本小节的第 1、2 部分的新增过程，如图 13-35 所示。

图 13-35　修改废水监测项目信息

（4）删除废水监测项目信息

删除废水监测点、监测项目时，点击相应名称上方或右侧的【删除】按钮即可，如图 13-36 所示。

图 13-36　删除废水监测项目信息

13.4.2.3　无组织、周边环境和厂界噪声监测信息录入

（1）添加无组织、周边环境和厂界噪声监测点

在编辑页面下，点击无组织、周边环境和厂界噪声监测点右上方的【增加监测点】，弹出监测点新增页面。输入【排序序号】、【监测点名称】、【监测点编号】，选择【经度】、【纬度】、【开始时间】、【结束时间】，周边环境还需选择【监测类型】。点击【新增标准】弹出新增标准页面，新增标准成功后，点击【提交】按钮回到新增监测点页面，在此页面确定填写完全部信息后，点击【提交】按钮即可。这三类监测点的新增页面类似，如图 13-37～图 13-39 所示。

图 13-37　新增无组织监测点信息

图 13-38　新增周边环境监测点信息

图 13-39　新增厂界噪声监测点信息

（2）添加无组织、周边环境和厂界噪声监测项目

一个监测点可能有多个监测项目，在添加完【监测点】之后，点击【增加项目】，弹出监测项目新增页面。可参照"废气监测信息录入"第 3 部分"添加废气监测项目"，如图 13-40 所示。

图 13-40　新增监测项目信息

（3）修改无组织、周边环境和厂界噪声监测项目信息

修改无组织、周边环境和厂界噪声监测点、监测项目时，点击相应的名称，即可进入修改页面，修改过程可参照本小节的第 1、2 部分的新增过程，如图 13-41 所示。

图 13-41　修改监测项目信息

（4）删除无组织、周边环境和厂界噪声监测项目信息

修改无组织、周边环境和厂界噪声监测点、监测项目时，点击相应名称右侧的【删除】按钮即可，如图 13-42 所示。

图 13-42　删除监测项目信息

13.4.2.4　完成监测方案

监测信息录入完成后，点击页面上的【保存成方案】按钮，会弹出新建监测

方案页面，输入【方案名称】、【方案版本】等，选择【公开开始时间】、【公开结束时间】、【编制日期】，上传【单位平面图】、【监测点位示意图】，最后点击【提交】按钮即可，如图 13-43、图 13-44 所示。

图 13-43　监测方案内容

图 13-44　监测方案基本信息

13.4.2.5　监测方案管理

企业用户在系统主界面进入"数据采集"→"企业信息填报"→"监测方案管理"。

（1）查看

根据查询列表结果，点击每条数据右侧的查看 🔍 按钮，即可查看方案的部分信息，如图 13-45 所示。

图 13-45　查看监测方案位置

进入监测方案查看信息页面后，点击右下方的【查看详情】按钮均可查看相应的详细信息，如图 13-46、图 13-47 所示。

图 13-46　监测方案下载与查看

图 13-47　监测方案内容查看

（2）修改

针对方案状态【未提交】的情况可以对方案进行修改，点击右侧的【修改】按钮，即可对方案进行修改，编辑页面的填写可参照 13.4.2.4 小节进行填写，如图 13-48 所示。

图 13-48　监测方案修改

（3）删除

针对方案状态【未提交】、【审核失败】的情况可以对方案进行删除，点击右侧的【删除】按钮，即可对方案进行删除，如图 13-49 所示。

图 13-49　删除监测方案

（4）提交审核

针对方案状态【未提交】、【审核失败】的情况可以对方案进行提交，点击右侧的提交按钮，即可对方案进行提交，如图 13-50 所示。

图 13-50　提交监测方案

（5）查看监测方案流程

查看监测方案流程如图 13-51 所示。

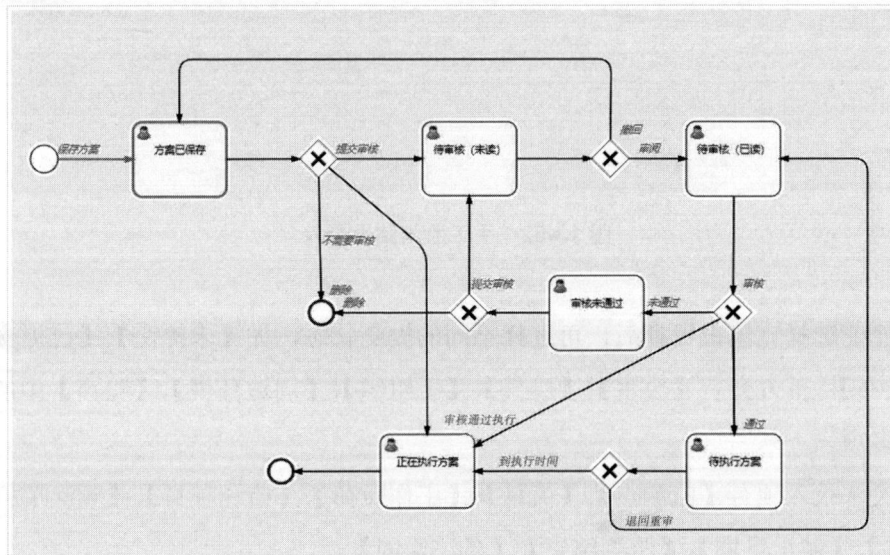

图 13-51　查看监测方案流程

13.4.3 监测数据录入

企业填报账户登录系统进入主界面"数据采集"→"企业信息填报"→"手工监测结果录入"。手工检测结果的录入是在方案审核完成之后，针对监测项目，监测方式为【手工】的，在"手工监测结果"中录入。

（1）录入手工监测结果

选择需要录入手工监测结果的采样日期，"黄色"代表未填报完成，"绿色"代表填报完成，"橘色"代表未填报完成且超期，"红色矩形框"代表有超标数据，如图 13-52 所示。

图 13-52　手工监测结果录入

企业选择完填报日期后，可选择不同的提交状态，如【未提交】、【已提交】、【已发布】，下方会有【废水】、【废气】、【无组织】、【周边环境】、【噪声】中的一项或多项。

废水录入项有【监测点】、【流量】、【工作负荷】、【监测项目】、【频次单位】、【频次】、【截止日期】、【监测结果】、【备注原因】。

废气录入项有【排放设备】、【监测点】、【流量】、【温度】、【湿度】、【含氧量】、【流速】、【生产负荷】、【监测项目】等。

无组织录入项有【监测点】、【风向】、【风速】、【温度】、【压力】、【监测项目】、【频次单位】、【频次】等。

周边环境录入项有【环境空气监测点】、【湿度】、【气温】、【气压】、【风速】、
【风向】、【监测项目】、【频次单位】等。

若录入的监测结果浓度超过标准值，文本所在输入框会变成红色，标识结果
超标。如图 13-53 所示。

图 13-53　手工监测结果超标提醒

（2）保存手工监测结果

此功能用于保存填报用户填完的手工监测结果，但不提交审核。只需在填报
信息后，点击【保存】按钮，之前录入的信息即进行保存，如图 13-54 所示。

图 13-54　手工监测结果保存

（3）提交审核手工监测结果

此功能用于填报用户提交手工监测结果，针对需要提交的手工监测结果，在
每条记录右侧或者全选项的选择框下进行勾选，再点击上方的【提交】按钮即可，
如图 13-55 所示。

图 13-55　手工监测结果提交

（4）发布

此功能用于企业审核用户，对提交的手工监测结果进行发布处理。针对【提交状态】为【已提交】的手工监测结果，对需要发布的监测结果，在每条记录右侧或者全选项的选择框下进行勾选，然后点击【发布】按钮对其进行发布，如图13-56 所示。

图 13-56　手工监测结果发布

（5）修改已发布数据

企业填报用户可以对已发布的手工数据进行修改，点击结果数据记录右侧的【修改】按钮，修改数据信息，即可完成修改，如图13-57 所示。

图 13-57 修改已发布手工监测结果

附　录

附录 1

排污单位自行监测技术指南　总则

（HJ 819—2017）

前言

为落实《中华人民共和国环境保护法》《中华人民共和国大气污染防治法》《中华人民共和国水污染防治法》，指导和规范排污单位自行监测工作，制定本标准。

本标准提出了排污单位自行监测的一般要求、监测方案制定、监测质量保证和质量控制、信息记录和报告的基本内容和要求。

本标准为首次发布。

本标准由环境保护部环境监测司、科技标准司提出并组织制订。

本标准主要起草单位：中国环境监测总站。

本标准由环境保护部 2017 年 4 月 25 日批准。

本标准自 2017 年 6 月 1 日起实施。

本标准由环境保护部解释。

1　适用范围

本标准提出了排污单位自行监测的一般要求、监测方案制定、监测质量保证和质量控制、信息记录和报告的基本内容和要求。

排污单位可参照本标准在生产运行阶段对其排放的水、气污染物，噪声以及对其周边环境质量影响开展监测。

本标准适用于无行业自行监测技术指南的排污单位；行业自行监测技术指南中未规定的内容按本标准执行。

2　规范性引用文件

本标准引用了下列文件或其中的条款。凡是未注明日期的引用文件，其最新版本适用于本标准。

GB 12348　工业企业厂界环境噪声排放标准

GB/T 16157　固定污染源排气中颗粒物测定与气态污染物采样方法

HJ 2.1　环境影响评价技术导则　总纲

HJ 2.2　环境影响评价技术导则　大气环境

HJ/T 2.3　环境影响评价技术导则　地面水环境

HJ 2.4　环境影响评价技术导则　声环境

HJ/T 55　大气污染物无组织排放监测技术导则

HJ/T 75　固定污染源烟气排放连续监测技术规范（试行）

HJ/T 76　固定污染源烟气排放连续监测系统技术要求及检测方法（试行）

HJ/T 91　地表水和污水监测技术规范

HJ/T 92　水污染物排放总量监测技术规范

HJ/T 164　地下水环境监测技术规范

HJ/T 166　土壤环境监测技术规范

HJ/T 194　环境空气质量手工监测技术规范

HJ/T 353　水污染源在线监测系统安装技术规范（试行）

HJ/T 354　水污染源在线监测系统验收技术规范（试行）

HJ/T 355　水污染源在线监测系统运行与考核技术规范（试行）

HJ/T 356　水污染源在线监测系统数据有效性判别技术规范（试行）

HJ/T 397　固定源废气监测技术规范

HJ 442　近岸海域环境监测规范

HJ 493　水质　样品的保存和管理技术规定

HJ 494　水质　采样技术指导

HJ 495　水质　采样方案设计技术规定

HJ 610　环境影响评价技术导则　地下水环境

HJ 733　泄漏和敞开液面排放的挥发性有机物检测技术导则

《企业事业单位环境信息公开办法》（环境保护部令　第 31 号）

《国家重点监控企业自行监测及信息公开办法（试行）》（环发〔2013〕81 号）

3　术语和定义

下列术语和定义适用于本标准。

3.1　自行监测　self-monitoring

指排污单位为掌握本单位的污染物排放状况及其对周边环境质量的影响等情况，按照相关法律法规和技术规范，组织开展的环境监测活动。

3.2　重点排污单位　key pollutant discharging entity

指由设区的市级及以上地方人民政府环境保护主管部门商有关部门确定的本行政区域内的重点排污单位。

3.3　外排口监测点位　emission site

指用于监测排污单位通过排放口向环境排放废气、废水（包括向公共污水处理系统排放废水）污染物状况的监测点位。

3.4 内部监测点位 internal monitoring site

指用于监测污染治理设施进口、污水处理厂进水等污染物状况的监测点位，或监测工艺过程中影响特定污染物产生排放的特征工艺参数的监测点位。

4 自行监测的一般要求

4.1 制定监测方案

排污单位应查清所有污染源，确定主要污染源及主要监测指标，制定监测方案。监测方案内容包括单位基本情况、监测点位及示意图、监测指标、执行标准及其限值、监测频次、采样和样品保存方法、监测分析方法和仪器、质量保证与质量控制等。

新建排污单位应当在投入生产或使用并产生实际排污行为之前完成自行监测方案的编制及相关准备工作。

4.2 设置和维护监测设施

排污单位应按照规定设置满足开展监测所需要的监测设施。废水排放口，废气（采样）监测平台、监测断面和监测孔的设置应符合监测规范要求。监测平台应便于开展监测活动，应能保证监测人员的安全。

废水排放量大于 100 t/d 的，应安装自动测流设施并开展流量自动监测。

4.3 开展自行监测

排污单位应按照最新的监测方案开展监测活动，可根据自身条件和能力，利用自有人员、场所和设备自行监测；也可委托其他有资质的检（监）测机构代其开展自行监测。

持有排污许可证的企业自行监测年度报告内容可以在排污许可证年度执行报告中体现。

4.4　做好监测质量保证与质量控制

排污单位应建立自行监测质量管理制度，按照相关技术规范要求做好监测质量保证与质量控制。

4.5　记录和保存监测数据

排污单位应做好与监测相关的数据记录，按照规定进行保存，并依据相关法规向社会公开监测结果。

5　监测方案制定

5.1　监测内容

5.1.1　污染物排放监测

包括废气污染物（以有组织或无组织形式排入环境）、废水污染物（直接排入环境或排入公共污水处理系统）及噪声污染等。

5.1.2　周边环境质量影响监测

污染物排放标准、环境影响评价文件及其批复或其他环境管理有明确要求的，排污单位应按照要求对其周边相应的空气、地表水、地下水、土壤等环境质量开展监测；其他排污单位根据实际情况确定是否开展周边环境质量影响监测。

5.1.3　关键工艺参数监测

在某些情况下，可以通过对与污染物产生和排放密切相关的关键工艺参数进行测试，以补充污染物排放监测。

5.1.4　污染治理设施处理效果监测

若污染物排放标准等环境管理文件对污染治理设施有特别要求的，或排污单位认为有必要的，应对污染治理设施处理效果进行监测。

5.2　废气排放监测

5.2.1　有组织排放监测

5.2.1.1　确定主要污染源和主要排放口

符合以下条件的废气污染源为主要污染源：

a）单台出力 14 MW 或 20 t/h 及以上的各种燃料的锅炉和燃气轮机组；

b）重点行业的工业炉窑（水泥窑、炼焦炉、熔炼炉、焚烧炉、熔化炉、铁矿烧结炉、加热炉、热处理炉、石灰窑等）；

c）化工类生产工序的反应设备（化学反应器/塔、蒸馏/蒸发/萃取设备等）；

d）其他与上述所列相当的污染源。

符合以下条件的废气排放口为主要排放口：

a）主要污染源的废气排放口；

b）"排污许可证申请与核发技术规范"确定的主要排放口；

c）对于多个污染源共用一个排放口的，凡涉及主要污染源的排放口均为主要排放口。

5.2.1.2　监测点位

a）外排口监测点位：点位设置应满足 GB/T 16157、HJ 75 等技术规范的要求。净烟气与原烟气混合排放的，应在排气筒，或烟气汇合后的混合烟道上设置监测点位；净烟气直接排放的，应在净烟气烟道上设置监测点位，有旁路的旁路烟道也应设置监测点位。

b）内部监测点位设置：当污染物排放标准中有污染物处理效果要求时，应在进入相应污染物处理设施单元的进出口设置监测点位。当环境管理文件有要求，或排污单位认为有必要的，可设置开展相应监测内容的内部监测点位。

5.2.1.3　监测指标

各外排口监测点位的监测指标应至少包括所执行的国家或地方污染物排放（控制）标准、环境影响评价文件及其批复、排污许可证等相关管理规定明确要求的污染物指标。排污单位还应根据生产过程的原辅用料、生产工艺、中间及最终产品，确定是否排放纳入相关有毒有害或优先控制污染物名录中的污染物指标，或其他有毒污染物指标，这些指标也应纳入监测指标。

对于主要排放口监测点位的监测指标，符合以下条件的为主要监测指标：

a）二氧化硫、氮氧化物、颗粒物（或烟尘/粉尘）、挥发性有机物中排放量较大的污染物指标；

b）能在环境或动植物体内积蓄，对人类产生长远不良影响的有毒污染物指标（存在有毒有害或优先控制污染物相关名录的，以名录中的污染物指标为准）；

c）排污单位所在区域环境质量超标的污染物指标。

内部监测点位的监测指标根据点位设置的主要目的确定。

5.2.1.4　监测频次

a）确定监测频次的基本原则。

排污单位应在满足本标准要求的基础上，遵循以下原则确定各监测点位不同监测指标的监测频次：

1）不应低于国家或地方发布的标准、规范性文件、规划、环境影响评价文件及其批复等明确规定的监测频次；

2）主要排放口的监测频次高于非主要排放口；

3）主要监测指标的监测频次高于其他监测指标；

4）排向敏感地区的应适当增加监测频次；

5）排放状况波动大的，应适当增加监测频次；

6）历史稳定达标状况较差的需增加监测频次，达标状况良好的可以适当降低监测频次；

7）监测成本应与排污企业自身能力相一致，尽量避免重复监测。

b）原则上，外排口监测点位最低监测频次按照表1执行。废气烟气参数和污染物浓度应同步监测。

表 1 废气监测指标的最低监测频次

排污单位级别	主要排放口		其他排放口的监测指标
	主要监测指标	其他监测指标	
重点排污单位	月—季度	半年—年	半年—年
非重点排污单位	半年—年	年	年

注：为最低监测频次的范围，分行业排污单位自行监测技术指南中依据此原则确定各监测指标的最低监测频次。

c）内部监测点位的监测频次根据该监测点位设置目的、结果评价的需要、补充监测结果的需要等进行确定。

5.2.1.5 监测技术

监测技术包括手工监测、自动监测两种，排污单位可根据监测成本、监测指标以及监测频次等内容，合理选择适当的监测技术。

对于相关管理规定要求采用自动监测的指标，应采用自动监测技术；对于监测频次高、自动监测技术成熟的监测指标，应优先选用自动监测技术；其他监测指标，可选用手工监测技术。

5.2.1.6 采样方法

废气手工采样方法的选择参照相关污染物排放标准及 GB/T 16157、HJ/T 397 等执行。废气自动监测参照 HJ/T 75、HJ/T 76 执行。

5.2.1.7 监测分析方法

监测分析方法的选用应充分考虑相关排放标准的规定、排污单位的排放特点、污染物排放浓度的高低、所采用监测分析方法的检出限和干扰等因素。

监测分析方法应优先选用所执行的排放标准中规定的方法。选用其他国家、行业标准方法的，方法的主要特性参数（包括检出下限、精密度、准确度、干扰消除等）需符合标准要求。尚无国家和行业标准分析方法的，或采用国家和行业标准方法不能得到合格测定数据的，可选用其他方法，但必须做方法验证和对比实验，证明该方法主要特性参数的可靠性。

5.2.2 无组织排放监测

5.2.2.1 监测点位

存在废气无组织排放源的，应设置无组织排放监测点位，具体要求按相关污染物排放标准及 HJ/T 55、HJ 733 等执行。

5.2.2.2 监测指标

按本标准 5.2.1.3 执行。

5.2.2.3 监测频次

钢铁、水泥、焦化、石油加工、有色金属冶炼、采矿业等无组织废气排放较重的污染源，无组织废气每季度至少开展一次监测；其他涉及无组织废气排放的污染源每年至少开展一次监测。

5.2.2.4 监测技术

按本标准 5.2.1.5 执行。

5.2.2.5 采样方法

参照相关污染物排放标准及 HJ/T 55、HJ 733 执行。

5.2.2.6 监测分析方法

按本标准 5.2.1.7 执行。

5.3 废水排放监测

5.3.1 监测点位

5.3.1.1 外排口监测点位

在污染物排放标准规定的监控位置设置监测点位。

5.3.1.2 内部监测点位

按本标准 5.2.1.2 b）执行。

5.3.2 监测指标

符合以下条件的为各废水外排口监测点位的主要监测指标：

a）化学需氧量、五日生化需氧量、氨氮、总磷、总氮、悬浮物、石油类中排放量较大的污染物指标；

b）污染物排放标准中规定的监控位置为车间或生产设施废水排放口的污染物指标，以及有毒有害或优先控制污染物相关名录中的污染物指标；

c）排污单位所在流域环境质量超标的污染物指标。

其他要求按本标准 5.2.1.3 执行。

5.3.3 监测频次

5.3.3.1 监测频次确定的基本原则

按本标准 5.2.1.4 a）执行。

5.3.3.2 原则上，外排口监测点位最低监测频次按照表 2 执行。各排放口废水流量和污染物浓度同步监测。

表 2 废水监测指标的最低监测频次

排污单位级别	主要监测指标	其他监测指标
重点排污单位	日—月	季度—半年
非重点排污单位	季度	年

注：为最低监测频次的范围，在行业排污单位自行监测技术指南中依据此原则确定各监测指标的最低监测频次。

5.3.3.3 内部监测点位监测频次

按本标准 5.2.1.4 c）执行。

5.3.4 监测技术

按本标准 5.2.1.5 执行。

5.3.5 采样方法

废水手工采样方法的选择参照相关污染物排放标准及 HJ/T 91、HJ/T 92、HJ 493、HJ 494、HJ 495 等执行，根据监测指标的特点确定采样方法为混合采样方法或瞬时采样的方法，单次监测采样频次按相关污染物排放标准和 HJ/T 91 执行。污水自动监测采样方法参照 HJ/T 353、HJ/T 354、HJ/T 355、HJ/T 356 执行。

5.3.6 监测分析方法

按本标准 5.2.1.7 执行。

5.4 厂界环境噪声监测

5.4.1 监测点位

5.4.1.1 厂界环境噪声的监测点位置具体要求按 GB 12348 执行。

5.4.1.2 噪声布点应遵循以下原则：

　　a）根据厂内主要噪声源距厂界位置布点；

　　b）根据厂界周围敏感目标布点；

　　c）"厂中厂"是否需要监测根据内部和外围排污单位协商确定；

　　d）面临海洋、大江、大河的厂界原则上不布点；

　　e）厂界紧邻交通干线不布点；

　　f）厂界紧邻另一排污单位的，在临近另一排污单位侧是否布点由排污单位协商确定。

5.4.2 监测频次

　　厂界环境噪声每季度至少开展一次监测，夜间生产的要监测夜间噪声。

5.5 周边环境质量影响监测

5.5.1 监测点位

　　排污单位厂界周边的土壤、地表水、地下水、大气等环境质量影响监测点位参照排污单位环境影响评价文件及其批复及其他环境管理要求设置。

　　如环境影响评价文件及其批复及其他文件中均未作出要求，排污单位需要开展周边环境质量影响监测的，环境质量影响监测点位设置的原则和方法参照 HJ 2.1、HJ 2.2、HJ/T 2.3、HJ 2.4、HJ 610 等规定。各类环境影响监测点位设置按照 HJ/T 91、HJ/T 164、HJ 442、HJ/T 194、HJ/T 166 等执行。

5.5.2 监测指标

　　周边环境质量影响监测点位监测指标参照排污单位环境影响评价文件及其批复等管理文件的要求执行，或根据排放的污染物对环境的影响确定。

5.5.3　监测频次

若环境影响评价文件及其批复等管理文件有明确要求的，排污单位周边环境质量监测频次按照要求执行。

否则，涉水重点排污单位地表水每年丰、平、枯水期至少各监测一次，涉气重点排污单位空气质量每半年至少监测一次，涉重金属、难降解类有机污染物等重点排污单位土壤、地下水每年至少监测一次。发生突发环境事故对周边环境质量造成明显影响的，或周边环境质量相关污染物超标的，应适当增加监测频次。

5.5.4　监测技术

按本标准 5.2.1.5 执行。

5.5.5　采样方法

周边水环境质量监测点采样方法参照 HJ/T 91、HJ/T 164、HJ 442 等执行。

周边大气环境质量监测点采样方法参照 HJ/T 194 等执行。

周边土壤环境质量监测点采样方法参照 HJ/T 166 等执行。

5.5.6　监测分析方法

按本标准 5.2.1.7 执行。

5.6　监测方案的描述

5.6.1　监测点位的描述

所有监测点位均应在监测方案中通过语言描述、图形示意等形式明确体现。描述内容包括监测点位的平面位置及污染物的排放去向等。废水监测点需明确其所在废水排放口、对应的废水处理工艺，废气排放监测点位需明确其在排放烟道的位置分布、对应的污染源及处理设施。

5.6.2　监测指标的描述

所有监测指标采用表格、语言描述等形式明确体现。监测指标应与监测点位相对应，监测指标内容包括每个监测点位应监测的指标名称、排放限值、排放限值的来源（如标准名称、编号）等。

国家或地方污染物排放（控制）标准、环境影响评价文件及其批复、排污许可证中的污染物，如排污单位确认未排放，监测方案中应明确注明。

5.6.3 监测频次的描述

监测频次应与监测点位、监测指标相对应，每个监测点位的每项监测指标的监测频次都应详细注明。

5.6.4 采样方法的描述

对每项监测指标都应注明其选用的采样方法。废水采集混合样品的，应注明混合样采样个数。废气非连续采样的，应注明每次采集的样品个数。废气颗粒物采样，应注明每个监测点位设置的采样孔和采样点个数。

5.6.5 监测分析方法的描述

对每项监测指标都应注明其选用的监测分析方法名称、来源依据、检出限等内容。

5.7 监测方案的变更

当有以下情况发生时，应变更监测方案：

a）执行的排放标准发生变化；

b）排放口位置、监测点位、监测指标、监测频次、监测技术任一项内容发生变化；

c）污染源、生产工艺或处理设施发生变化。

6 监测质量保证与质量控制

排污单位应建立并实施质量保证与控制措施方案，以自证自行监测数据的质量。

6.1 建立质量体系

排污单位应根据本单位自行监测的工作需求，设置监测机构，梳理监测方案制定、样品采集、样品分析、监测结果报出、样品留存、相关记录的保存等监测的各个环节中，为保证监测工作质量应制定的工作流程、管理措施与监督措施，建立自行监测质量体系。

质量体系应包括对以下内容的具体描述：监测机构、人员、出具监测数据所需仪器设备、监测辅助设施和实验室环境、监测方法技术能力验证、监测活动质量控制与质量保证等。

委托其他有资质的检（监）测机构代其开展自行监测的，排污单位不用建立监测质量体系，但应对检（监）测机构的资质进行确认。

6.2 监测机构

监测机构应具有与监测任务相适应的技术人员、仪器设备和实验室环境，明确监测人员和管理人员的职责、权限和相互关系，有适当的措施和程序保证监测结果准确可靠。

6.3 监测人员

应配备数量充足、技术水平满足工作要求的技术人员，规范监测人员录用、培训教育和能力确认/考核等活动，建立人员档案，并对监测人员实施监督和管理，规避人员因素对监测数据正确性和可靠性的影响。

6.4 监测设施和环境

根据仪器使用说明书、监测方法和规范等的要求，配备必要的如除湿机、空调、干湿度温度计等辅助设施，以使监测工作场所条件得到有效控制。

6.5 监测仪器设备和实验试剂

应配备数量充足、技术指标符合相关监测方法要求的各类监测仪器设备、标准物质和实验试剂。

监测仪器性能应符合相应方法标准或技术规范要求，根据仪器性能实施自校准或者检定/校准、运行和维护、定期检查。

标准物质、试剂、耗材的购买和使用情况应建立台账予以记录。

6.6 监测方法技术能力验证

应组织监测人员按照其所承担监测指标的方法步骤开展实验活动，测试方法的检出浓度、校准（工作）曲线的相关性、精密度和准确度等指标，实验结果满足方法相应的规定以后，方可确认该人员实际操作技能满足工作需求，能够承担测试工作。

6.7 监测质量控制

编制监测工作质量控制计划，选择与监测活动类型和工作量相适应的质控方法，包括使用标准物质、采用空白试验、平行样测定、加标回收率测定等，定期进行质控数据分析。

6.8 监测质量保证

按照监测方法和技术规范的要求开展监测活动，若存在相关标准规定不明确但又影响监测数据质量的活动，可编写《作业指导书》予以明确。

编制工作流程等相关技术规定，规定任务下达和实施，分析用仪器设备购买、验收、维护和维修，监测结果的审核签发、监测结果录入发布等工作的责任人和完成时限，确保监测各环节无缝衔接。

设计记录表格，对监测过程的关键信息予以记录并存档。

定期对自行监测工作开展的时效性、自行监测数据的代表性和准确性、管理部门检查结论和公众对自行监测数据的反馈等情况进行评估，识别自行监测存在的问题，及时采取纠正措施。管理部门执法监测与排污单位自行监测数据不一致的，以管理部门执法监测结果为准，作为判断污染物排放是否达标、自动监测设施是否正常运行的依据。

7 信息记录和报告

7.1 信息记录

7.1.1 手工监测的记录

7.1.1.1 采样记录：采样日期、采样时间、采样点位、混合取样的样品数量、采样器名称、采样人姓名等。

7.1.1.2 样品保存和交接：样品保存方式、样品传输交接记录。

7.1.1.3 样品分析记录：分析日期、样品处理方式、分析方法、质控措施、分析结果、分析人姓名等。

7.1.1.4 质控记录：质控结果报告单。

7.1.2 自动监测运维记录

包括自动监测系统运行状况、系统辅助设备运行状况、系统校准、校验工作等；仪器说明书及相关标准规范中规定的其他检查项目；校准、维护保养、维修记录等。

7.1.3 生产和污染治理设施运行状况

记录监测期间企业及各主要生产设施（至少涵盖废气主要污染源相关生产设施）运行状况（包括停机、启动情况）、产品产量、主要原辅料使用量、取水量、主要燃料消耗量、燃料主要成分、污染治理设施主要运行状态参数、污染治理主要药剂消耗情况等。日常生产中上述信息也需整理成台账保存备查。

7.1.4 固体废物（危险废物）产生与处理状况

记录监测期间各类固体废物和危险废物的产生量、综合利用量、处置量、贮存量、倾倒丢弃量，危险废物还应详细记录其具体去向。

7.2 信息报告

排污单位应编写自行监测年度报告，年度报告至少应包含以下内容：

a）监测方案的调整变化情况及变更原因；

b）企业及各主要生产设施（至少涵盖废气主要污染源相关生产设施）全年运行天数，各监测点、各监测指标全年监测次数、超标情况、浓度分布情况；

c）按要求开展的周边环境质量影响状况监测结果；

d）自行监测开展的其他情况说明；

e）排污单位实现达标排放所采取的主要措施。

7.3 应急报告

监测结果出现超标的，排污单位应加密监测，并检查超标原因。短期内无法实现稳定达标排放的，应向环境保护主管部门提交事故分析报告，说明事故发生的原因，采取减轻或防止污染的措施，以及今后的预防及改进措施等；若因发生事故或者其他突发事件，排放的污水可能危及城镇排水与污水处理设施安全运行的，应当立即采取措施消除危害，并及时向城镇排水主管部门和环境保护主管部门等有关部门报告。

7.4 信息公开

排污单位自行监测信息公开内容及方式按照《企业事业单位环境信息公开办法》及《国家重点监控企业自行监测及信息公开办法（试行）》执行。非重点排污单位的信息公开要求由地方环境保护主管部门确定。

8 监测管理

排污单位对其自行监测结果及信息公开内容的真实性、准确性、完整性负责。排污单位应积极配合并接受环境保护行政主管部门的日常监督管理。

附录2

排污单位自行监测技术指南　农药制造工业

（HJ 987—2018）

前　言

为落实《中华人民共和国环境保护法》《中华人民共和国水污染防治法》《中华人民共和国大气污染防治法》《排污许可管理办法（试行）》，指导和规范农药制造工业排污单位自行监测工作，制定本标准。

本标准提出了农药制造工业排污单位自行监测的一般要求、监测方案制定、信息记录和报告的基本内容和要求。

本标准为首次发布。

本标准由生态环境部提出并组织制订。

本标准主要起草单位：中国环境监测总站、山东省环境监测中心站。

本标准由生态环境部 2018 年 12 月 4 日批准。

本标准自 2019 年 3 月 1 日起实施。

本标准由生态环境部解释。

1　适用范围

本标准提出了农药制造工业排污单位自行监测的一般要求、监测方案制定、信息记录和报告的基本内容和要求。

本标准适用于农药制造工业排污单位在生产运行阶段对其排放的水、气污染物，噪声以及对其周边环境质量影响开展监测。

自备火力发电机组（厂）、配套动力锅炉的自行监测要求按照《排污单位自行

监测技术指南　火力发电及锅炉》（HJ 820）执行。

2　规范性引用文件

本标准内容引用了下列文件或其中的条款。凡是不注明日期的引用文件，其有效版本适用于本标准。

GB 14554　恶臭污染物排放标准

GB 16297　大气污染物综合排放标准

HJ/T 2.3　环境影响评价技术导则　地面水环境

HJ/T 91　地表水和污水监测技术规范

HJ/T 164　地下水环境监测技术规范

HJ/T 166　土壤环境监测技术规范

HJ 442.1～HJ 442.10　近岸海域环境监测规范

HJ 610　环境影响评价技术导则　地下水环境

HJ 819　排污单位自行监测技术指南　总则

HJ 820　排污单位自行监测技术指南　火力发电及锅炉

《国家危险废物名录》（环境保护部令　第 39 号）

3　术语和定义

下列术语和定义适用于本标准。

3.1　农药　pesticide

指用于预防、控制危害农业、林业的病、虫、草、鼠和其他有害生物以及有目的地调节植物、昆虫生长的化学合成或者来源于生物、其他天然物质的一种物质或几种物质的混合物及其制剂。

3.2 农药制造工业排污单位 pesticide industry pollutant emission unit

指生产用于预防、控制危害农业、林业的病、虫、草、鼠和其他有害生物以及有目的地调节植物、昆虫生长的化学合成或者来源于生物、其他天然物质的一种物质或者几种物质的混合物及其制剂的排污单位。

3.3 直接排放 direct discharge

指排污单位直接向水体排放水污染物的行为。

3.4 间接排放 indirect discharge

指排污单位向公共污水处理系统排放水污染物的行为。

3.5 农药原药 pesticide synthesis

指通过无机、有机、生物方法制备或合成的构成农药有效成分的物质或材料。

3.6 挥发性有机物 volatile organic compounds（VOCs）

指参与大气光化学反应的有机化合物，或者根据规定的方法测量或核算确定的有机化合物。

4 自行监测的一般要求

排污单位应查清本单位的污染源、污染物指标及潜在的环境影响，制定监测方案，设置和维护监测设施，按照监测方案开展自行监测，做好质量保证和质量控制，记录和保存监测数据，依法向社会公开监测结果。

5　监测方案制定

5.1　废水排放监测

5.1.1　监测点位

所有农药制造工业排污单位均须在废水总排放口、雨水排放口设置监测点位，排放总汞、烷基汞、总镉、总铬、六价铬、总砷、总铅、总镍、苯并[a]芘、总铍、总银、莠去津、氟虫腈的，还须在相应的车间或生产设施废水排放口设置监测点位。

5.1.2　监测指标及监测频次

排污单位废水排放监测点位、监测指标及最低监测频次按照表1执行。

表1　废水排放监测点位、监测指标及最低监测频次

排污单位级别	监测点位	监测指标	监测频次		备注
			直接排放	间接排放	
重点排污单位	废水总排放口	流量、pH、化学需氧量、氨氮	自动监测		—
		悬浮物、石油类、色度	日	月	—
		磷酸盐（以P计）（总磷）	月（自动监测 a）		—
		五日生化需氧量	月	季度	根据排放标准、排污许可证等相关环境管理规定，以及生产工艺、原辅用料、中间及最终产品（农药原药），确定具体的监测指标，所属行业水污染物排放标准发布后，从其规定
		挥发酚、总氰化物、氯苯、硝基苯类、苯胺类、苯、甲苯、二甲苯、乙苯、甲醛、总锌、五氯酚及五氯酚钠（以五氯酚计）、乐果、2-氯-5-氯甲基吡啶、咪唑烷、吡虫啉、三唑酮、对氯苯酚、多菌灵、邻苯二胺、吡啶、百草枯离子、2,2′∶6′,2″-三联吡啶、有机磷农药（以P计）、马拉硫磷	月	季度	
		总有机碳、氟化物、硫化物、可吸附有机卤化物（AOX）、总锰、动植物油	季度	半年	
	车间或生产设施废水排放口	流量、总汞、烷基汞、总镉、总铬、六价铬、总砷、总铅、总镍、苯并[a]芘、总铍、总银、莠去津、氟虫腈	月		
	雨水排放口 b	pH、化学需氧量、悬浮物	日 c		—

排污单位级别	监测点位	监测指标	监测频次		备注
			直接排放	间接排放	
非重点排污单位	废水总排放口	流量、pH、化学需氧量、氨氮	月		—
		悬浮物、石油类、色度、五日生化需氧量、磷酸盐（以P计）（总磷）、总氮	季度		根据排放标准、排污许可证等相关环境管理规定，以及生产工艺、原辅材料、中间及最终产品（农药原药），确定具体的监测指标，所属行业水污染物排放标准发布后，从其规定
		挥发酚、总氰化物、氯苯、硝基苯类、苯胺类、苯、甲苯、二甲苯、乙苯、甲醛、总锌、五氯酚及五氯酚钠（以五氯酚计）、乐果、2-氯-5-氯甲基吡啶、咪唑烷、吡虫啉、三唑酮、对氯苯酚、多菌灵、邻苯二胺、吡啶、百草枯离子、2,2′：6′,2″-三联吡啶、有机磷农药（以P计）、马拉硫磷	季度		
		总有机碳、氟化物、硫化物、可吸附有机卤化物（AOX）、总锰、动植物油	半年		
	车间或生产设施废水排放口	流量、总汞、烷基汞、总镉、总铬、六价铬、总砷、总铅、总镍、苯并[a]芘、总铍、总银、莠去津、氟虫腈	季度		
	雨水排放口 b	pH、化学需氧量、悬浮物	日 c		—

注：表中所列监测指标，设区的市级及以上环保主管部门明确要求安装自动监测设备的，须采取自动监测。

a 含磷化学蒙药制造排污单位及水环境质量中总磷实施总量控制区域的重目光炯炯排污单位，总磷须采用自动监测。

b 除表中规定的污染物指标外，排污单位可根据实际情况从排放的污染物指标中选择特征污染物指标开展监测。

c 雨水排放口有流动水排放时按日监测。若监测一年无异常情况，可放宽至每季度开展一次监测。

5.2　废气排放监测

5.2.1　有组织废气排放监测点位、监测指标及频次

5.2.1.1　废气排放监测定位、监测指标及低频次

各生产工序有组织废气排放监测点位、监测指标及最低监测频次按照表2执行。

5.2.1.2　多个污染源或生产设备共用一个排气筒

对于多个污染源或生产设备共用一个排气筒的，监测点位可布设在共用排气筒上，监测指标应涵盖所对应的污染源或生产设备的监测指标，最低监测频次按照严格的执行。

表 2 废气排放监测点位、监测指标及最低监测频次

生产工序	监测点位	监测指标	监测频次
原辅料储存	罐区排气筒等	挥发性有机物 a	季度
		特征污染物 b	年
备料投料、化学合成、提纯分离、溶剂回收、车间通风系统、车间内无组织废气收集等生产工艺过程	燃烧法废气处理设施排气筒	二氧化硫、氮氧化物、颗粒物	自动监测
		二噁英类	年
	非燃烧法废气处理设施排气筒	二氧化硫 c、氮氧化物 d、颗粒物	自动监测
	燃烧法和非燃烧法废气处理设施排气筒	挥发性有机物 a	月
		特征污染物 b	半年
生物发酵	燃烧法废气处理设施排气筒	二氧化硫、氮氧化物、颗粒物	自动监测
		二噁英类	年
	非燃烧法废气处理设施排气筒	二氧化硫 c、氮氧化物 d、颗粒物	自动监测
	燃烧法和非燃烧法废气处理设施排气筒	挥发性有机物 a	月
		臭气浓度、特征污染物 b	半年
制剂加工	干燥设备、粉碎机、烘干机、包装机等排气筒 e	颗粒物、挥发性有机物 b	季度
废水处理设施、危废暂存场所	排气筒	挥发性有机物 a	季度
		臭气浓度、特征污染物 b	年
危险废物焚烧炉	排气筒	二氧化硫、氮氧化物、颗粒物、炉膛温度	自动监测
		烟气黑度，一氧化碳，氯化氢，氟化氢，汞及其化合物，镉及其化合物，砷、镍及其化合物，铅及其化合物，锑、铬、锡、铜，锰及其化合物	月
		二噁英类	年

注：1. 废气监测须按照相应监测分析方法、技术规范同步监测烟气参数。

2. 表中所列监测指标，设区的市级及以上生态环境主管部门明确要求安装自动监测设备的，须采取自动监测。

3. 未发布国家污染物监测方法标准的污染物监测指标，待国家监测方法标准发布后实施。

a 本标准使用非甲烷总烃作为挥发性有机物排放的综合控制指标，待农药制造工业大气污染物排放标准发布后，从其规定。

b 见 GB 16297、GB 14554 所列污染物，根据环境影响评价文件及其批复等相关环境管理规定，确定具体的监测指标，待农药制造工业大气污染物排放标准发布后，从其规定。

c 适用于排放二氧化硫的生产工艺。

d 适用于排放氮氧化物的生产工艺。

e 涉及特征污染物的，参照罐区排气筒特征污染物确定原则及监测频次执行。

5.2.2 无组织废气排放监测点位、监测指标及频次

无组织废气排放监测点位、监测指标及最低监测频次按照表 3 执行。

表 3 无组织废气排放监测点位、监测指标及最低监测频次

监测点位	监测指标	监测频次
厂界	颗粒物、臭气浓度、挥发性有机物 [a]、特征污染物 [b]	半年

注：[a] 本标准使用非甲烷总烃作为挥发性有机物排放的综合控制指标,待农药制造工业大气污染物排放标准发布后,从其规定。

[b] 见 GB 16297、GB 14554 所列污染物根据环境影响评价文件及其批复等相关环境管理规定,确定具体的监测指标,待农药制造工业大气污染物排放标准发布后,从其规定。

5.3 厂界环境噪声监测

厂界环境噪声监测点位设置应遵循 HJ 819 中的原则,主要考虑表 4 噪声源在厂区内的分布情况。厂界环境噪声每季度至少开展一次昼间噪声监测,夜间生产的排污单位须监测夜间噪声。周边有敏感点的,应提高监测频次。

表 4 厂界环境噪声布点应关注的主要噪声源

噪声源	主要设备
生产车间及配套设施	反应设备、精馏设备、蒸馏设备、过滤设备、分离设备、干燥设备、热交换设备等,以及空压机、水泵、真空泵等
污水处理	曝气设备、污泥脱水设备、风机、泵等

5.4 周边环境质量影响监测

5.4.1 环境管理政策或排污许可证有明确要求的执行方案

环境管理政策或排污许可证等［仅限 2015 年 1 月 1 日（含）后取得环境影响评价批复的排污单位］有明确要求的,按要求执行。

5.4.2 无明确要求的执行方案

无明确要求的,排污单位可根据实际情况对周边地表水、海水、地下水和土

壤开展监测。对于废水直接排入地表水、海水的排污单位，可按照 HJ/T 2.3、HJ/T 91、HJ 442 及受纳水体环境管理要求设置监测断面和监测点位；开展地下水、土壤监测的排污单位，可按照 HJ 610、HJ/T 164、HJ/T 166 及地下水、土壤环境管理要求设置监测点位。监测指标及最低监测频次按照表 5 执行。

表 5　周边环境质量影响监测指标及最低监测频次

目标环境	监测指标	监测频次	备注
地表水	pH、五日生化需氧量、化学需氧量、氨氮、总氮、总磷、石油类、氰化物、挥发酚、硫化物、氟化物、锌、汞、镉、六价铬、砷、铅等	季度	根据排放标准、排污许可证等相关环境管理规定，以及生产工艺、原辅用料、中间及最终产品（农药原药），确定具体的监测指标
海水	pH、悬浮物质、化学需氧量、生化需氧量、石油类、挥发性酚、氰化物、硫化物、锌、汞、镉、总铬、六价铬、砷、铅、镍、苯并[a]芘等	半年	
地下水	pH、色（度）、耗氧量、氨氮、挥发性酚类（以苯酚）、氰化物、氟化物、锰、锌、砷、汞、铅、镉、六价铬、镍、铍等	年	
土壤	pH、汞、镉、铬、砷、铅、镍、锌等	年	

5.5　其他要求

5.5.1　5.5.1.1 和 5.5.1.2 中的污染指标纳入监测指标范围

除表 1～表 3 中的污染物指标外，5.5.1.1 和 5.5.1.2 中的污染物指标也应纳入监测指标范围，并参照表 1～表 3 和 HJ 819 确定监测频次。

5.5.1.1　相关环境管理规定要求的污染物指标

排污许可证、所执行的污染物排放（控制）标准、环境影响评价文件及其批复［仅限 2015 年 1 月 1 日（含）后取得环境影响评价批复的排污单位］、相关环境管理规定明确要求的污染物指标。

5.5.1.2　排污单位生产过程中排放的污染指标

排污单位根据生产过程的原辅用料、生产工艺、中间及最终产品类型、监测结果确定实际排放的，在有毒有害或优先控制污染物相关名录中的污染物指标，或其他有毒污染物指标。

5.5.2 如何提高监测频次

各指标的监测频次在满足本标准的基础上，可根据 HJ 819 中监测频次的确定原则提高监测频次。

5.5.3 采样方法等按照相关要求执行

采样方法、监测分析方法、监测质量保证与质量控制等按照 HJ 819 相关要求执行。

5.5.4 监测方案的描述、变更按规执行

监测方案的描述、变更按照 HJ 819 规定执行。

6 信息记录和报告

6.1 信息记录

6.1.1 监测信息记录

手工监测的记录和自动监测运维记录按照 HJ 819 规定执行。

6.1.2 生产和污染治理设施运行状况信息记录

排污单位应详细记录生产及污染治理设施运行状况，日常生产中也应参照以下内容记录相关信息，并整理成台账保存备查。

6.1.2.1 生产运行状况记录

按照农药产品种类，记录各生产批次以下的相关信息：

a）原辅料用量，主要包括原料用量、催化剂使用量、各类溶剂用量、吸附剂用量、其他辅料用量等；

b）中间体及最终产品产量，产出率及物料平衡；

c）新鲜用水取水量、用水量、用电量等；

d）使用的主要生产设备、设施的操作使用记录等。

6.1.2.2 废水处理设施运行状况记录

按日记录废水处理量、回用量、回用率、回用去向、排放量、污泥产生量（记录含水率）、废水处理使用的药剂名称及用量、用电量等；记录废水处理设施运行、故障及维护情况等。

6.1.2.3 废气处理设施运行状况记录

按日记录废气处理使用的吸附剂、过滤材料等耗材的名称及用量，记录废气处理设施运行、故障及维护情况等。

6.1.2.4 溶剂回收设备运行状况记录

按各产品生产批次记录溶剂名称、回收量、补充量，以及溶剂回收设备能源、耗材使用量等。

6.1.3 一般工业固体废物和危险废物信息记录

按日记录一般工业固体废物的产生量、综合利用量、处置量和贮存量等信息；按照危险废物管理的相关要求，按日记录危险废物的产生量、综合利用量、处置量、贮存量及其具体去向。原料或辅助工序中产生的其他危险废物的情况也应记录。一般工业固体废物及危险废物产生情况见表6。

表6 一般工业固体废物及危险废物来源

种类	来源
危险废物	氯丹生产过程中六氯环戊二烯过滤产生的残余物；氯丹氯化反应器的真空汽提产生的废物
	乙拌磷生产过程中甲苯回收工艺产生的蒸馏残渣
	甲拌磷生产过程中二乙基二硫代磷酸过滤产生的残余物
	2,4,5-三氯苯氧乙酸生产过程中四氯苯蒸馏产生的重馏分及蒸馏残余物
	2,4-二氯苯氧乙酸生产过程中产生的含2,6-二氯苯酚残余物
	乙烯基双二硫代氨基甲酸及其盐类生产过程中产生的过滤、蒸发和离心分离残余物及废水处理污泥；产品研磨和包装工序集（除）尘装置收集的粉尘和地面清扫废物
	溴甲烷生产过程中反应器产生的废水和酸干燥器产生的废硫酸；生产过程中产生的废吸附剂和废水分离器产生的废物
	其他农药生产过程中产生的蒸馏及反应残余物

种类	来源
危险废物	农药生产过程中产生的废母液与反应罐及容器清洗废液
	农药生产过程中产生的废滤料和吸附剂
	农药生产过程中产生的废水处理污泥
	农药生产、配制过程中产生的过期原料及废弃产品
	非特定行业：销售及使用过程中产生的失效、变质、不合格、淘汰、伪劣的农药产品
一般工业固体废物	生产过程中产生的其他固体废物

注：其他可能产生的危险废物应按照《国家危险废物名录》或国家规定的危险废物鉴别标准和鉴别方法认定。

6.2 信息报告、应急报告、信息公开

按照 HJ 819 规定执行。

7 其他

排污单位应如实记录手工监测期间的工况（包括生产负荷、污染治理设施运行情况等），确保监测数据具有代表性。

本标准规定的内容外，按 HJ 819 规定执行。

附录 3

自行监测质量控制相关模板和样表

附录 3-1　监测工作程序（样式）

1　目的

对检测任务的下达，检测方案的制定，采样器皿和试剂的准备，样品采集和现场检测，实验室内样品分析，以及测试原始积累的填写等各个环节实施有效的质量控制，保证检测结果的代表性、准确性。

2　适用范围

适用于本单位实施的检测工作。

3　职责

（1）×××负责下达检测任务。

（2）×××负责根据检测目的、排放标准、相关技术规范和管理要求制定检测方案（某些企业的检测方案是环保部门发放许可证时已经完成技术审查的，在一定时间段内执行即可，不必在每一次检测任务均制定检测方案）。

（3）×××负责实施需现场检测的项目，×××采集样品并记录采集样品的时间、地点、状态等参数，并做好样品的标识，×××负责样品流转过程中的质量控制，负责将样品移交给样品接收人员。

（4）×××负责接收送检样品，在接收送检样品时，对样品的完整性和对应检测要求的适宜性进行验收，并将样品分发到相应的分析任务承担人员（如果没有集中接样,并由接样人员分发样品到分析人员的制度设计,这一步骤可以省略)。

(5)×××负责本人承担项目样品的接收、保管和分析。

4 工作程序

4.1 方案制定

×××负责根据检测目的、排放标准、相关技术规范和环境管理要求,制定检测方案,明确检测内容、频次,各任务执行人,使用的检测方法、采用的检测仪器,以及采取的质控措施。经×××审核、×××批准后实施该检测方案。

4.2 现场检测和样品采集

×××采样人员根据检测方案要求,按国家有关的标准、规范到现场进行现场检测和样品采集,记录现场检测结果的相关信息,以及生产工况。样品采集后,按规定建立样品的唯一标识,填写采样过程质保单和采样记录。必要时,受检部门有关人员应在采样原始记录上签字认可。

4.3 样品的流转

采样人员送检样品时,由接样人员认真检查样品表观、编号、采样量等信息是否与采样记录相符合,确认样品量是否能满足检测项目要求,采样人员和接样人员双方签字认可(如果没有集中接样,并由接样人员分发样品到分析人员的制度设计,这一步骤可以省略)。

分析人员在接收样品时,应认真查看和验收样品表观、编号、采样量等信息是否与采样记录相符合,并核实样品交接记录,分析人员确认无误后在样品交接单签字。

4.4 样品的管理

样品应妥善存放在专用且适宜的样品保存场所,分析人员应准确标识样品所处的实验状态,用"待测""在测"和"测毕"标签加以区别。

分析人员在分析前,如发现样品异常,或对样品有任何疑问,应立即查找原因,待符合分析要求后,再进行分析。

对要求在特定环境下保存的样品，分析人员应严格控制环境条件，按要求进行保存，保证样品在存放过程中不变质、不损坏。若发现样品在保存过程中出现异常情况，应及时向质量负责人汇报，查明原因并及时采取措施。

4.5 样品的分析

分析人员按检测任务分工安排，严格按照方案中规定的方法标准/规范分析样品，及时填写分析原始记录、测试环境监控记录、仪器使用记录等，并签字。

4.6 样品的处置

除特殊情况需留存的样品外，检测后的余样应送污水处理站进行处理。

5 相关程序文件

《异常情况处理程序》

6 相关记录表格

《废水采样原始记录表》

《废气检测原始记录表》

《内部样品交接单》

《样品留存记录表》

《pH 分析原始记录表》

《颗粒物监测原始记录》

《烟气黑度测试记录表》

《现场监测质控审核记录》

《废水流量监测记录（流速仪法）》

附录 3-2　××××（单位名称）废（污）水采样原始记录表

（检）字【　　　】第　　　号　　　　　　　　　　共　　页，第　　页

采样时间	排污口编号	样品编号	水温/℃	pH	流量		监测项目	废（污）水表观描述	废（污）水主要来源	排放规律（以流速变化判断）
					(m³/h)	(m³/d)				
时　分										
时　分										1. 连续稳定；
时　分										2. 连续不稳定；
时　分										
时　分										3. 间断稳定；
时　分										4. 间断不稳定
时　分										
时　分										
时　分										

治理设施运行情况	治理设施类型及名称						新鲜用水量/（t/d）	
	处理量/（t/d）	设计		建设日期		COD_Cr 设计去除率/%	回用水量/（t/d）	
		实际		处理规律		氨氮设计去除率/%	生产负荷	
	主要原料			主要产品				

备注	表观描述应包括颜色、气味、悬浮物含量情况等信息。回用水量不含设施循环水部分。

检测人员：　　　　　校对：　　　　审核：　　　　检测日期：　　年　　月　　日

附录 3-3　××××（单位名称）内部样品交接单

（检）字【　　　　】第　　　号　　　　　　　　　　第　　页，共　　页

送样人		采样时间		接样人		接样时间	
样品名称及编号	样品类型	样品表观	样品数量	监测项目		质保措施	分析人员签字
备注	平行样品分析项目及编号：						
	加标样品分析项目及编号：						

填写人员：　　　　　校对：　　　　　审核：　　　　日期：　　年　　月　　日

附录 3-4　重量法分析原始记录表

渝环（监）【　　　】第　　　　号　　　　　　　第　　页，共　　页

分析项目		仪器名称型号		方法名称		送样日期		环境条件	室温/℃	
		仪器编号		方法依据		分析日期			湿度/%	
烘干/灼烧温度/℃				烘干/灼烧时间/h			恒重温度/℃		恒重时间/h	

样品名称及编号	器皿编号	取样量（ ）	初重/g			终重/g			样重/g	计算结果（ ）	报出结果（ ）	备　注
			W_1	W_2	$W_均$	W_1	W_2	$W_均$	ΔW			

分析：　　　　　　校对：　　　　　　审核：　　　　　　报告日期：　　年　　月　　日

附录 3-5　原子吸收分光光度法原始记录表

渝环（检）字【　　　】第　　　　号　　　　　　　　第　　　页，共　　　页

测定项目		方法名称		送样日期		环境条件	温度/℃	
仪器名称、型号		方法依据		分析日期			湿度/%	
仪器编号		波长/nm		狭缝/nm		灯电流/mA		火焰条件
标准曲线	浓度系列/（mg/L）							
	吸光度（A_i）							
	A_i-A_0 均值	A_0 均值＝						
	回归方程	$r =$	$a=$		$b =$		$y=bx+a$	
样品前处理								
样品名称及编号	稀释方法	取样体积/ml	查曲线值/（mg/L）	计算结果/（mg/L）	报出结果/（mg/L）	备注		

分析：　　　　　校对：　　　　　审核：　　　　　报告日期：　　年　　月　　日

附录 3-6 容量法原始记录表

（检）字【 　　　 】第　　　　号　　　　第　　页，共　　页

分析项目			接样时间		分析时间	
分析方法				方法依据		
标液名称		标液浓度			滴定管规格及编号	

样品前处理情况：

样品名称及编号	稀释方法	取样量/ml	消耗标准溶液体积/ml	计算结果/（mg/L）	报出结果/（mg/L）	备注

分析：　　　　校对：　　　　审核：　　　　报告日期：　年　月　日

附录 3-7 pH 分析原始记录表

（检）字【　　　　　】第　　　　　号　　　　　第　　页，共　　页

采样日期			分析日期		
分析方法			仪器名称型号		
方法依据			仪器编号		
标准缓冲溶液温度/℃	标准缓冲溶液定位值 I	标准缓冲溶液定位值 II		标准缓冲溶液定位值III	

样品名称及编号	水温/℃	pH	备注

分析：　　　　　校对：　　　　　审核：　　　　　报告日期：　　年　　月　　日

附录 3-8　标准溶液配制及标定记录表

环（检）字【　　　】第　　　　号　　　　　　　　第　　页，共　　页

<table>
<tr><td rowspan="8">基准试剂恒重</td><td>基准试剂</td><td></td><td colspan="2">恒重日期</td><td>年　　月　　日</td><td></td><td></td></tr>
<tr><td>烘箱名称型号</td><td></td><td colspan="2">烘箱编号</td><td></td><td></td><td></td></tr>
<tr><td>天平名称型号</td><td></td><td colspan="2">天平编号</td><td></td><td></td><td></td></tr>
<tr><td>干燥次数</td><td>第一次</td><td colspan="2">第二次</td><td>第三次</td><td colspan="2">第四次</td></tr>
<tr><td>干燥温度/℃</td><td></td><td colspan="2"></td><td></td><td colspan="2"></td></tr>
<tr><td>干燥时间/h</td><td></td><td colspan="2"></td><td></td><td colspan="2"></td></tr>
<tr><td>总量/g</td><td></td><td colspan="2"></td><td></td><td colspan="2"></td></tr>
<tr><td colspan="7"></td></tr>
<tr><td rowspan="6">基准溶液配制</td><td>基准试剂</td><td></td><td colspan="2">配制日期</td><td>年　　月　　日</td><td></td><td></td></tr>
<tr><td>样品编号</td><td>$1^{\#}$</td><td colspan="2">$2^{\#}$</td><td>$3^{\#}$</td><td colspan="2">$4^{\#}$</td></tr>
<tr><td>$W_{始}$/g</td><td></td><td colspan="2"></td><td></td><td colspan="2"></td></tr>
<tr><td>$W_{末}$/g</td><td></td><td colspan="2"></td><td></td><td colspan="2"></td></tr>
<tr><td>$W_{净}$/g</td><td></td><td colspan="2"></td><td></td><td colspan="2"></td></tr>
<tr><td>定容体积 $V_{定}$/ml</td><td></td><td colspan="2"></td><td></td><td colspan="2"></td></tr>
<tr><td></td><td>配制浓度 $C_{基}$ /（mol/L）</td><td></td><td colspan="2"></td><td></td><td colspan="2"></td></tr>
<tr><td rowspan="7">标准溶液标定</td><td>待标溶液</td><td></td><td colspan="2">滴定管规格及编号</td><td colspan="2">标定日期</td><td></td></tr>
<tr><td>标定编号</td><td>空白1</td><td>空白2</td><td>$1^{\#}$</td><td>$2^{\#}$</td><td>$3^{\#}$</td><td>$4^{\#}$</td></tr>
<tr><td>基准溶液体积 $V_{基}$ /ml</td><td></td><td></td><td></td><td></td><td></td><td></td></tr>
<tr><td>标准溶液消耗体积 $V_{标}$/ml</td><td></td><td></td><td></td><td></td><td></td><td></td></tr>
<tr><td>计算浓度 $C_{标}$ /（mol/L）</td><td></td><td></td><td></td><td></td><td></td><td></td></tr>
<tr><td>平均浓度 $C_{标}$ /（mol/L）</td><td></td><td></td><td></td><td></td><td></td><td></td></tr>
<tr><td>相对偏差/%</td><td></td><td></td><td></td><td></td><td></td><td></td></tr>
<tr><td colspan="3">基准溶液浓度计算：
　　$C_{基}(\text{mol/L}) = 1\,000 \times W_{净}/M/V_{定}$
注：M——基准试剂摩尔质量</td><td colspan="5">标准溶液浓度计算：
　　$C_{标}(\text{mol/L}) = C_{基} \times V_{基}/V_{标}$
或 $C_{标}(\text{mol/L}) = 1\,000 \times W_{净}/M/V_{定}$</td></tr>
<tr><td>备注</td><td colspan="7"></td></tr>
</table>

分析：　　　　　　校对：　　　　审核：　　　　　报告日期：　　年　　月　　日

附录3-9 作业指导书样例（氮氧化物化学发光测试仪作业指导书）

1 概述

1.1 适用范围

本作业指导书适用于化学发光法测试仪测定固定源排气中的氮氧化物。

1.2 方法依据

本方法依据《固定污染源排气中颗粒物测定与气态污染物采样方法》（GB/T 16157—1996）、《固定源废气监测技术规范》（HJ/T 397—2007）以及 USEPA Method 7E。

1.3 方法原理及操作概要

试样气体中的一氧化氮（NO）与臭氧（O_3）反应，变成二氧化氮（NO_2）。NO_2 变为激发态（NO_2*）后在进入基态时会放射光，这一现象就是化学发光。

$$NO + O_3 \longrightarrow NO_2* + O_2$$

$$NO_2* \longrightarrow NO_2 + h\nu$$

这一反应非常快且只有 NO 参与，几乎不受其他共存气体的影响。NO 为低浓度时，发光光量与浓度成正比。

2 测试仪器

便携式氮氧化物化学发光法测试仪。

3 测试步骤

（1）接通电源开关，让测试仪预热。

（2）设置当次测试的日期及时间。

（3）预热结束后，将量程设置为实际使用的量程，并进行校正。

从菜单中选择"校正"。进入校正画面后，自动切换成 NO 管路（不通过 NO_x 转换器的管路）。

3.1 量程气体浓度设置

（1）按下 ▮▊▮ 后，设置量程气体浓度。

（2）根据所使用的量程气体，变更浓度设置。

（3）设置量程气体钢瓶的浓度，按下"Enter"键。

（4）按下"back"键，决定变更内容后，返回到校正画面。

3.2 零点校正（校正时请先执行零点校正）

（1）选择校正管路。进行零点校正的组分在校正类别中选择"zero"。

（2）流入 N_2 气体后，等待稳定。

（3）指示值稳定后按下 ⬇ 。

（4）按下"是"进行校正。完成零点校正。

3.3 量程校正

（1）为了进行 NO 的量程校正，NO 以外选择"----"，只有 NO 选择"span"。

（2）校正类别中选择"span"的组分会显示窗口，用于确认校正量程和量程气体浓度。确认内容后，按下"OK"键返回到校正画面。

（3）流入 CO 气体后，等待稳定。

（4）指示值稳定后按下 ⬇ 。

（5）按下"是"进行校正。

3.4 完成较正

完成所有的校正后，按下返回到菜单画面、测量画面。

3.5 按组分设置量程

从测量画面按下每个组分的量程按钮，按组分设置测量浓度的量程。每个组分的测量值/换算值/滑动平均值/累计值量程及校正量程是通用的。变更任何一个值的量程，其他值的量程也会跟着变更。模拟输出的满刻度值也会同时变更。

（1）选择想要变更的组分的量程。

（2）选择想要变更的量程，按下"OK"键决定。

3.6　测试过程数据记录保存

（1）将有足够剩余空间且未 LOCK 的 SD 卡插入分析仪正面的 SD 卡插槽中。

（2）从菜单 2/5 中选择"数据记录"。

（3）选择"记录间隔"。

（4）按下前进、后退键选择记录间隔，再按下"OK"键决定。

（5）选择保存文件夹。

（6）选择保存文件夹后，按下 。

（7）确认开始记录时，按下"是"开始。如果开始记录，记录状态就会从记录停止中变为记录中，同时 MEM LED 会亮黄灯。

（8）停止记录时，请再次按下。确认停止记录时，按下"是"停止记录。

（9）记录状态会再次从记录中变为记录停止中，同时 MEM LED 会熄灭。

4　测试结束

（1）通过采样探头等吸入大气至读数降回到零点附近。

（2）从菜单中选择测量结束。

（3）按下"是"结束处理。

（4）完成测量结束处理，显示关闭电源的信息后，请关闭电源开关。

附录 4

自行监测标准规范

附录 4-1 我国现行与固定污染源排放监测相关的技术规范

分类	标准号	标准名称
废气监测技术规范类	GB/T 16157—1996	《固定污染源排气中颗粒物测定与气态污染物采样方法》
	HJ/T 55—2000	《大气污染物无组织排放监测技术导则》
	HJ 75—2017	《固定污染源烟气（SO_2、NO_x、颗粒物）排放连续监测技术规范》
	HJ 76—2017	《固定污染源烟气（SO_2、NO_x、颗粒物）排放连续监测系统技术要求及检测方法》
	HJ/T 397—2007	《固定源废气监测技术规范》
	HJ 733—2014	《泄漏和敞开液面排放的挥发性有机物检测技术导则》
	HJ/T 373—2007	《固定污染源监测质量保证与质量控制技术规范（试行）》
	HJ 905—2017	《恶臭污染环境监测技术规范》
废水监测技术规范类	HJ/T 91—2002	《地表水和污水监测技术规范》
	HJ/T 92—2002	《水污染物排放总量监测技术规范》
	HJ 353—2019	《水污染源在线监测系统（COD_{Cr}、NH_3-N 等）安装技术规范》
	HJ 354—2019	《水污染源在线监测系统（COD_{Cr}、NH_3-N 等）验收技术规范》
	HJ/T 355—2019	《水污染源在线监测系统（COD_{Cr}、NH_3-N 等）运行技术规范》
	HJ/T 356—2019	《水污染源在线监测系统（COD_{Cr}、NH_3-N 等）数据有效性判别技术规范》
	HJ 493—2009	《水质 样品的保存和管理技术规定》
	HJ 494—2009	《水质 采样技术指导》
	HJ 495—2009	《水质 采样方案设计技术规定》
环境质量监测技术规范类	HJ/T 166—2004	《土壤环境监测技术规范》
	HJ/T 164—2004	《地下水环境监测技术规范》
	HJ 194—2017	《环境空气质量手工监测技术规范》
	HJ 442.1~HJ 442.10	《近岸海域环境监测规范》
	HJ/T 91—2002	《地表水和污水监测技术规范》
其他	GB/T 27025—2019	《检测与校准实验室能力的通用要求》

附录 4-2　适用于农药制造行业企业的废水部分常见方法标准

监测项目	标准方法
pH	《水质　pH 的测定　电极法》（HJ 1147—2020）
色度	《水质　色度的测定　稀释倍数法》（GB 11903—1989）
悬浮物	《水质　悬浮物的测定　重量法》（GB 11901—1989）
化学需氧量	《水质　化学需氧量的测定　重铬酸盐法》（HJ 828—2017）
	《水质　化学需氧量的测定　快速消解分光光度法》（HJ/T 399—2007）
	《高氯废水　化学需氧量的测定　氯气校正法》（HJ/T 70—2001）
	《高氯废水　化学需氧量的测定　碘化钾碱性高锰酸钾法》（HJ/T 132—2003）
五日生化需氧量（BOD$_5$）	《水质　五日生化需氧量（BOD$_5$）的测定　稀释与接种法》（HJ 505—2009）
氨氮	《水质　氨氮的测定　蒸馏-中和滴定法》（HJ 537—2009）
	《水质　氨氮的测定　纳氏试剂分光光度法》（HJ 535—2009）
	《水质　氨氮的测定　水杨酸分光光度法》（HJ 536—2009）
	《水质　氨氮的测定　连续流动-水杨酸分光光度法》（HJ 665—2013）
	《水质　氨氮的测定　流动注射-水杨酸分光光度法》（HJ 666—2013）
总氮	《水质　总氮的测定　碱性过硫酸钾消解紫外分光光度法》（HJ 636—2012）
	《水质　总氮的测定　连续流动-盐酸萘乙二胺分光光度法》（HJ 667—2013）
	《水质　总氮的测定　流动注射-盐酸萘乙二胺分光光度法》（HJ 668—2013）
总磷	《水质　总磷的测定　钼酸铵分光光度法》（GB 11893—1989）
	《水质　总磷的测定　流动注射-钼酸铵分光光度法》（HJ 671—2013）
	《水质　单质磷的测定　磷钼蓝分光光度法》（HJ 593—2010）
可吸附有机卤素（AOX）	《水质　可吸附有机卤素（AOX）的测定　微库仑法》（GB/T 15959—1995）
	《水质　可吸附有机卤素（AOX）的测定　离子色谱法》（HJ/T 83—2001）
硝基苯类	《水质　硝基苯类化合物的测定　气相色谱-质谱法》（HJ 716—2014）
硫化物	《水质　硫化物的测定　亚甲基蓝分光光度法》（GB/T 16489—1996）
	《水质　硫化物的测定　碘量法》（HJ/T 60—2000）
挥发酚	《水质　挥发酚的测定　4-氨基安替比林分光光度法》（HJ 503—2009）
	《水质　挥发酚的测定　流动注射-4-氨基安替比林分光光度法》（HJ 825—2017）
	《水质　挥发酚的测定　溴化容量法》（HJ 502—2009）
吡啶、2,2′：6′,2″-三联吡啶、2-氯-5-氯甲基吡啶	《水质　吡啶的测定　气相色谱法》（GB/T 14672—1993）
总汞	《水质　总汞的测定　冷原子吸收分光光度法》（HJ 597—2011）

监测项目	标准方法
总镉、总铅、总锌	《水质　铜、锌、铅、镉的测定　原子吸收分光光度法》（GB 7475—1987）
总砷	《水质　总砷的测定　二乙基二硫代氨基甲酸银分光光度法》（GB 7485—1987）
石油类	《水质　石油类和动植物油类的测定　红外分光光度法》（HJ 637—2018）
溶解性总固体	《水质　溶解性总固体的测定　生活饮用水标准检验方法》（GB/T 5750.4—2006）
动植物油	《水质　石油类和动植物油类的测定　红外分光光度法》（HJ 637—2018）
总锰	《水质　锰的测定　高锰酸钾分光光度法》（GB/T 11906—89）
磷酸盐（以 P 计）	《水质　磷酸盐和总磷的测定　连续流动-钼酸铵分光光度法》（HJ 670—2013）
咪唑烷	《杂环类农药工业水污染物排放标准》（GB 21523—2008）附录 C
有机磷农药（以 P 计）	《水质　有机磷农药的测定　气相色谱法》（GB 13192—1991）
马拉硫磷	《水质　有机磷农药的测定　气相色谱法》（GB 13192—1991）
总有机碳	《水质　总有机碳的测定　燃烧氧化-非分散红外吸收法》（HJ 501—2009）
五氯酚及五氯酚钠（以五氯酚计）	《水质　五氯酚的测定　气相色谱法》（GB 8972—1988）
乐果	《水质　有机磷农药的测定　气相色谱法》（GB 13192—91）
对氯苯酚	《水质　酚类化合物的测定　气相色谱-质谱法》（HJ 744—2015）
邻苯二胺	《水质　苯胺类化合物的测定　气相色谱-质谱法》（HJ 822—2017）
氟化物	《水质　氟化物的测定　容量法和分光光度法》（GB 484—2009）
苯胺类	《水质　苯胺类的测定　N-（1-萘基）乙二胺偶氮分光光度法》（GB/T 11889—1989）
百草枯	《水质　百草枯和杀草快的测定　固相萃取-高效液相色谱法》（HJ 914—2017）
氯苯	《水质　氯苯类化合物的测定　气相色谱法》（HJ 621—2011）
硝基苯类	《水质　硝基苯类化合物的测定　气相色谱-质谱法》（HJ 716—2014）
甲醛	《水质　甲醛的测定　乙酰丙酮分光光度法》（HJ 601—2011）
总氰化物	《水质　氰化物的测定　容量法和分光光度法》（HJ 484—2009）
莠去津	《水质　阿特拉津的测定　高效液相色谱法》（HJ 587—2010）
	《水质　阿特拉津的测定　气相色谱法》（HJ 754—2015）
苯、甲苯、二甲苯、乙苯	《水质　苯系物的测定　气相色谱法》（GB 11890—1989）
	《水质　挥发性有机物的测定　吹扫捕集/气相色谱-质谱法》（HJ 639—2012）

附录 4-3　适用于农药制造行业企业的废气常见方法标准

类型	监测项目	标准方法
有组织废气	SO₂	《固定污染源废气　二氧化硫的测定　定电位电解法》（HJ 57—2017）
		《固定污染源废气　二氧化硫的测定　非分散红外吸收法》（HJ 629—2011）
		《固定污染源废气　二氧化硫的测定　便携式紫外吸收法》（HJ 1131—2020）
	氮氧化物	《固定污染源废气　氮氧化物的测定　定电位电解法》（HJ 693—2014）
		《固定污染源废气　氮氧化物的测定　非分散红外吸收法》（HJ 692—2014）
		《固定污染源废气　氮氧化物的测定　便携式紫外吸收法》（HJ 1132—2020）
	颗粒物	《固定污染源废气低浓度颗粒物的测定　重量法》（HJ 836—2017）
		《固定污染源排气中颗粒物测定与气态污染物采样方法》（GB/T 16157—1996）
	挥发性有机物	《固定污染源废气中非甲烷总烃的测定　气相色谱法》（HJ 38—2017）
	特征污染物	《固定污染源废气　挥发性有机物的测定　固体吸附-热脱附/气相色谱-质谱法》（HJ 734—2014）
	烟气黑度	《固定污染源排放烟气黑度的测定　林格曼烟气黑度图法》（HJ/T 398—2007）
	一氧化碳	《固定污染源排气中一氧化碳的测定　非色散红外吸收法》（HJ/T 44—1999）
	氯化氢	《固定污染源排气中氯化氢的测定　硫氰酸汞分光光度法》（HJ/T 27—1999）
	氟化氢	《固定污染源废气　氟化氢的测定　离子色谱法》（HJ 688—2019）
	汞及其化合物	《固定污染源废气　汞的测定　冷原子吸收分光光度法（暂行）》（HJ 543—2009）
	镉及其化合物	《大气固定污染源　镉的测定　火焰原子吸收分光光度法》（HJ/T 64.1—2001）
	砷、镍、锑、铬、锡、铜、锰及其化合物	《空气和废气　颗粒物中金属元素的测定　电感耦合等离子体发射光谱法》（HJ 777—2015）
	铅及其化合物	《固定污染源废气　铅的测定　火焰原子吸收分光光度法（暂行）》（HJ 538—2009）
无组织废气	二噁英类	《环境空气和废气　二噁英类的测定　同位素稀释高分辨气相色谱-高分辨质谱法》（HJ 77.2—2008）
	颗粒物	《环境空气　总悬浮颗粒物的测定　重量法》（GB/T 15432—1995）
	臭气浓度	《空气质量　恶臭的测定　三点比较式臭袋法》（GB/T 14675—1993）
	其他	《大气污染物综合排放标准》（GB 16297—1996）

附录 5

自行监测方案参考模板

××××公司

自行监测方案

企业名称：＿＿××××　公司＿＿

编制时间：＿＿＿2020 年 1 月＿＿＿

一、企业概况

（一）基本情况

主要介绍排污单位的地理位置、生产规模、产品生产情况、人员等基本信息。如×××有限公司位于×××市×××路×××号，成立于 1976 年 4 月。2005 年 5 月，×××集团整体上市后，成立新的×××股份公司，×××公司成为××××股份的子公司。公司占地面积为××××平方米，现有员工××××余名。公司目前主要产品有×××、×××、×××、×××……年产量分别为×××、×××、×××、×××……

根据《排污单位自行监测技术指南　总则》（HJ 819—2017）及《排污单位自行监测指南　农药制造工业》（HJ 987—2018）要求，公司根据实际生产情况，查清本单位的污染源、污染物指标及潜在的环境影响，制定了本公司环境自行监测方案。

（二）排污情况

主要介绍排污单位生产的工艺流程，并分析产排污节点及污染治理的情况。如×××厂区主要生产工序包括化学合成、后处理（含精制、溶剂回收等）、制剂加工等生产工艺过程的生产过程。

（1）废气污染物产生的主要环节是备料投料、化学合成、生物发酵、制剂加工、提纯分离、溶剂回收、车间内无组织废气收集等生产过程，还有污水处理系统的生化处理阶段。主要污染物有颗粒物、二氧化硫、氮氧化物、二噁英、臭气浓度、特征污染物、挥发性有机物。在异味治理方面，我公司投入资金××××万元，采用国内最先进的生物滴滤异味治理技术、碱洗化学吸收等工艺，建成了配套完善的异味治理设施。

（2）废水污染物产生的主要环节是原料的清洗，各种反应釜（酰化、酯化、卤代等反应），分离与精制（结晶、过滤、萃取、脱溶、精馏等）的清洗以及浸提、结晶、浓缩等产生的废液。这些环节产生的废水经过管道集中送入污水处理站集中处理，处理达到《××××污染物排放标准》（××—×××××××）排放标准后，排入×××河。在污水治理方面，我公司投资近××亿元，采用"絮凝沉淀+水解酸化+全混氧化+MBR+芬顿氧化"工艺，占地××××余亩建成了工艺技术先进、配套设施完善的专业化污水处理中心。

（3）噪声主要由各类反应设备、蒸馏设备、过滤设备、分离设备、干燥设备、空压机、水泵、真空泵以及污水处理设施的设备和风机等高噪声机械产生。我公司尽量选择性能优良的设备、加强设备维修、合理布局、弹性减振等措施降低噪声影响。

（4）固体废物产生的主要环节是蒸馏及反应残余物、废水处理污泥、反应罐及容器清洗废液、废滤料和吸附剂、过滤、蒸发和离心分离残余物、蒸馏残余物、废弃的原辅料、有机溶剂、酸碱、污水处理站的污泥以及一些装溶剂的废溶剂桶等。这些固体废物根据《国家危险废物名录》或国家规定的危险废物鉴别标准和鉴别方法进行分类管理，属于危险废物的委托有资质的×××公司进行处理，按照危险废物管理程序进行申报、记录、处理。

二、企业自行监测开展情况说明

主要通过介绍排污单位废水、废气、噪声等开展的监测项目、采取的监测方式等进行总体概况。如公司自行监测手段采用手动监测和自动监测相结合的方式。监测分析采取自主监测和委托第三方检测机构相结合的方式。

通过梳理公司相关项目的环评及批复，排污许可证及废水、废气、噪声执行的相关标准，对照单位生产及产排污情况，确定自行监测应开展的监测点位、监测指标、采用的监测分析方法及监测过程中应采取的质量控制和保证措施。

各工序废水经预处理后进入公司污水处理厂进行集中处理，处理达标后进市政管网，属于间接排放，监测点位主要为公司总排放口、生活污水排放口和雨水排放口。涉及的主要监测指标有：pH、化学需氧量（COD_{Cr}）、氨氮（NH_3-N）、色度、五日生化需氧量、挥发酚、总氰化物、氯苯、硝基苯类、苯胺类、苯、甲苯、二甲苯、总有机碳、氟化物……其中 pH、COD_{Cr}、NH_3-N 和流量采取自动监测，并与省、市环保部门联网，委托×××××环境科技工程有限公司运维，其他项目采取手工监测方式，挥发酚、总氰化物、氯苯……项目委托××××环境监测有限公司检测。

废气涉及的主要排气筒有罐区排气筒，备料投料、化学合成、提纯分离、溶剂回收、车间通风系统、车间内无组织废气收集、生物发酵、制剂加工、废水处理设施、危废暂存场所，危险废物焚烧炉等生产工艺过程排气筒。有组织废气主要污染物有挥发性有机物，特征污染物，二氧化硫，氮氧化物，颗粒物，二噁英类、臭气浓度，烟气黑度，一氧化碳，氯化氢，氟化氢，汞及其化合物，镉及其化合物，砷、镍及其化合物，铅及其化合物，锑、铬、锡、铜、锰及其化合物。其中二氧化硫、氮氧化物、颗粒物采取自动监测，并与省、市生态环境主管部门联网，委托×××××环境科技工程有限公司运维，其他项目采取手工监测方式，二噁英类、臭气浓度、氯化氢、氟化氢……项目委托××××环境监测有限公司检测。无组织废气监测主要污染物有颗粒物、臭气浓度、特征污染物和挥发性有机物委托××××环境监测有限公司检测。

通过对现场生产设备进行梳理，根据设备在厂区的布置情况，在厂区的东、西、南、北 4 个边界和 1 个环境敏感点布置噪声监测点位，每季度 1 次，昼夜各 1 次。

三、监测方案

本部分是排污单位自行监测方案的核心部分，是自行监测内容的具体化、细化。按照废水、废气、噪声等不同污染类型以不同监测点位分别列出各监测指标的监测频次、监测方法、执行标准等监测要求。

（一）废气有组织监测方案

（1）废气有组织监测点位、监测项目及监测频次见表1。

表 1　有组织废气监测内容一览表

类型	序号	点位编号	监测点位	监测指标	监测频次	监测方式	自主/委托
有组织废气	1	DA001	燃烧法废气处理设施排气筒	二氧化硫	自动监测	自动监测	自主
	2	DA001	燃烧法废气处理设施排气筒	氮氧化物	自动监测	自动监测	自主
	3	DA001	燃烧法废气处理设施排气筒	颗粒物（烟尘）	自动监测	自动监测	自主
	4	DA001	燃烧法废气处理设施排气筒	二噁英	1次/年	手工	委托
	5	DA002	罐区排气筒	挥发性有机物	1次/季度	手工	委托
	6	DA002	罐区排气筒	特征污染物	1次/年	手工	委托
	......						
	42	DA017	制剂加工排气筒	挥发性有机物	1次/季度	手工	委托
	43	DA017	制剂加工排气筒	颗粒物	1次/季度	手工	委托
	......						
	68	DA029	废水处理设施废气排气筒	挥发性有机物	1次/季度	手工	委托
	69	DA029	废水处理设施废气排气筒	特征污染物	1次/年	手工	委托
	70	DA029	废水处理设施废气排气筒	臭气浓度	1次/年		
	......						
	125	DA056	危险废物焚烧炉排气筒	二氧化硫	自动监测	自动监测	自主
	126	DA056	危险废物焚烧炉排气筒	氮氧化物	自动监测	自动监测	自主
	127	DA056	危险废物焚烧炉排气筒	颗粒物（烟尘）	自动监测	自动监测	自主

类型	序号	点位编号	监测点位	监测指标	监测频次	监测方式	自主/委托
有组织废气	128	DA056	危险废物焚烧炉排气筒	炉膛温度	自动监测	自动监测	自主
	129	DA056	危险废物焚烧炉排气筒	烟气黑度	1次/月	手工	委托
	130	DA056	危险废物焚烧炉排气筒	氯化氢	1次/月	手工	委托
	……	DA056	危险废物焚烧炉排气筒	一氧化碳	1次/月	手工	委托
	……						

注：1. DA010、DA012……不具备监测条件；

2. 同步监测烟气参数（动压、静压、烟温、氧含量及湿度）。

（2）废气有组织排放监测分析方法。

①自动监测主要依据《固定污染源烟气（SO_2、NO_x、颗粒物）排放连续监测技术规范》（HJ 75—2017）；

②手工监测主要依据《固定污染源排气中颗粒物测定与气态污染物采样方法》（GB/T 16157—1996）、《固定源废气监测技术规范》》（HJ/T 397—2007）；

③各监测项目具体分析监测分析方法见表 2。

表 2　废气有组织排放监测分析方法

序号	监测项目	监测方法	备注
1	二氧化硫	—	自动
2	氮氧化物	—	自动
3	颗粒物（烟尘）	—	自动
4	二噁英	《环境空气和废气　二噁英类的测定　同位素稀释高分辨气相色谱-高分辨质谱法》（HJ 77.2—2008）	手工
5	臭气浓度	《恶臭污染环境监测技术规范》（HJ 905—2017）《空气质量　恶臭的测定　三点比较式臭袋法》（GB/T 14675—1993）	手工
……			

（3）废气有组织排放监测结果评价标准见表3。

表3　有组织废气排放监测结果执行标准　　　单位：mg/m³（臭气浓度：量纲一）

序号	排放口编号	监测点位	监测项目	执行标准限值	执行标准
1	DA001	燃烧法废气处理设施排气筒	二氧化硫	××××	××××
2	DA001	燃烧法废气处理设施排气筒	氮氧化物	××××	××××
3	DA001	燃烧法废气处理设施排气筒	颗粒物（烟尘）	××××	××××
4	DA001	燃烧法废气处理设施排气筒	二噁英	××××	××××
5	DA002	罐区排气筒	挥发性有机物	××××	××××
6	DA002	罐区排气筒	特征污染物	××××	××××
......					
42	DA017	制剂加工排气筒	挥发性有机物	××××	××××
43	DA017	制剂加工排气筒	颗粒物	××××	××××
......					

注：执行标准及限值，根据排污许可证及其批复或规定的标准填写。

（二）废气无组织排放监测方案

（1）废气无组织监测点位、监测项目及监测频次见表4。

表4　废气无组织监测点位、监测项目及监测频次

类型	监测点位	监测项目	监测频次	监测方式	自主/委托
无组织废气排放	厂界	颗粒物	1次/半年	手工	自主
		臭气浓度		手工	自主
		特征污染物		手工	自主
		挥发性有机物		手工	委托

（2）废气无组织排放监测方法。

无组织排放监测点位布设按照《大气污染物综合排放标准》（GB 16297—1996）附录 C、《大气污染物无组织排放监测技术导则》（HJ/T 55—2000），监测项目具体监测分析方法见表 5。

表 5　废气无组织排放监测方法

序号	监测项目	监测方法
1	颗粒物	《环境空气　总悬浮颗粒物的测定　重量法》（GB/T 15432—1995）
2	臭气浓度	《空气质量　恶臭的测定　三点比较式臭袋法》（GB/T 14675—1993）
……		

（3）废气无组织排放监测结果评价标准见表 6。

表 6　废气无组织排放监测结果评价标准

类别	序号	监测项目	执行标准限值	执行标准
废气无组织排放	1	颗粒物	××××mg/m³	《大气污染物综合排放标准》（GB 16297—1996）表 2 相应标准限值
	2	臭气浓度	××××	《恶臭污染物排放标准》（GB 14554—1993）表 1 二级标准要求
	……			

（三）废水监测方案

（1）废水监测点位、监测项目及监测频次见表 7。

表 7　废水监测点位、监测项目及监测频次

序号	监测点位	监测项目	监测频次	监测方式	自主/委托
1		流量、pH	连续	自动	委托
2		化学需氧量、氨氮	1 次/2 小时	自动	委托
3		悬浮物、石油类、色度	1 次/月	手工	自主
4	污水总排放口（间接排放）	五日生化需氧量、挥发酚、总氰化物、氯苯、硝基苯类、苯胺类、苯、甲苯、二甲苯、乙苯、甲醛、总锌、五氯酚及五氯酚钠（以五氯酚计）、乐果、2-氯-5-氯甲基吡啶、咪唑烷、吡虫啉、三唑酮、对氯苯酚、多菌灵、邻苯二胺、吡啶、百草枯离子、2,2′:6′,2″-三联吡啶、有机磷农药（以 P 计）、马拉硫磷	1 次/季度	手工	委托
5		总有机碳、氟化物、硫化物、可吸附有机卤化物（AOX）、总锰、动植物油	1 次/半年	手工	委托
6	车间排污口	流量、总汞、烷基汞、总镉、总铬、六价铬、总砷、总铅、总镍、苯并[a]芘、总铍、总银、莠去津、氟虫腈	1 次/月	手工	委托
7	雨水排放口	pH、化学需氧量、氨氮、悬浮物	1 次/日（排放期间）	手工	自主

注：化学需氧量和氨氮为自动监测，每两小时测量一次，当自动监测设备发生故障时改为手工监测，监测频率为每天不少于 4 次，间隔不得超过 6 小时。

（2）废水污染物监测分析方法。

依据《地表水和污水监测技术规范》（HJ/T 91—2002）开展废水污染物监测，监测项目具体监测分析方法见表 8。

表 8　废水污染物监测分析方法

序号	废水类型	监测点位	监测项目	监测方法
1	污水总排放口	废水总排放口	流量	—
2			COD_{Cr}	自动监测
3			氨氮	自动监测
4			悬浮物	《水质　悬浮物的测定　重量法》（GB 11901—1989）
5			……	
6	车间污水排放口	车间排污口	流量	超声波流速仪
7			莠去津	《水质　阿特拉津的测定　高效液相色谱法》（HJ 587—2010）
……				

（3）废水污染物监测结果评价标准见表 9。

表 9　废水污染物排放评价标准

排放口名称	监测项目	执行限值	执行标准
污水总排放口	COD_{Cr}	×××× mg/L	××××
	氨氮	×××× mg/L	
	悬浮物	×××× mg/L	
	……		
车间污水排放口	流量	×××× mg/L	××××
	莠去津	××××× mg/L	
……			

（四）厂界噪声监测方案

（1）厂界噪声监测点位、监测项目及监测频次见表10。

表10　厂界噪声监测点位、监测项目及监测频次

监测点位	主要噪声源	监测频次	执行标准	标准限值
东侧厂界（Z1）	污水处理系统	1次/季	《工业企业厂界环境噪声排放标准》（GB 12348—2008）3类	昼间：65 dB（A），夜间55 dB（A）
南侧厂界（Z2）	空压机	1次/季		
西侧厂界（Z3）	干燥机	1次/季		
北侧厂界（Z4）	真空系统设备	1次/季		
环境敏感点（××小区15幢）（Z5）	—	1次/季		

（2）厂界噪声监测方法见表11。

表11　厂界噪声监测方法

监测项目	监测方法	备注
厂界噪声 $LeqA$	《工业企业厂界环境噪声排放标准》（GB 12348—2008）	厂界噪声分白天（6：00—22：00）、昼夜（22：00—06：00）各测一次

（3）厂界噪声评价标准见表12。

表12　厂界噪声评价标准

监测点位	监测项目	执行限值		执行标准
厂东界外1 m	$LeqA$	昼间：××××dB（A），夜间：××××dB（A）		××××
厂西界外1 m	$LeqA$	昼间：××××dB（A），夜间：××××dB（A）		
厂南界外1 m	$LeqA$	昼间：××××dB（A），夜间：××××dB（A）		
厂北界外1 m	$LeqA$	昼间：××××dB（A），夜间：××××dB（A）		

四、监测点位示意图

公司自行监测采用自动监测和手工监测相结合的技术手段。公司自行监测点位见附图1与附表1。

生产厂区平面图

附图1 ×××有限公司×××生产区废水、废气、噪声监测点位示意图

附表1 废水、废气、噪声监测点位对应

序号	点位编号	监测点位
1	S1	污水总排放口
2	S2	生活污水排放口
3	S3	雨水排放口
4	Q1	磨粉机（MF0006）废气排放口
5	Q2	尾气净化系统（MF0016）废气排放口
6	Q3	缩合罐（MF0016）废气排放口
7	Q4	发酵罐（MF0118）废气排放口
8	Q5	吸附箱（MF0104）
9	Q6	混凝沉淀池（MF0065）
10	Z1	东侧厂界（污水处理系统）
11	Z2	南侧厂界（空压机）
12	Z3	西侧厂界（物料粉碎机）
13	Z4	北侧厂界（真空系统设备）
14	Z5	环境敏感点（××小区15幢）（Z5）

▲代表噪声监测点位；△代表噪声敏感点监测点位；★代表废水监测点位；◎代表有组织废气监测点位；○代表无组织废气监测点位

五、质量控制措施

公司自行监测遵守国家环境监测技术规范和方法。国家环境检测技术规范和方法中未作规定的，可以采用国际标准和国外先进标准。

（一）人员持证上岗

公司有×人参加了××××培训，并取得证书。委托运维的××××有限公司，该公司具有××××资质证书，且运维人员持有××××合格证书。

（二）烟气自动监控系统（CEMS）

公司两台机组烟气测量表计均有××××认证和标志，烟气在线监测系统（CEMS）××××，满足国家计量标准要求。烟气监测实施自行监测，主要是对废气中的氮氧化物、烟尘、二氧化硫等进行实时监测，烟气排放安装实时的烟气在线连续监控系统（CEMS 系统），均与××××联网并实时连续上传相关环保数据。

（三）实验室能力认定

委托有资质的环境监测机构——××××公司开展手工监测项目。

（四）监测技术规范性

废气监测平台、监测断面和监测孔的设置均符合××××等的要求，同时按照××××对自动监测设备进行校准与维护。监测技术方法的选择首先采用国家标准方法，在没有国标方法时，采用行业标准方法或生态环境部推荐方法。

（五）仪器要求

仪器设备档案必须齐全，且所有监测仪器、量具均经过质检部门检定合格并在有效期内使用。

（六）记录要求

自动监测设备应保存仪器校验记录。校验记录必须根据×××生态环境局在线监测科要求，按照规范进行，记录内容需完整准确，各类原始记录内容应完整，不得随意涂改，并有相关人员签字。

手工监测记录必须提供原始采样记录，采样记录的内容须准确完整，至少 2人共同采样和签字，不得随意涂改；采样必须按照《环境空气质量手工监测技术规范》（HJ/T 194—2005）、《固定源废气监测技术规范》（HJ/T 397—2007）和《固定污染源监测质量保证与质量控制技术规范（试行）》（HJ/T 373—2007）中的要求进行；样品交接记录内容需完整、规范。

（七）环境管理体系

公司成立环保技术监督领导小组，公司各相关专业负责人为工作小组成员，负责对公司环保设施运行、维护和技术改造的管理。环保设施与主设备同等管理，发电部负责生产与环保设施的安全、环保运行管理，技术支持部负责环保设施的维护和技改管理，确保公司环保设施正常达标运行。公司环保归口于××××部，负责公司环保管理工作，建立环保指标体系，对公司环保工作进行月度绩效考核管理，确保环保体系运行正常。

六、信息记录和报告

（一）信息记录

（1）监测和运维记录。

手工监测和自动监测的记录均按照《排污单位自行监测技术指南　总则》执行。自动监测记录烟尘、二氧化硫、氮氧化物排放浓度及烟气量、氧含量等；手工监测记录由有资质的环境检测机构提供盖章件的检测结果。自动监测结果的电子版和手工监测结果的纸质版环境管理台账均保存三年。

（2）生产和污染治理设施运行状况记录。

①原辅料用量主要包括原料用量、催化剂使用量、各类溶剂用量、吸附剂用量、其他辅料用量等；

②中间体及最终产品产量，产出率及物料平衡；

③新鲜用水取水量、用水量、用电量等；

④使用的主要生产设备、设施的操作使用记录等。

（二）信息报告

每年年底编写第二年的自行监测方案。自行监测方案包含以下内容：

（1）监测方案的调整变化情况及变更原因；

（2）企业及各主要生产设施（至少涵盖废气主要污染源相关生产设施）全年运行天数，各监测点、各监测指标的全年监测次数和超标情况，以及浓度分布情况；

（3）自行监测开展的其他情况说明；

（4）实现达标排放所采取的主要措施。

（三）应急报告

（1）当监测结果出现超标，我公司对超标的项目增加监测频次，并检查超标原因；

（2）若短期内无法实现稳定达标排放的，公司应向×××区生态环境局提交事故分析报告，说明事故发生的原因，采取减轻或防止污染的措施，以及今后的预防及改进措施。

七、自行监测信息公布

（一）公布方式

自动监测和手工监测分别在××××和××××（网址：××××）进行信息公开。

（二）公布内容

（1）基础信息，包括单位名称、组织机构代码、法定代表人、生产地址、联系方式，以及生产经营和管理服务的主要内容、产品及规模；

（2）排污信息，包括主要污染物及特征污染物的名称、排放方式、排放口数量和分布情况、排放浓度和总量、超标情况，以及执行的污染物排放标准、核定的排放总量；

（3）防治污染设施的建设和运行情况；

（4）建设项目环境影响评价及其他环境保护行政许可情况；

（5）公司自行监测方案；

（6）未开展自行监测的原因；

（7）自行监测年度报告；

（8）突发环境事件应急预案。

（三）公布时限

（1）企业基础信息随监测数据一并公布，基础信息、自行监测方案一经审核备案，一年内不得更改；

（2）手工监测数据根据监测频次按时公布；

（3）自动监测数据实时公布，废气自动监测设备产生的数据为时均值；

（4）每年元月底前公布上年度自行监测的年度报告。

参考文献

[1] 罗毅. 环境监测能力建设与仪器支撑[J]. 中国环境监测，2012，28（2）：1-4.

[2] 罗毅. 推进企业自行监测 加强监测信息公开[J]. 环境保护，2013，41（17）：13-15.

[3] 钱文涛. 中国大气固定源排污许可证制度设计研究[D]. 北京：中国人民大学，2014.

[4] 曲格平. 中国环境保护四十年回顾及思考（回顾篇）[J]. 环境保护，2013，41（10）：10-17.

[5] 宋国君，赵英娒. 美国空气固定源排污许可证中关于监测的规定及启示[J]. 中国环境监测，2015，31（6）：15-21.

[6] 唐桂刚，景立新，万婷婷，等. 堰槽式明渠废水流量监测数据有效性判别技术研究[J]. 中国环境监测，2013，29（6）：175-178.

[7] 王军霞，陈敏敏，穆合塔尔·古丽娜孜，等. 美国废水污染源自行监测制度及对我国的借鉴[J]. 环境监测管理与技术，2016，28（2）：1-5.

[8] 王军霞，陈敏敏，唐桂刚，等. 我国污染源监测制度改革探讨[J]. 环境保护，2014，42（21）：24-27.

[9] 王军霞，陈敏敏，唐桂刚，等. 污染源监测与监管如何衔接——国际排污许可证制度及污染源监测管理八大经验[J]. 环境经济，2015（Z7）：24.

[10] 王军霞，唐桂刚，景立新，等. 水污染源五级监测管理体制机制研究[J]. 生态经济，2014，30（1）：162-164，167.

[11] 王军霞，唐桂刚. 解决自行监测"测""查""用"三大核心问题[J]. 环境经济，2017（8）：32-33.

[12] 胥树凡. 环境监测体制改革的思考[J]. 环境保护，2007（10B）：15-17.

[13]　薛澜，张慧勇. 第四次工业革命对环境治理体系建设的影响与挑战[J]. 中国人口·资源与环境，2017，27（9）：1-5.

[14]　张静，王华. 火电厂自行监测现状及建议[J]. 环境监控与预警，2017，9（4）：59-61.

[15]　.赵吉睿，刘佳泓，张莹，等. 污染源 COD 水质自动监测仪干扰因素研究[J]. 环境科学与技术，2016，39（S1）：299-301，314.

[16]　左航，杨勇，贺鹏，等. 颗粒物对污染源 COD 水质在线监测仪比对监测的影响[J]. 中国环境监测，2014，30（5）：141-144.

[17]　吴坚平，杨立荣. 生物催化技术在农药合成中的应用[J]. 生物产业技术，2016（5）：26-31.

[18]　新型化合物可制造高效低毒生物农药[J]. 农业科技与信息，2020（17）：27.

[19]　连晓慧，王娜，苑文凯，等. 农药草铵膦产污系数研究[J]. 农业环境科学学报，2020，39（2）：437-444.

[20]　赵洁，吴贤斌，刘晓华，等. 加强农药生产企业污染防治精细化管理的几点建议[J]. 江苏科技信息，2018（29）.

[21]　杨光. 农药行业"三废"处理难急需新型清洁生产工艺[J]. 农药市场信息，2014（23）.

[22]　农药行业又一环保强制标准即将实施[J]. 山东农药信息，2019（1）：22.

[23]　徐明华，胡冠九，高占启，等. 江苏省主要农药产品的环境残留监测方法研究[J]. 环境监控与预警，2020，12（5）：21-30，48.

[24]　环保部宣布氮肥、磷肥、农药制造受重点监管[J]. 化工时刊，2017，31（12）：39.

[25]　王忠泉，王坤，秦树林，等. 高浓度含盐农药生产废水预处理试验研究[J]. 工业水处理，2020，40（10）：86-89.

[26]　魏玉霞，胡林林，韩梅. 农药工业废水中特征污染物排放限值制订研究[J]. 环境污染与防治，2019（11）.

[27]　李舵，陈鹏鹏，魏卡佳，等. 高盐分、高浓度和高氨氮农药生产废水处理[J]. 环境工程学报，2016（7）.

[28]　杜伟伟，黄梦雪，王毅博，等. 农药废水处理工艺的研究进展[J]. 广州化工，2019（15）.

[29]　陈少键. 高浓度农药废水的治理方法[J]. 绿色科技，2017（8）.

[30] 李洁. 南京市农药生产企业污染现状及防治对策[J]. 安徽农学通报, 2020, 26（12）：129, 134.

[31] 朱振煌. 农药生产废水的深度处理[J]. 科技资讯, 2020, 18（8）：34-35.

[32] 李雁鹏, 吴玮, 崔贤程, 等. 医药和农药原料药生产废水处理工程实例[J]. 水处理技术, 2019, 45（7）：136-139.

[33] 邓建平. 实行农药生产许可管理的几点思考[J]. 农药市场信息, 2018（16）：19.

[34] 彭旭, 陈际雨. 农药生产车间及废水站废气协同降解工程实例[J]. 浙江化工, 2018, 49（5）：32-35.

[35] 邓杰文. 化学方法预处理农药废水的现状及研究方法进展[J]. 广东化工, 2018, 45（3）：85-86.

[36] 魏玉霞, 胡林林, 韩梅. 农药工业废水中特征污染物排放限值制订研究[J]. 环境污染与防治, 2019, 41（11）：1384-1386, 1392.

[37] 闫文景, 王超, 王珏, 等. 二硝基苯胺类农药生产废水预处理及伴生废物减量[J]. 工业水处理, 2020, 40（4）：64-66, 75.

[38] 郑超, 仰建新, 羊一舟, 等. 农药行业废水脱氨氮研究[J]. 浙江化工, 2019, 50（6）：18-19, 28.

[39] 刘盼, 扶咏梅, 顾效纲, 等. 农药及制药废水的处理技术及研究进展[J]. 化学试剂, 2019, 41（7）：682-687.

[40] 张铁军, 臧晓峰, 罗志臣. 农药生产废水处理技术研究进展[J]. 辽宁化工, 2018, 47（7）：687-689.

[41] 姜昆. 某农药企业高浓度废气治理工程实例[J]. 广州化工, 2020, 48（13）：92-94.

[42] 吴晓薇. 农药行业无组织 VOCs 的收集与输送[J]. 环境与发展, 2019, 31（10）：52, 60.

[43] 吴晓薇. 农药行业无组织 VOCs 排放的源头控制[J]. 环境与发展, 2019, 31（8）：28-29, 31.

[44] 吴志华. 农药废弃物管理[J]. 湖南农业, 2016（6）：36-37.

[45] 王韧. 我国农药行业清洁生产现状、存在的问题和建议[J]. 世界农药, 2016, 38（4）：35-40.

[46] 施玛丽, 王娜, 郭欣妍, 等. 中美农药行业排污许可证政策差异性探讨[J]. 生态与农村环境学报, 2019, 35（2）：151-157.